EDA 应用技术

Cadence 高速电路板设计与仿真

（第 6 版）
——信号与电源完整性分析

周润景　任自鑫　编著

電子工業出版社.

Publishing House of Electronics Industry

北京·BEIJING

内 容 简 介

本书以 Cadence Allegro SPB 17.2 为基础，以具体的高速 PCB 为范例，详尽讲解了 IBIS 模型的建立、高速 PCB 的预布局、拓扑结构的提取、反射分析、串扰分析、时序分析、约束驱动布线、差分对设计、板级仿真、AMI 生成器、仿真 DDR4 等信号完整性分析，以及集成直流电源分析、分析模型管理器、协同仿真、2.5D 内插器封装的热分析、AMM 和 PDC 的结合等电源完整性分析内容。

本书适合对高速 PCB 设计有一定基础的中、高级读者阅读，也可作为高等学校相关专业及培训机构的教学用书。

图书在版编目（CIP）数据

Cadence 高速电路板设计与仿真：信号与电源完整性分析 / 周润景，任自鑫编著. —6 版. —北京：电子工业出版社，2019.6

（EDA 应用技术）

ISBN 978-7-121-36777-9

Ⅰ. ①C… Ⅱ. ①周… ②任… Ⅲ. ①印刷电路—计算机辅助设计②印刷电路—计算机仿真 Ⅳ. ①TN410.2

中国版本图书馆 CIP 数据核字（2019）第 110169 号

策划编辑：张　剑（zhang@phei.com.cn）

责任编辑：刘真平

印　　刷：涿州市般润文化传播有限公司

装　　订：涿州市般润文化传播有限公司

出版发行：电子工业出版社

　　　　　北京市海淀区万寿路 173 信箱　邮编　100036

开　　本：787×1092　1/16　印张：25.75　字数：659.2 千字

版　　次：2006 年 4 月第 1 版

　　　　　2019 年 6 月第 6 版

印　　次：2022 年 1 月第 7 次印刷

定　　价：88.00 元

序　言

Allegro PCB 产品是 Cadence 公司在 PCB 设计领域的旗舰产品，因其功能强大、易学易用，得到了广大电子工程师的厚爱。

Allegro PCB 产品涵盖了完整的 PCB 设计流程，包括电路图输入、PCB 编辑及布线、PCB 板级系统电源完整性及信号完整性分析、PCB 设计制造分析，以及 PCB 制造输出等。

电子工程领域的 PCB 设计有难有易，Cadence 公司为了适应不同的市场需求，分别提供如下几个集成的、从前端到后端的 Allegro PCB 设计解决方案，帮助用户应对不同设计的要求。

☺ Allegro OrCAD 系列：满足主流用户 PCB 设计要求。

☺ Allegro L 系列：适用于对成本敏感的小规模到中等规模的团队，同时具有随着工艺复杂度增加而伸缩的灵活性。

☺ Allegro XL/GXL 系列：满足先进的高速、约束驱动的 PCB 设计，依托 Allegro 具有鲜明特点的约束管理器管理解决方案，能够跨设计流程同步管理电气约束，如同一个无缝的过程。

面对日益复杂的高速 PCB 设计要求，Cadence 公司的上述产品包提供的都是一个统一且集成的设计环境，能够让电子工程师从设计周期开始到布线持续解决高速电路设计问题，以提高电子工程师的设计效率。

由于 Allegro PCB 软件功能强大，本书的作者周润景教授总结了多年的 Allegro 平台工具教学和使用心得，在结合《Cadence 高速电路板设计与仿真》前 5 版经验的基础上，特意将 Allegro PCB 拆分成两本书来写，即《Cadence 高速电路板设计与仿真（第 6 版）——原理图与 PCB 设计》和《Cadence 高速电路板设计与仿真（第 6 版）——信号与电源完整性分析》，以满足不同层级读者的需要。这两本书分别以 PCB 物理设计及 PCB 分析为出发点，围绕 Allegro PCB 这个集成的设计环境，按照 PCB 最新的设计流程，通俗易懂地讲解利用 Allegro PCB 软件实现高速电路设计的方法和技巧。

作为 Cadence Allegro/OrCAD 在中国的合作伙伴，我向各位读者推荐此书作为学习 Allegro/OrCAD 的桌面参考书。

北京迪浩永辉技术有限公司技术经理　王鹏

前　言

随着现代科学技术的飞速发展，器件的集成度大规模提高，同时各类数字器件的信号沿越来越陡，已经可以达到纳秒（ns）级，甚至更小。如此高速的信号切换对于系统设计者而言，需要考虑在低频电路设计中所不需要考虑的信号完整性（Signal Integrity）问题，如延时、串扰、反射及传输线之间的耦合情况等。同时，许多系统的工作频率也很高，达到数百兆赫兹（MHz）甚至吉赫兹（GHz），以适应人们对于大量数据的处理需求，如图像数据处理、音频处理等。这就要求在电路设计中要仔细研究所有可能导致信号完整性的因素和条件，并且在完成 PCB 设计前将这些问题加以完善解决，这样可以及时发现问题并加以修正，提高系统的工作性能，缩短系统的研发周期，减少系统的投入，提高产品的竞争力。从广义上讲，信号完整性问题主要包括延时、反射、串扰、同步开关噪声（SSN）和电磁兼容性（EMC）等。

电源完整性（Power Integrity）是指系统供电电源在经过一定的传输网络后，在指定器件端口处相对于该器件工作电源要求的符合程度，它是目前高速嵌入式系统设计的主要问题之一。特别是最近 10 年来，随着芯片内集成的晶体管门数增加，器件所消耗的功率和电流增大，以及器件的供电电压降低，使得电源完整性成为高速电路设计的瓶颈之一。同时，随着系统的时钟频率越来越高、边沿切换时间越来越短，同步开关噪声或地弹噪声通过电源分布网络进行传播，导致信号完整性、电源完整性及电磁兼容性问题越来越严重。

Cadence 公司致力于全球电子设计技术创新，并在当今集成电路设计和电子产品设计中发挥了核心作用。采用 Cadence 软件来设计和验证消费电子产品、网络和通信设备，以及计算机系统中的尖端半导体器件、PCB 等，已越来越成为业界的潮流。Cadence 公司的电子设计自动化（Electronic Design Automation，EDA）产品涵盖了电子设计的整个流程，包括系统级设计，功能验证，IC 综合及布局布线，模拟、混合信号及射频 IC 设计，全定制集成电路设计，IC 物理验证，PCB 设计和硬件建模仿真等。同时，Cadence 公司还提供详细的技术支持，帮助客户优化其设计流程；提供设计外包服务，协助客户进入新的市场领域。如今，全球知名半导体与电子系统公司均将 Cadence 软件作为其设计的标准工具软件。目前，Cadence 公司已经收购 Sigrity 公司，并且将 Sigrity 分析技术与 Cadence Allegro 和 OrCAD 设计工具高效组合，为业界带来新一代的信号与电源协同分析设计和验证工具。

基于以上的认识，我们对本书各章节做了相应的安排。本书具有如下 4 个特点。

1）**时效性**　本书结合当今世界上高速电路板设计的最新研究成果，对最新版本 Cadence 高速电路板设计与仿真软件（Cadence Allegro SPB 17.2）的最新功能进行了研究。

2）**理论与软件操作相结合**　将信号完整性及电源完整性理论分析研究与 Cadence 软件的 PCB SI 中的信号完整性工具（Allegro Sigrity SI）及电源完整性工具（Allegro Sigrity PI）相结合，对高速电路设计中存在的信号完整性问题和电源完整性问题进行了分析和研究，并提出了相应的解决方法。

3）**与设计实例相结合** 本书结合了 Altera 公司的 STRATIX GX 开发板、DDR 板卡与 STRATIX GX 开发板的互联系统、PCI 板卡等设计实例，对其中的信号完整性和电源完整性问题进行了分析与研究，使读者在掌握理论与软件操作的同时将其应用到实际设计中。

4）**系统性与独立性** 本书基本上涵盖了高速电路板设计中信号完整性与电源完整性分析的基本问题，读者既可以把本书作为教材来系统性地学习，同时也可以将其当作工具书有针对性地阅读其中的某一章或某几章，从而满足不同层次、不同水平的阅读需求。

本书第 6 版和第 5 版的最大区别是，第 5 版所基于的软件平台是 Cadence 16.6 版本，而第 6 版所使用的软件平台是 Cadence 17.2 版本，同时也需安装 Sigrity 2016 软件。在功能和性能上较旧版有较大的改变，其中最主要的改变在于将 Sigrity 软件的仿真分析功能嵌入到 Cadence 软件之中。书中第 1 章为基础知识，第 2～5 章为 Cadence 17.2 及旧版本所共有的功能，第 6～9 章增加了信号完整性的部分新功能，讲解了如何建立 AMI 模型和仿真分析 DDR4，第 10～13 章增加了电源完整性的部分新功能，且与旧版本的操作方法有着本质的区别，通过实例讲解，方便用户对两者有更深入的了解。第 6 版更注重于高速电路板的设计与分析，增加了其相应内容的基础理论与软件操作，同时对第 5 版中的大部分 PCB 设计实例做了更改，本书第 6～13 章均使用新的 PCB 设计实例。

本书主要分为信号完整性分析与电源完整性分析两大部分，每一部分又可分为基础理论与软件操作。本书由周润景、任自鑫编著。其中，任自鑫编写了第 10 章和第 12 章，周润景编写了其他章节。全书由周润景教授统稿。另外，参加本书编写的还有张红敏和周敬。

本书的出版得到了 Cadence 公司中国代理商——北京迪浩永辉技术有限公司执行董事黄胜利先生、技术经理王鹏先生和电子工业出版社张剑先生的大力支持，也有很多读者提出了宝贵的意见，在此一并表示感谢！

为了便于读者阅读、学习，特提供本书所讲实例下载资源，请访问华信教育资源网（http://www.hxedu.com.cn）下载。

由于 Cadence 公司的 PCB 工具性能非常强大，不可能通过一本书完成全部内容的详尽介绍，加上时间与水平有限，不妥之处还望指正。

编著者

目　　录

第1章　高速 PCB 设计知识

 学习目标

　　通过本章的学习，读者应该初步了解高速 PCB 的基本概念，以及高速 PCB 设计中应遵循的基本法则，为以后学习、使用 Cadence 信号完整性及电源完整性工具打下理论基础。

1.1　课程内容

　　现代的电子设计和芯片制造技术正在飞速发展，电子产品的复杂度、时钟和总线频率等都呈快速上升趋势，但系统的电压却不断降低，所有的这一切加上产品投放市场的时间要求，给设计师带来了前所未有的巨大压力。要想保证产品的一次性成功，就必须能预见设计中可能出现的各种问题，并及时给出合理的解决方案。对于高速数字电路来说，最令人头大的莫过于如何确保瞬时跳变的数字信号通过较长的一段传输线还能被完整地接收，并保证良好的电磁兼容性，这就是目前颇受关注的信号完整性（SI）问题。本章就围绕信号完整性的问题，让大家对高速电路有个基本的认识，并介绍一些相关的基本概念。本章的主要学习内容有：

　　☺ 高速 PCB 设计的基本概念。

　　☺ 高速 PCB 设计前的准备工作。

　　☺ 高速 PCB 布线应该遵循的基本准则。

　　☺ 高速 PCB 布线后的信号完整性分析及其改进方法。

1.2　高速 PCB 设计的基本概念

1. 电子系统设计所面临的挑战

　　在电子系统中，需要各种长度的布线。在这些布线上，信号从线的始端（如信号源）传输到终端（如负载）需要一定的时间。已经证实，电信号在分布良好的导线中的传输速度为 $3×10^8$m/s。假设布线的长度为 5m，信号从始端到终端就需要 17ns，也就是说，信号存在 17ns 的延时。这种延时在低速系统中可以被忽略，但在高速系统中，这个数量级的延时是不能被忽略的。高速门电路（如 74TTL 系列数字集成电路）的平均延时只有几纳秒，ECL 数字集成电路的延时可达 1～2ns，CPLD/FPGA 的延时则更小。可见，在这些高速电路系统中，PCB 的线上延时是不能被忽略的。高速 PCB 设计还需考虑其他的问题，例如，当信号在导线上高速传输时，如果始端阻抗与终端阻抗不匹配，将会出现电磁波的反射现象，它会使信号失真，产生有害的干扰脉冲，从而影响整个系统运行。因此，在设计高速 PCB 时，信号延时的问题必须认真考虑，电路分析需要引入 EMI/EMC 分析，在这种情况下，经典的集成电路理论已不再适用，在电路仿真设计程序中应使用分布电路模型。

目前，一些 PCB 设计人员总是根据"感觉"来进行 PCB 的设计，而不是使用适当的方法和规则。而高速的模拟和/或数字电路的设计，几乎不可能凭"感觉"设计出可靠的电路，因为仅凭"感觉"进行设计可能导致的结果是：

☺ 不可预期的系统行为。

☺ 模拟系统传输路径上产生不可接受的噪声。

☺ 系统的稳定性和可靠性会因为温度的变化产生很大的差别。

☺ 在同一 PCB 上连接的元器件上产生虚假的位错误。

☺ 大量的电源和地噪声。

☺ 过冲、下冲及短时信号干扰等。

2. 高速电路的定义

通常，数字逻辑电路的频率达到或超过 50MHz，而且工作在这个频率之上的电路占整个系统的 1/3 以上，就可以称其为高速电路。

实际上，与信号本身的频率相比，信号边沿的谐波频率更高，信号快速变化的跳变（上升沿或下降沿）引发了信号传输的非预期结果。如果线传播延时大于数字信号驱动端上升时间的 1/2，则可认为此类信号是高速信号并产生传输线效应。信号的传递发生在信号状态改变的瞬间，如上升或下降时间。信号从驱动端到接收端经过一段固定的时间，如果传输时间小于上升或下降时间的 1/2，那么在信号改变状态前，来自接收端的反射信号将到达驱动端。否则，反射信号将在信号改变状态后到达驱动端。如果反射信号很强，叠加的波形就有可能会改变逻辑状态。

3. 高速信号的确定

通常，通过元器件手册可以查出信号上升时间的典型值。而在 PCB 设计中，实际布线长度决定了信号的传播时间。如果过孔多、元器件引脚多，或者网络上设置的约束多，将导致延时增大。一般情况下，高速逻辑器件的信号上升时间约为 0.2ns。

以 T_r 表示信号上升时间，T_{pd} 表示信号线传播延时，若 $T_r>4T_{pd}$，信号落在安全区域；若 $2T_{pd}<T_r\leq4T_{pd}$，信号将落在不确定区域；若 $T_r\leq2T_{pd}$，信号将落在问题区域。当信号落在不确定区域或问题区域时，应该使用高速布线方法进行 PCB 设计。

4. 高速 PCB 设计流程

信号完整性（Signal Integrity）是指电路系统中信号的质量。如果在要求的时间内信号能不失真地从源端传送到接收端，就称该信号是完整的。随着电子技术的不断发展，各种信号完整性问题层出不穷，而且可以预见，今后还会出现更多的问题。所以，了解信号完整性理论，进而指导和验证高速 PCB 设计是一件刻不容缓的事情。

传统的 PCB 设计一般经过原理图设计、布局、布线、优化 4 个主要步骤。由于缺乏高速分析和仿真指导，信号的质量无法得到保证，而且大部分问题必须等到制板测试后才能发现，这就大大降低了设计的效率，增加了成本，显然在激烈的市场竞争下，这种设计方法是很不利的。于是，针对高速 PCB 设计，业界提出了一种新的设计思路，称为"自上而下"的设计方法，这是一种建立在实时仿真基础上优化的高效设计流程，如图 1-2-1 所示。

图 1-2-1　高速 PCB 设计流程

从图 1-2-1 可以看出，在完成高速 PCB 设计前，经过多方面的仿真、分析和优化，可以避免绝大部分可能产生的问题。如果依托强大的 EDA 仿真工具，基本上能实现"设计即正确"的目的。

5．传输线

传输线（Transmission Line）是指由两个具有一定长度的导体组成回路的连接线，有时也称为延迟线。PCB 上的传播信号的路径一般可以分为两种，如图 1-2-2 所示。一种是普通意义下的布线，一般认为在任何时段布线上的任意点上的电势都相等；另一种是传输线，要考虑信号传播时的影响，并假定信号在传输时，沿传输线上的每一点都有不同的电势。

（a）布线上的不同点有不同的电势　　　（b）布线上所有点的电势相同

图 1-2-2　两种信号布线

那么什么时候应该将信号路径认为是传输线呢？如果信号传输路径长度大于信号波长的1%，或接收端元器件是边缘敏感的，或者系统没有过冲和下冲容限，则这时认为该传输路径是传输线。在高速 PCB 中，大部分传播信号的路径都是传输线。

一般可以用串联和并联的电容、电阻和电感结构等效 PCB 上的布线。通常串联电阻的典型值为 0.25～0.55Ω。由于存在绝缘层，并联电阻阻值通常很高。将寄生电阻、电容和电感加到实际的 PCB 连线中后，连线上的最终阻抗称为特征阻抗 Z_0。线径越窄、电源/地越远或隔离层的介电常数越低，特征阻抗就越大。如果接收端和传输线的阻抗不匹配，那么输出的信号和信号最终的稳定状态将不同，从而引起信号在接收端产生反射。该反射信号将传回信号发射端，并将再次反射回来，直至反射信号随着能量的减弱而幅度随之减小，最终信号的电压和电流达到稳定。此效应称为振荡，在信号的上升沿和下降沿经常可以看到信号的振荡。

6．阻抗匹配

电信号在介质中传播的速度取决于其传播介质，而布线引起的传播延时与传播介质的介电常数的平方根成正比，见表 1-2-1。

表 1-2-1 传播延时与传播介质的介电常数

介 质	延时/（ps/in）	介电常数
真空	光速：84	1.0
空气	85	约 1.0
同轴电缆（75%的速率）	113	1.8
同轴电缆（66%的速率）	129	2.3
FR4 PCB（外层布线）	140～180	2.8～4.5
FR4 PCB（内层布线）	180	4.5
氧化铝 PCB（内层布线）	240～270	8～10

PCB 布线的物理特性（如布线材料、布线宽度、布线厚度、与其他布线和平面层的距离、周围材料的介电常数等）对其阻抗有很大的影响。

传输线阻抗不匹配是指当传输线的阻抗变化时，会有一部分的信号能量被反射，如图 1-2-3 所示。反射的能量与传输线的两个导体之间的阻抗差异成正比，即

$$E_R \propto \frac{Z_B - Z_A}{Z_B + Z_A}$$

当由器件 A（Device A）向器件 B（Device B）传送信号时，传输信号要经过传输线（trace）、过孔（via）、连接器（connector）和电缆（cable）到达器件 B，经历了多个阻抗变化，如图 1-2-4 所示。最大的阻抗不匹配基本都发生在驱动端（Output Driver）和负载端（Load）。

举例说明：假设信号是一个跑步运动员，他一直以 6in/ns 的速度在 PCB 上奔跑，并且他经过每块导体时都会改变其电压值。开始时，驱动器给信号一个命令，让他在如图 1-2-4

所示的阻抗为 50Ω 的传输线上开始奔跑，当到达接收器时，发现阻抗变为 $1\text{M}\Omega$，接收器根据反射系数将其反射回去，反射系数为

$$\frac{Z_\text{L} - Z_0}{Z_\text{L} + Z_0} = \frac{1000000 - 50}{1000000 + 50} \approx 1$$

图 1-2-3　阻抗不匹配　　　　　　　　　图 1-2-4　信号传输路径

这样，带着几乎 100%的原始能量的信号又以 6in/ns 的速度跑回驱动器，信号在 50Ω 的传输线上返回后遇到了 25Ω 的原始驱动器，他再次被要求返回接收器，但此次信号所携带的能量为

$$\frac{Z_\text{L} - Z_0}{Z_\text{L} + Z_0} = \frac{25 - 50}{25 + 50} = -\frac{1}{3}$$

也就是说，信号被要求再次返回接收器时所携带的能量为初始时的-1/3 倍。就这样，当信号再次到达接收器时，又会被反射，以此类推。

若利用示波器观察整个过程，会在示波器上发现如图 1-2-5 所示的图形。

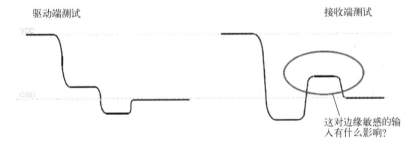

图 1-2-5　示波器观察结果

7. 传输线效应

基于上述定义的传输线模型，归纳起来，传输线会对整个电路设计带来以下效应。

☺ 反射信号（Reflected signals）。

☺ 延时和时序错误（Delay & Timing errors）。

☺ 多次跨越逻辑电平门限错误（False Switching）。

☺ 过冲与下冲（Overshoot/Undershoot）。

☺ 串扰（Crosstalk）。

☺ 电磁辐射（EMR）。

1）反射信号　如果一根布线没有被正确终结（终端匹配），那么来自于驱动端的信号脉

冲在接收端将被反射，从而引发不可预期的效应，使信号轮廓失真。当失真变形非常显著时，可导致多种错误发生，引起设计失败。同时，失真变形的信号对噪声的敏感性增加了，也会引起设计失败。如果上述情况没有被充分考虑，EMI 将显著增加，这就不仅影响自身设计结果，而且还会造成整个系统的失败。

反射信号产生的主要原因是过长的布线、未被匹配终结的传输线、过量电容或电感及阻抗失配。

2）**延时和时序错误**　延时和时序错误表现为信号在逻辑电平的高、低门限之间变化时，保持一段时间信号不跳变。过多的信号延时可能导致时序错误和元器件功能的混乱，通常在有多个接收端时会出现问题。电路设计者必须确定最坏情况下的时间延时，以确保设计的正确性。信号延时产生的原因包括驱动过载和布线过长。

3）**多次跨越逻辑电平门限错误**　信号在跳变的过程中可能多次跨越逻辑电平门限，从而导致这一类型错误的发生。多次跨越逻辑电平门限错误是信号振荡的一种特殊形式，即信号的振荡发生在逻辑电平门限附近，多次跨越逻辑电平门限将导致逻辑功能紊乱。

4）**过冲与下冲**　布线过长或信号变化太快，可以导致过冲与下冲的发生。虽然大多数元器件接收端有输入保护二极管保护，但有时这些过冲电平会远远超过元器件电源电压范围，仍会导致元器件的损坏。

5）**串扰**　在一根信号线上有信号通过时，在 PCB 上与之相邻的信号线上就会感应出相关的串，这种现象称为串扰。异步信号和时钟信号更容易产生串扰。解决串扰的方法是移开发生串扰的信号或屏蔽被严重干扰的信号。信号线距离地线越近，或者加大线间距，可以减少串扰的发生。

6）**电磁辐射**　电磁辐射有两个重要方面：电流流过导体会产生磁场，如图 1-2-6 所示；将导体放入磁场将会引起感应电流。这两方面符合右手定则。电流流过导体产生的磁场强度受导体形状影响，反之亦然。

图 1-2-6　电流流过导体会产生磁场

电磁干扰（Electro-Magnetic Interference，EMI）通常是指设计中不希望出现的电磁辐射。电磁干扰包括产生过量的电磁辐射和对电磁辐射的敏感性两个方面。EMI 表现为在数字系统由于处理周期和快速的时钟及转换率，致使系统加电运行时，会向周围环境辐射电磁波，从而使周围环境中正常工作的电子设备受到干扰，特别是模拟电路，由于其本身的高增益功能，成为易受影响的电路。EMI 产生的主要原因是电路工作频率太高及布局、布线不合理。目前已有进行 EMI 仿真的软件工具，但大都很昂贵，且仿真参数和边界条件设置又比较困难，直接影响了仿真结果的准确性和实用性。通常可在设计的每个环节应用控制 EMI 的各项设计规则，以达到控制 EMI 的目的。

8. 其他 PCB 基础概念

1）**PCB 计量单位**　PCB 的计量单位通常是英制单位，而不是公制单位。

☺ PCB 外形尺寸单位通常是 in。

☺ 介质厚度、导体长度和宽度的单位通常是 in 或 mil。

$$1mil = 0.001in \qquad 1mil = 0.0254mm$$

☺ 导体厚度的单位为盎司（oz，金属导体的质量是指 $1in^2$ 材料的质量），常用厚度为

$$0.5oz = 17.5\mu m \qquad 1.0oz = 35.0\mu m \qquad 2.0oz = 70.0\mu m \qquad 3.0oz = 105.0\mu m$$

2）PCB 叠层设计　叠层设计的好坏将直接影响整个电路的性能。好的叠层设计不仅可以有效地提高电源质量，减少串扰和 EMI，还能节约成本，为布线提供便利，这是任何高速 PCB 设计者都必须首先考虑的问题。总体来说，叠层的设计要尽量遵循以下规则。

☺ 覆铜层最好成对设置，如 6 层板的第 2 层与第 5 层，或者第 3 层与第 4 层要一起覆铜，这是考虑到工艺上平衡结构的要求，因为不平衡的覆铜层可能会导致 PCB 膨胀时的翘曲变形。

☺ 最好每个信号层都能和至少一个覆铜层紧邻，这有利于阻抗控制和提高信号质量。

☺ 缩短电源和地层的距离，可以降低电源的阻抗。

☺ 在高速情况下，可以加入多余的地层来隔离信号层，但建议不要多加电源层来隔离，因为电源层会带来较多的高频噪声干扰。

但实际情况中，上述规则往往不可能同时满足，这时就要根据实际情况考虑一种相对来说比较合理的解决办法。下面根据层数的不同来分析一下几种典型的叠层设计方案。

（1）单面板和双面板：单面板一般应用于很低频（200kHz 以下）的电路系统设计，如简单仪器、工程控制板等。由于没有较大区域进行覆铜，一般都采用总线形式的电源和地供应系统，因而回流面积较大，容易产生 EMI，同时也很容易受外界 RF 电磁场和静电放电的影响。在进行单面板的布线设计时，一般首先设计电源和地线的结构，然后进行少量高速信号的布线，尽量靠近地线，最后布剩余的信号线。设计中要尽量遵循以下 5 个原则。

☺ 重要的布线（如时钟信号）一定要紧靠地线。

☺ 布局时根据元器件特性划分区域，如将对噪声敏感的元器件放在一起。

☺ 将包含关键信号（如时钟）的元器件摆放在一起，高速信号之间，以及和其他信号之间要保持一定的隔离。

☺ 如果有不同的地（模拟地和数字地），要分开处理，一般采用单点接地。

☺ 电源和地线尽可能靠近，减小各种电流回路的面积。

图 1-2-7 所示的做法是不可取的，电源和地线离得较远，很多区域回路面积很大。同时，由于电源和地交错，信号布线的区域被限制，只能从元器件中间布线，增加了干扰。可以参考图 1-2-8 中所示的布线方式。

与单面板相比，双面板增加了一层布线空间，优化了电源和地的设计，所以性能也有所提高。较常见的设计是表层设计为电源+信号，底层为地+信号，电源和地可以采用交叉总线的结构，也可以采用大面积覆铜的形式，具体情况视实际布线空间而定。还有一种较好的设计思路是，每一层面都按照单面板的设计要求来实现，然后进一步调整优化，如加粗电源/地线，空余地方大面积覆铜等。

图 1-2-7　较差的单面板设计　　　　　　　　图 1-2-8　较好的单面板设计

注意　　　双面板和单面板一样，都不符合 EMC 的要求，因为虽然信号布线下方（背面）可能存在参考平面，但是由于 PCB 太厚（大概 62mil），RF 信号的回流很少通过低电感的参考平面，从而产生较强的电磁辐射。

　　（2）4 层板：4 层以上的 PCB 一般都能保证良好的 EMC 和其他电气性能，所以对于较高速的电路设计，一定要求采用多层板。4 层板的设计大致有两种形式：一是均匀间距，另一种是非均匀间距。4 层板的结构如图 1-2-9 所示。

　　对于均匀间距的设计来说，最大的优点在于电源和地之间的间距很小，可以大幅度降低电源的阻抗，提高电源的稳定性；但缺点在于两层信号层的阻抗高，通常为 105～130Ω，而且由于信号层和参考平面之间的间距较大，增加了信号回流的面积，EMI 较强。而采用了后一种非均匀间距的设计，就可以较好地进行阻抗控制，信号靠近参考平面也有利于提高信号的质量，减少 EMI，唯一的缺点就是电源和地之间的间距太大，造成电源和地的耦合减弱，阻抗增加，但这一点可以通过增加旁路电容来改善。实际高速电路设计一般要求进行阻抗控制和提高信号质量，所以较多采用非均匀的 4 层板设计，两层信号层的空白区域也可以进行大面积的铺地处理。

图 1-2-9　4 层板的结构

　　还有一种较为特别的设计是表层和底层作为地和电源层，而中间两层作为信号布线层，这对 EMI 抑制和散热等方面较为有利，但是也带来很多不良的效果，如很难进行测量和调试，工艺焊接、装配时会有一些困难，另外电源和地的耦合也需要使用大量的旁路电容实现，一般不建议采用这种方案。

（3）6 层板：随着电路复杂度的增加，PCB 的设计也朝着高密度、高要求的方向发展。6 层板的应用也越来越广泛，如内存模块的 PCB，从 PC100 开始，就明确规定一定要使用至少 6 层板的结构。因为多层板无论在电气特性、对电磁辐射的抑制，还是在抵抗物理机械损伤的能力上都明显优于低层数的 PCB。典型的 6 层板结构如图 1-2-10 所示。

这两种方案中，方案 2 由于表层和底层没有参考平面相邻，在阻抗控制上有一定的困难，必须加粗线宽或通过增加沉铜的厚度来达到设计的阻抗要求。一般被广泛采用的是方案 1，每个信号层都有较近的参考平面相邻，阻抗容易控制，同时对抑制串扰和电磁辐射也比较有利，电源和地的耦合则可以通过有效的旁路电容设计得到改善。

在所有布线层中，一般紧靠地层的内部信号层是最佳的布线层，如图 1-2-10 所示方案中的 InnerSignal2 层。所谓最佳布线层，就是指所有层中最不容易受干扰，电磁场屏蔽性能最好的信号层。高速 PCB 设计要求电路中的关键或高频的信号尽量走在最佳布线层，以得到最好的信号质量和最低的电磁辐射。次佳的布线层是以电源平面为参考的内部信号布线层，如 InnerSignal1 层。

（4）8 层板：8 层板的设计方案有很多种，这里介绍应用最广泛的两种叠层设计。根据布线密度的要求，在设计 8 层板时要考虑究竟使用几个覆铜层，如果要求最大的布线空间，可以只使用一对电源/地层，如图 1-2-11（a）所示。其效果有点类似于 6 层板的方案 2，只是电源和地的耦合性更差，如果不是一定要求进行 6 层信号布线，则要慎用此结构。对于 8 层板来说，最好的叠层设计是图 1-2-11（b）所示的结构，有 4 层覆铜，可以有效地降低电源阻抗，并包含两层最佳布线层，大大提高了信号的质量。这种方案其实就是 6 层板方案 2 的性能改善结构，布线空间还是一样，一般应用于对信号和电源质量要求很高的电路设计，而普通电路设计考虑到成本问题，大多会采用 6 层板。

（a）方案1　　　　　（b）方案2　　　　　（a）两层覆铜　　　　　（b）4层覆铜

图 1-2-10　典型的 6 层板结构　　　　图 1-2-11　8 层板常见两种方案

10 层或更多层的 PCB 叠层设计就不再细述，因为大致的思想都一样。

注意 前面提到的各种方案都是指单电源的情况，如果实际系统中包含多种电源，则要采取电源分割的方法，基本思路是保证主电源对地要良好耦合。

3）PCB 传输线物理特性 在 PCB 中，铜是作为传输导体的最常用材料，传输线或连接器在电镀后，可能覆上一层金来防止腐蚀。如图 1-2-12 所示，传输线的长度 L 和宽度 W 通常由 PCB 布局工程师设定。传输线的宽度和间距一般不小于 5mil；传输线的厚度 H 因制作工艺不同而不同，通常是 0.5～3oz，发展趋势为 0.25oz。

$$R = \frac{\rho \cdot L}{A} = \frac{\rho \cdot L}{h \cdot W} = Rs \frac{L}{W}$$

Cu的电阻系数：$\rho = 1.7 \times 10^{-8} \Omega \cdot m$

图 1-2-12　PCB 传输线的阻抗

提示 上述因素会影响到电阻、电容及传输线的阻抗，必须完全理解才能有助于高速 PCB 设计。

4）电源/地平面层 电源平面层或地平面层是指一个提供电源和地信号的固定的铜层，通常比信号层的厚度大以减小其电阻。如图 1-2-13 所示，在高速 PCB 中使用电源/地平面层可以为 PCB 上的电源和地信号提供一个稳定的、低阻抗的传输路径；可以屏蔽层与层之间的信号，这样能尽量减少串扰；提供散热途径；大幅度地增加"平面间电容"；也可以对防止 PCB 的变形起到有效的作用。

注意 在低频时，电流将沿电阻最小的路径传输；在高频时，电流将沿电感最小的路径传输。

5）电介质/绝缘体 大多数 PCB 绝缘材料可以采用相对电介质，这对维持传输线的恒定阻抗很重要。常用的电介质材料有如下 6 种。

☺ FR-4（玻璃纤维和环氧树脂）：最常用，应用广泛，成本相对较低；介电常数最大为 4.70，500MHz 时为 4.35，1GHz 时为 4.34。可以接收的信号频率最大不超过 2GHz（超过这个频率时损失和串扰将增加）。

图 1-2-13　电源/地平面层结构

☺ FR-2（酚醛棉纸）：成本非常低，在低价消费产品中使用；易开裂；介电常数（1GHz 时）为 4.5。

☺ CEM-3（玻璃纤维和环氧树脂）：与 FR-4 非常相似，在日本被广泛使用。

☺ Polyimide（聚酰亚胺）：高频时性能良好。

☺ FR：阻燃。

☺ CEM：环氧树脂复合材料。

常见电介质/绝缘材料与介电常数见表 1-2-2。

表 1-2-2　常见电介质/绝缘材料与介电常数

材　料	介电常数	材　料	介电常数	材　料	介电常数
真空	1	纸	3.5	钻石	5.5～10
空气	1.00054	二氧化硅	3.7	盐	3～15
聚四氟乙烯	2.1	混凝土	4.5	石墨	10～15
聚乙烯	2.25	玻璃	4.7（3.7～10）	硅	11.68
聚苯乙烯	2.4～2.7	橡胶	7		

6）过孔　过孔在高速 PCB 中会引入电容，并改变传输线的阻抗。过孔基本可分为 3 种，其切面如图 1-2-14 所示。

通孔　　　　　盲孔　　　埋孔

图 1-2-14　过孔的几种不同形式

☺ 通孔（镀孔）：用于连接层；生成钻孔文件，在 PCB 上打孔并在孔内电镀；通常远远大于信号线。

☺ 盲孔或埋孔：提供更大的配线密度；增加 PCB 制造成本，通常只用在高容量电路中；埋孔难以调试。

7）典型 PCB 制作流程

（1）从顾客手中得到 Gerber 文件、Drill 文件和其他 PCB 属性的文件。

（2）准备 PCB 基板和层压（重点）。

铜膜附着到基板材料（如 FR-4）。

（3）内层图像传输。

① 将抗蚀刻的化学制剂粘贴在需要保留的铜（如传输线和过孔）上并使其固化。

② 洗掉没有固化的化学制剂。

③ 对铜膜进行蚀刻（通常是氯化铁或氨），将没有粘贴化学制剂的铜腐蚀掉。

④ 溶解去除固化的用于抗蚀刻的制剂。

⑤ 清洗 PCB，洗去残渣。

（4）碾压层。

（5）钻孔、清洗和对过孔电镀。

① 层间的连接线路就在此时制作。

② 钻出的孔堆栈在一起形成过孔。

③ 将 PCB 浸泡在电镀溶液中，形成一层薄薄的铜内孔。

④ 电镀后沉淀 1mil 的铜。

（6）外层图像传输。

（7）进行阻焊配制。

（8）丝印（文本和图形）。

8）示波器　示波器是在高速 PCB 设计分析中的基本工具，因为高速数字信号是方波，方波含有高能量及大量的奇次谐波，而且随着技术的升级，波长减小，上升时间和下降时间随之降低，会包含更多的谐波。如图 1-2-15 所示的波形，低成本的示波器可能不能完成测量验证功能。示波器的性能会影响 PCB 的分析，一般要考虑示波器的带宽和采样频率。低成本、低性能的示波器可能不会显示高速 PCB 设计分析中的一些重要信息，如信号干扰、下冲、过冲、供电噪声等。想象一下一个 133MHz 的 SDRAM 信号在一个低成本的有 200MHz 带宽 GSPS 采样速度的示波器下会变成什么样？

9）去耦电容（旁路电容）　当一个元器件内部的门电路进行转换时，会在元器件内部产生瞬时阻抗变化，导致电流的瞬时变化。为减小地和电源信号的电压波动，确保电源和电压信号在元器件的额定范围内工作，要使用去耦电容（或旁路电容）为这些电流的瞬时变化提供一个低阻抗的路径，如图 1-2-16 所示。

图 1-2-17 所示是某个元器件工作时的电压波动情况，从中可以看出一些瞬时波动导致电压偏离了额定工作范围，为稳定该元器件电压工作范围，要对其进行处理。

高速设备需要"旁路"的 5 大频带范围如下所述。

☺ 0～10kHz：使用调整器。

☺ 10～100kHz：使用旁路电解电容。

☺ 100kHz～10MHz：使用多个 100nF 电容。

☺ 10～100MHz：使用多个 10nF 电容。

图 1-2-15　方波中包含的奇次谐波

图 1-2-16　去耦电容

图 1-2-17　元器件工作时的电压波动情况

☺ 100MHz 以上：使用多个 1nF 电容，以及 PCB 电源和地平面层。

需要多少个去耦电容一般由系统决定，需要考虑系统运行的频率、I/O 引脚数量、每个引脚上的电容特性、布线阻抗、交叉点温度、内部芯片运行状态等。对于处理器而言，需要考虑各种内部操作，包括缓存、内部存储器存取、DMA 等；另外，还需要考虑从直流到远高于时钟频率的所有频率上，电源引脚的噪声应在 U_{DD} 噪声的±5%以内，最大直流电压漂移容限加上峰值噪声幅度必须小于供电电压的 5%。总之，有很多方法来估算总共需要的电容的数量，以及如何分配这些电容，这是一个复杂的问题，特别是在处理包含数百万门现代处理器的复杂性问题时更为复杂，也可以在半导体网站上查到大量的相关应用。

为了取得最佳性能，需要使元器件供电引脚和去耦电容间的电感和电阻最小，所以在布局时需要考虑去耦电容布局和连接方式。图 1-2-18 所示是几种贴片电容的连接方式比较，由于 PCB 的传输线和过孔都会引入阻抗，所以最后一种连接方式是最佳的连接方式。

图 1-2-18　几种贴片电容的连接方式比较

当 PCB 中存在电源和地平面层时，PCB 顶层的电容能够达到最佳效果，如图 1-2-19 所示。

随着时钟频率和边沿切换速度的增加，有效地对高频设备的电源引脚去耦或提供旁路变得更困难，因为电容的 ESL（等效串联电感）随频率的增加而增强了电抗；电容的 ESR（等效串联电阻）增加，降低了电容的功效；电容寄生装配（焊盘、过孔）电抗随频率增加而增加；对于高于 100MHz 的频率来说，100nF 的电容不起作用。

图 1-2-19　电源/地平面层存在时 PCB 顶层的电容

电容的 ESL 是指由电容的结构而产生的电感，电容的 ESL 设置了限制因素，这些限制因素是关于电容如何更好（或更快）地去除耦合的电源总线噪声，如图 1-2-20 所示。电容实质上是一个 LC 电路，因此有一个谐振点，ESL 和电容值都能影响到电容的谐振点，高谐振频率的电容能够更好地完成其去耦的任务。

图 1-2-20　去耦电容的等效电路

1.3　PCB 设计前的准备工作

1．设计前的准备工作

信号完整性（Signal Integrity，SI）是指在信号线上的信号质量。在设计开始之前，必须先确定设计策略，这样才能指导诸如选择元器件、确定工艺和控制 PCB 生产等工作。就信号完整性而言，应预先进行调研，以形成规则或设计准则，从而确保设计结果不出现明显的信号完整性问题、串扰问题或时序问题。有些 IC 制造商提供设计准则，然而这样的准则可能存在一定的局限性，按照这样的准则可能根本设计不了满足信号完整性要求的 PCB。

2．PCB 的叠层

与制造和成本分析人员交流，可以确定 PCB 的叠层误差，还可以发现 PCB 的制造公差。例如，如果指定某层是 50Ω 阻抗控制，制造商是怎样测量并确保这个数值的？期望的制造公差及在 PCB 上期望的绝缘常数是多少？线宽和间距的允许误差、接地层和信号层的厚度及间距的允许误差是多少？依据上述数据，就可以选择叠层了。

注意　几乎对每个插入其他 PCB 或者背板的 PCB 都有厚度要求，而且多数 PCB 制造商对其可制造的不同类型的层有固定的厚度要求，这将约束最终叠层的数目。应采用阻抗控制工具为不同层生成目标阻抗范围，且要考虑制造商提供的制造允许误差及邻近布线的影响。

在理想的信号完整性情况下，所有高速节点应该在阻抗控制内层布线（如带状线）。但实际情况是，设计者必须经常使用外层进行所有或部分高速节点的布线。要使信号完整性最佳并保持 PCB 去耦，就应该尽可能将接地层/电源层成对布放。如果根本就没有电源层，很可能会遇到信号完整性问题。还可能遇到这样的情况，即在未定义信号的返回通路之前，很难仿真或模拟 PCB 的性能。

3. 串扰和阻抗控制

来自邻近信号线的耦合将导致串扰的发生，并改变信号线的阻抗。对相邻的平行信号线进行耦合分析，可以确定信号线之间或各类信号线之间的安全或预期间距（或者平行布线长度）。比如，欲将时钟到数据信号节点的串扰限制在 100mV 以内，使信号布线保持平行，可以通过计算或仿真，找到在任何给定布线层上信号之间的最小允许间距。同样，如果设计中包含重要的阻抗节点（或者是时钟，或者是专用高速内存架构），就必须将布线放置在一层（或若干层）上以得到期望的阻抗。

4. 重要的高速节点

延迟和时滞是进行时钟布线时必须考虑的关键因素。因为时序要求严格，这种节点通常必须采用端接器件才能达到最佳的信号完整性质量。要预先确定这些节点，同时将调节元器件放置和布线所需要的时间加以计划，以便调整信号完整性的设计指标。

5. 技术选择

不同的驱动技术适用于不同的任务。信号是点对点的，还是一点对多抽头的？是从电路输出，还是留在相同的 PCB 上？允许的时滞和噪声裕量是多少？作为信号完整性设计的通用准则，转换速度越慢，信号完整性就越好。50MHz 时钟采用 500ps 上升时间是没有理由的。一个 2～3ns 的摆率控制器件速度要足够快，才能保证信号完整性的品质，并且有助于解决诸如输出同步交换（SSO）和电磁兼容（EMC）等问题。

在新型 FPGA 可编程技术或用户定义的 ASIC 中，可以发现驱动技术的优越性。在设计阶段，要从 IC 供应商那里获得合适的仿真模型。为了有效地覆盖信号完整性仿真，需要一个信号完整性仿真程序和相应的仿真模型，如 IBIS（Input/Output Buffer Information Specification）模型。

最后，在预布线和布线阶段，应该建立一系列的设计指南，包括目标层阻抗、布线间距、倾向采用的元器件工艺、重要节点拓扑和端接规划。

6. 预布线阶段

预布线信号完整性规划的基本过程是，首先定义输入参数范围（驱动幅度、阻抗、跟踪速度等）和可能的拓扑范围（最小/最大长度、短线长度等），然后运行每个可能的仿真组合，分析时序和信号完整性仿真结果，最后找到可以接受的数值范围。将工作范围解释为 PCB 布线的约束条件。可以采用不同软件工具执行此类"清扫"准备工作，布线程序能够自动处理此类布线约束条件。对多数用户而言，时序信息实际上比信号完整性结果更为重要，互连仿真的结果可以改变布线，从而调整信号通路的时序。

在其他应用中，这个过程还可以用来确定与系统时序指标不兼容的引脚或元器件的布局。有可能完全确定需要手工布线的节点或不需要端接的节点。对于可编程器件和 ASIC 来说，为了改进信号完整性设计或避免采用分立端接器件，还可以调整输出驱动的选择。

7．避免传输线效应的方法

针对传输线问题所引入的影响，可以从以下 5 个方面进行控制。

1）严格控制关键网线的布线长度　如果设计中有高速跳变沿存在，就必须考虑到在 PCB 上存在传输线效应的问题。特别是现在普遍使用的很高时钟频率的快速集成电路芯片更是存在这样的问题。解决这个问题有一些基本原则，即如果采用 CMOS 或 TTL 电路进行设计，工作频率小于 10MHz 时，布线长度应不大于 7in；工作频率在 50MHz 时，布线长度应不大于 1.5in；如果工作频率达到或超过 75MHz，布线长度应在 1in 以内。如果超过上述标准，就存在传输线效应的问题。

2）合理规划布线的拓扑结构　选择正确的布线路径和终端拓扑结构是解决传输线效应问题的方法。布线的拓扑结构是指一根网线的布线顺序及布线结构。当使用高速逻辑器件时，除非布线分支长度很短，否则快速边沿变化的信号将被信号主干布线上的分支布线所扭曲。通常，PCB 布线采用两种基本拓扑结构，即菊花链（Daisy Chain）布线和星形（Star）布线。

菊花链布线，即布线从驱动端开始，依次到达各接收端。如果使用串联电阻来改变信号特性，串联电阻应该紧靠驱动端。菊花链布线在控制布线的高次谐波干扰方面效果最好。但这种布线方式布通率最低，不容易实现 100%布通。在实际设计中，可以使菊花链布线中的分支长度尽可能短。

星形布线可以有效地避免时钟信号的不同步问题，但在密度很高的 PCB 上手工完成布线将变得十分困难。使用自动布线器是完成星形布线的最好方法。在星形拓扑结构中，每条分支上都需要终端电阻，其电阻值应和连线的特征阻抗相匹配。特征阻抗值和终端匹配电阻值可以通过手工计算得出，也可以通过 CAD 工具计算得到。在实际设计中，可使用如下方法选择终端匹配。

【RC 匹配终端】　这种方式可以减少功率消耗，但只能在信号工作比较稳定的情况下使用，最适合于对时钟信号线进行匹配处理。这种方法的缺点是 RC 匹配终端中的电容可能影响信号的形状和传播速度。

【串联电阻匹配】　这种方式不会产生额外的功率消耗，但会减慢信号的传输，可用于时间延迟影响不大的总线驱动电路，可以减少 PCB 上元器件的使用数量和降低连线密度。

【分离匹配终端】　这种方式需要匹配元器件放置在接收端附近，其优点是不会拉低信号，并且可以很好地避免噪声，常用于 TTL 输入信号，如 ACT、HCT、FAST 等。

此外，对于终端匹配电阻的封装形式和安装方式也必须加以考虑。通常，SMD 表面贴装电阻比 DIP 封装电阻具有较低的电感，所以 SMD 封装电阻成为首选。如果选择 DIP 封装电阻，也有两种安装方式可选，即垂直方式和水平方式。在垂直安装方式中，DIP 封装电阻的一条安装引脚很短，可以减小电阻和 PCB 间的热阻，使电阻的热量更加容易散发到空气中。但较长的垂直安装会增加电阻的电感。水平安装方式因安装较低而具有较低的电感，但过热的 DIP 封装电阻会产生漂移，在最坏的情况下，DIP 封装电阻可能开路，造成 PCB 布线终端匹配失效，从而成为潜在的失败因素。

3）抑制电磁干扰的方法　较好地解决信号完整性问题，可以改善 PCB 的电磁兼容性（EMC）。其中，保证 PCB 有良好的接地是非常重要的。对于复杂的设计，采用一个信号层配一个地线层是十分有效的方法，多层板中的顶层和底层的地平面至少能降低辐射 10dB。另外，降低 PCB 的最外层信号的密度，也是减少电磁辐射的好方法，这可采用"表面积层"技术"Build-up"设计制作 PCB 来实现。表面积层是通过在普通工艺的 PCB上增加薄绝缘层和用于贯穿这些层的微孔的组合来实现的，电阻和电容可埋在表层下，单位面积上的布线密度会增加近一倍，因而可降低 PCB 的面积。PCB 面积的缩小对布线的拓扑结构有着巨大的影响，这意味着缩小电流回路和分支布线长度，而电磁辐射与电流回路的面积近似成正比。同时，缩小 PCB 面积意味着应使用高密度引脚封装器件，这又使得连线长度进一步缩短，从而使电流回路减小，提高了电磁兼容特性。此外，还有一些其他的技术：在对 PCB 的元器件进行布局时，将模拟系统和数字系统尽量分开；适当地使用去耦电容降低供电/地噪声，从而降低 EMI；让信号的传输线尽量远离 PCB 边缘；避免在PCB 上布直角信号传输线；了解在基本频率和由反射而引起的谐波频率上的 PCB 布线响应等方法。

4）电源去耦技术　为减小集成电路芯片上电源电压的瞬时过冲，应添加去耦电容。添加去耦电容可以有效去除电源上的毛刺的影响，并减少在 PCB 上的电源环路的辐射。为了获得平滑毛刺的最佳效果，去耦电容应直接连接在 IC 的电源引脚上，而不是仅连接在电源层上。有一些器件插座上带有去耦电容，而有的器件则要求去耦电容距器件的距离要足够小。

任何高速和高功耗的元器件都应尽量放置在一起，以减少电源电压瞬时过冲。

如果没有电源层，那么较长的电源连线将在信号和回路之间形成环路，从而成为辐射源和易感应电路。

布线构成一个不穿过同一网线或其他布线环路的情况称为开环，否则将构成闭环。这两种情况都会形成天线效应（线天线和环形天线）。天线对外产生 EMI 辐射，同时自身也成为敏感电路。闭环产生的辐射与闭环面积近似成正比。

高速电路设计是一个非常复杂的设计过程，有诸多因素需要加以考虑。这些因素有时互相对立。例如，高速器件布局时位置靠近虽然可以减少延时，但可能产生串扰和显著的热效应。因此在设计时应权衡各种因素，做出全面的折中考虑，既满足设计要求，又降低设计复杂度。

5）端接技术　使用欧姆定律减少在驱动端和传输线负载端的阻抗不匹配。驱动端的阻抗一般小于50Ω，可以在驱动端上串联电阻来提高其阻抗使其与传输线匹配，这种技术称为"串行端接"；负载阻抗通常远大于50Ω，可以在负载端并联电阻来降低其阻抗使其与传输线匹配，这种技术称为"并行端接"。这两种方法都有各自的优缺点，结合起来比较有效。

图 1-3-1 所示的并行端接中，负载端的并联电阻能够有效工作，但也有如下缺点。

☺ 增加驱动电流从而增加电源损耗。

☺ 增加串扰，增加 EMI。

☺ 增加地反弹或供电噪声（取决于并联电阻上拉或下拉）。

图 1-3-2 所示的串行端接中，驱动端的串联电阻能减少损耗，但驱动器的阻抗成了非线性，而且会损失很多进入传输线的能量。

图 1-3-1　并行端接　　　　　　　　　　　　　　图 1-3-2　串行端接

1.4　高速 PCB 布线

1. 高速 PCB 信号线的布线基本原则

（1）合理选择层数：高频电路往往集成度较高，布线密度大，因此必须采用多层板进行布线，这也是降低干扰的有效手段。合理选择层数，可以大幅度地降低 PCB 尺寸，充分利用中间层来设置屏蔽，更好地实现就近接地，有效地降低寄生电感，有效地缩短信号的传输距离，大幅度地降低信号间的交叉干扰等。所有这些都有利于高频电路的可靠工作。有资料显示，同种材料的 4 层板要比双面板的噪声低 20dB，但是板层数越高，制造工艺越复杂，成本也越高。

（2）减少高速电路元器件引脚间引线的弯折：高频电路布线的引线最好采用全直线。若需要弯折，可用 45°折线或圆弧线，这样可以减少高频信号对外的发射和相互间的耦合。

（3）缩短高频电路元器件引脚间的引线：满足布线最短的最有效手段是在自动布线前对重点高速网络进行布线预约。

（4）减少高频电路元器件引脚间的引线层间交叠：所谓减少引线的层间交叠，是指减少元器件连接过程中所用的过孔。一个过孔可带来约 0.5pF 的分布电容，减少过孔数能显著提高速度。

（5）注意信号线近距离平行布线时所引入的交叉干扰：若无法避免平行分布，可在平行信号线的反面布置大面积的地线，从而大幅度地降低干扰。同层内平行布线几乎无法避免，但是在相邻的两个层的布线方向务必取为相互垂直，在高频电路布线中最好在相邻层分别进行水平和竖直布线。在无法避免同层内平行布线时，可以在 PCB 反面大面积敷设地线来降低干扰。这是针对常用的双面板而言的，在使用多层板时可利用中间的电源层来实现这一功能。经过覆铜的 PCB，除能提高高频抗干扰能力以外，还对散热、提高 PCB 强度等有很大好处。另外，若在金属机箱上的 PCB 固定处加上镀锡栅条，则不仅可以提高固定强度、保障接触良好，而且可以利用金属机箱构成合适的公共线。

（6）对特别重要的信号线或局部单元实施地线包围的措施。对时钟等单元局部进行包地处理对高速系统也将非常有益。

（7）各类信号布线不能形成环路，也不能形成电流环路。

（8）每个集成电路块的附近应设置 1 个高频去耦电容。

2. 地线设计

在电子设备中，控制干扰的重要方法是接地。如果能将接地和屏蔽正确结合起来使用，可解决大部分的干扰问题。在电子设备中，地线结构大致有系统地、机壳地（屏蔽地）、数字地（逻辑地）和模拟地等。在地线设计中应注意以下 4 点。

1）正确选择单点接地与多点接地　在低频电路中，信号的工作频率通常小于 1MHz，布线和元器件间的电感影响较小，而接地电路形成的环流对干扰影响较大，因而应采用一点接地方式。当信号工作频率大于 10MHz 时，地线阻抗将变得很大，此时应尽量降低地线阻抗，应采用就近多点接地方式。当工作频率在 1～10MHz 时，如果采用一点接地方式，其地线长度不应超过波长的 1/20，否则应采用多点接地方式。

2）将数字电路与模拟电路分开　当 PCB 上既有高速逻辑电路又有线性电路时，应使它们尽量分开，两者的地线不要相混，并且分别与电源端地线相连。要尽量加大线性电路的接地面积。

3）尽量加粗接地线　若接地线很细，接地电位将随电流的变化而变化，导致电子设备的定时信号电平不稳，抗噪声性能变坏。因此，应尽量将接地线加粗，使它能通过 3 倍于 PCB 的允许电流。若有可能，接地线的宽度应大于 3mm。

4）将接地线构成闭环路　设计仅由数字电路组成的 PCB 的地线系统时，应将地线设计成闭环路，这样可以明显地提高抗噪声能力。其原因在于，PCB 上有很多集成电路元器件，尤其遇有耗电多的元器件时，因受地线粗细的限制，会在地线上产生较大的电位差，从而引起抗噪声能力下降。若将地线构成环路，则会缩小电位差，从而提高电子设备的抗噪声能力。

1.5　布线后信号完整性仿真

1. 布线后信号完整性仿真的意义

一般来说，信号完整性设计指导规则很难保证实际布线完成后，不出现信号完整性问题或时序问题。即使设计是在指南的引导下进行的，除非能够持续自动检查设计，否则根本无法保证设计完全遵守准则。布线后信号完整性仿真检查将允许有计划地打破（或者改变）设计准则，但是这只是出于成本考虑或是在严格的布线要求下所做的必要工作。

现在，采用信号完整性仿真引擎，完全可以仿真高速数字 PCB（甚至是多板系统）的自动屏蔽信号完整性问题，并生成精确的"引脚到引脚"延迟参数。只要输入信号足够好，仿真结果也会一样好。元器件模型和 PCB 制造参数的精确性是决定仿真结果的关键因素。

2. 模型的选择

尽管从元器件数据表可以获得所有的数据，但要建立一个模型仍然是很困难的。而对于信号完整性仿真模型来说正好相反，模型的建立比较容易，但是模型数据却很难获得。本质上，信号完整性模型数据唯一的可靠来源是 IC 供应商，他们应与设计工程师保持默契的配合。IBIS 模型标准提供了一致的数据载体，但 IBIS 模型的建立及其品质的保证却成本高昂。IC 供应商对此投资仍然需要市场需求的推动，而 PCB 制造商可能是唯一的需方市场。

1.6　提高抗电磁干扰能力的措施

1. 需要特别注意抗电磁干扰的系统

☺ 微控制器时钟频率特别高、总线周期特别快的系统。

☺ 系统含有大功率、大电流驱动电路，如产生火花的继电器、大电流开关等。

☺ 包含微弱模拟信号电路及高精度 A/D 转换电路的系统。

2. 应采取的抗干扰措施

☺ 能用低速芯片的就不用高速芯片，将高速芯片用在关键地方。

☺ 可用串电阻的方法降低控制电路上升沿/下降沿跳变速率。

☺ 尽量为继电器等提供某种形式的阻尼电路。

☺ 使用满足系统要求的最低频率时钟。

☺ 时钟产生器尽量靠近使用该时钟的元器件，石英晶体振荡器外壳应接地。

☺ 用地线将时钟区包围起来，尽量缩短时钟线长度。

☺ I/O 驱动电路尽量靠近 PCB 边缘，以便让其尽快离开 PCB。对进入 PCB 的信号要加滤波电路，从高噪声区来的信号也要加滤波电路，同时，用串终端电阻的办法减小信号反射。

☺ MCU 无用端要接高电平或者接地，或者定义成输出端，集成电路上该接电源/地的引脚都要接电源/地，不要悬空。

☺ 门电路输入端闲置不用时不要悬空。闲置不用的运算放大器正输入端应接地，负输入端应接输出端。

☺ PCB 尽量使用 45° 折线而不用 90° 折线布线，以减小高频信号对外的发射与耦合。

☺ PCB 按频率和电流开关特性分区，噪声元器件与非噪声元器件的距离应尽可能远。

☺ 单面板和双面板用单点接电源和单点接地，电源线、地线应尽量粗，在经济方面能承受的条件下，可以用多层板以减小电源/地的寄生电感。

☺ 时钟、总线及片选信号要远离 I/O 线和接插件。

☺ 模拟电压输入线、参考电压端应尽量远离数字电路信号线，特别是时钟线。

☺ 对 A/D 类器件，数字部分与模拟部分宁可统一，也不要交叉。

☺ 时钟线垂直于 I/O 线比平行 I/O 线干扰小，时钟元器件引脚远离 I/O 电缆。

☺ 尽量选用短引脚的元器件，去耦电容引脚也应尽量短。

☺ 关键的线应尽量粗，并在两侧加上保护地。高速线要短且直。

☺ 对噪声敏感的线不要与大电流、高速开关线平行。

☺ 石英晶体振荡器下面及对噪声敏感的器件下面不应布线。

☺ 弱信号电路、低频电路周围不要形成电流环路。

☺ 任何信号都不要形成环路，若不可避免，应使环路区尽量小。

☺ 为每个集成电路添加一个去耦电容；每个电解电容边上都要加一个小的高频旁路电容。

☺ 尽量用大容量的钽电容而不用电解电容，作为电路充放电储能电容；使用管状电容时，外壳要接地。

1.7 测试与比较

尽管采取上述措施可以确保 PCB 的信号完整性设计品质，但在 PCB 完成装配后，仍然有必要将其放在测试平台上，利用示波器或时域反射计（TDR）进行测试，将真实的 PCB 参数和仿真预期结果进行比较。这些测试数据可以帮助改进模型和制造参数，以便在以后的预设计调研工作中做出更好的（更少的约束条件）决策。

但是，将真实的 PCB 参数与仿真结果进行比较时有时出入很大。排除模型的不准确外，往往是 PCB 的电源完整性存在问题。由电源完整性而引起的信号完整性问题占有很大的比例，因此需要对电路做电源完整性分析。真实准确的分析应该是同时做电源完整性与信号完整性分析，但由此造成数学模型的建立更复杂、算法难度更高。目前，Cadence 的工具无法实现这样的功能，需要借助第三方的工具，如 Speed2000 Suite 软件与 Apsim 进行分析。

1.8 混合信号布局技术

如图 1-8-1 所示的混合信号 PCB 中显示的是一种错误的布局方式。从原理图中可以看到数字电路的电流流过了模拟平面，这是一种比较糟糕的情况，会在模拟电路中引起额外的噪声干扰和寄生参数，如图 1-8-2 所示。

分析一下这种错误布局方式的地平面电流，图中箭头所示的电流穿过了中间敏感的模拟电路，时钟电路与数字电路相互传递信号，而模拟电路会接收这些信号。从图 1-8-2 所示的原理图中可以看到，流过那些电阻和电感的电流会产生一个电压，而这个电压将会被叠加到模拟地上，进而引入到模拟电路中。

图 1-8-1　混合信号电路错误的布局方式　　　图 1-8-2　混合信号电路原理图（错误的布局）

正确的布局方式如图 1-8-3 所示，将敏感电路放在 PCB 的一侧，而模拟电路紧靠在其旁边，要把时钟和数字电路放在远离敏感电路的位置。如图 1-8-4 所示的电路图，模拟电路和数字电路分别用 U_A 和 U_D 供电，所有接地回路都分别接到接地点，消除了误差电压。图 1-8-5 所示是正确布局电路的通信情况，模拟电路和前端敏感电路通信，数字电路和时钟电路进行信号传输而不会干扰模拟电路。

图 1-8-3　混合信号电路正确的布局方式

图 1-8-4　混合信号电路原理图（正确的布局）

再分析一下地平面及其布线，图 1-8-6 所示的顶层是完整的地平面，底层是连接 RF 端口及其负载的传输线。可以看到，在顶层地平面的回流就在底层回流线的正上方流动。对于地平面，理想情况是电流先沿着布线流动，然后回到地平面，而且正好在底层布线的正上方流动，这样就可以获得最小的感应系数。然而在有些情况下，PCB 的设计不能保证地平面的完整性，如图 1-8-7 所示。图中所示的分裂的地平面中，回流在直流情况下将会沿着电阻最

图 1-8-5　正确布局电路的通信情况

小的通路传输，如图中细箭头所示；而回流在交流情况下将会沿阻抗最小的通路流动，如图中粗箭头所示，实际上这将会辐射 EMI 和 RFI 能量，所以这不是正确的方法。

图 1-8-8 所示的电路中，左边是模拟电源和模拟电路，右边是数字电源和数字电路，中间是混合信号器件，它既有模拟地，又有数字地。正确的做法是将混合信号器件的模拟地连接到模拟地平面，而将数字地连接到数字地平面，两个地平面最终必须在某个点上连接起来。在两个地平面之间开一个很小的口，这样数字电路中产生的噪声很难干扰到模拟电路，反之亦然。所以，当模拟电流被限制在电路中模拟电路一侧，而数字电流被限制在电路中数字电路一侧时，两个电路之间的影响非常小，这是在一个 PCB 上混合器件接地的正确做法。

目前还没有哪一种单一的接地方法能保证在任何情况下都有效，但一般应遵循以下原则：去除运算放大器下面的地平面以减小寄生电容；每个 PCB 上必须至少有一层用于接地平面；对于一些高速信号的布线，应该在信号线的下面提供尽量多的地平面；越厚的覆铜越好（可减小阻抗和提高散热性能）；同样的地平面必须使用多个过孔连接；在最初设计时建议将模拟地和数字地分开；要遵循混合信号器件数据手册上的建议，认真阅读数据手册，上面会有很多很有用的信息（尤其是制板部分），有些内容是非常重要的；

让电源的去耦电容和负载回路尽量靠近以减小噪声；要把模拟、数字和射频信号的地在一点连接。

图 1-8-6 电路回流流动情况（1）

图 1-8-7 电路回流流动情况（2）

图 1-8-8 模数混合电路的接地方法

1.9 过孔对信号传输的影响

1．过孔的基本概念

过孔（Via）是多层 PCB 的重要组成部分之一，钻孔的费用通常占 PCB 制板费用的 30%～40%。简单来说，PCB 上的每一个孔都可以称为过孔。从作用上看，过孔可以分成两类：一是用于各层间的电气连接；二是用于器件的固定或定位。如果从工艺制程上来说，这些过孔一般又分为三类，即盲孔（Blind Via）、埋孔（Buried Via）和通孔（Through Via）。盲孔位于PCB的顶层和底层表面，具有一定深度，用于表层线路和下面的内层线路的连接，孔的深度通常不超过一定的比率（孔径）。埋孔是指位于PCB内层的连接孔，它不会延伸到PCB的表面。上述两类孔都位于PCB的内层，层压前利用通孔成形工艺完成，在过孔形成过程中可能还会重叠做好几个内层。通孔穿过整个PCB，可用于实现内部互连或作为元器件的安装定位孔。由于通孔在工艺上更易于实现，成本较低，所以绝大部分PCB均使用它，而较少采用另外两种过孔。以下所说的过孔，没有特殊说明的，均作为通孔考虑。

从设计的角度来看，一个过孔主要由两部分组成，一是中心钻孔（Drill Hole），二是钻孔周围的焊盘区，如图1-9-1所示。这两部分的尺寸大小决定了过孔的大小。

很显然，在高速、高密度的PCB设计中，设计者总是希望过孔越小越好，这样PCB上可以留有更多的布线空间。此外，过孔越小，其自身的寄生电容也越小，更适用于高速电路。但孔尺寸的减小同时带来了成

（a）过孔的俯视图　　　　　（b）过孔的剖面图

图1-9-1　过孔的结构

本的增加，而且过孔的尺寸不可能无限制地减小，它受到钻孔（Drill）和电镀（Plating）等工艺技术的限制：孔越小，钻孔需花费的时间越长，也越容易偏离中心位置；且当孔的深度超过钻孔直径的6倍时，就无法保证孔壁能均匀镀铜。比如，如果一块正常的6层PCB的厚度（通孔深度）为50mil，那么，一般条件下PCB厂家能提供的钻孔直径最小只能达到8mil。随着激光钻孔技术的发展，钻孔的尺寸也可以越来越小，一般直径不大于6mil的过孔就称为微孔。在HDI（高密度互连结构）设计中经常使用到微孔，微孔技术可以允许过孔直接打在焊盘上（Via-in-Pad），这大大提高了电路性能，节约了布线空间。

过孔在传输线上表现为阻抗不连续的断点，会造成信号的反射。一般过孔的等效阻抗比传输线低约12%，如50Ω的传输线在经过过孔时阻抗会减小6Ω（具体和过孔的尺寸、板厚也有关，不是绝对减小）。但过孔因为阻抗不连续而造成的反射其实是微乎其微的，其反射系数仅为$(50-44)/(44+50) \approx 0.06$，过孔产生的问题更多地集中于寄生电容和电感的影响。

2．过孔的寄生电容和电感

过孔本身存在着寄生的杂散电容，如果已知过孔在铺地层上的阻焊区直径为D_2，过孔焊盘的直径为D_1，PCB的厚度为T，板基材介电常数为ε，则过孔的寄生电容大小近似为

$$C = 1.41\varepsilon T D_1 / (D_2 - D_1)$$

过孔的寄生电容给电路造成的主要影响是延长了信号的上升时间，降低了电路的速度。举例来说，对于一块厚度为50mil的PCB，如果使用的过孔焊盘直径为20mil（钻孔直径为10mil），阻焊区直径为40mil，则可以通过上面的公式近似算出过孔的寄生电容为

$$C = 1.41 \times 4.4 \times 0.050 \times 0.020/(0.040 - 0.020) \approx 0.31\text{pF}$$

这部分电容引起的上升时间变化量大致为

$$T_{10-90} = 2.2C(Z_0/2) = 2.2 \times 0.31 \times (50/2) = 17.05\text{ps}$$

从这些数值可以看出，尽管单个过孔的寄生电容引起的上升沿变缓的效用不是很明显，但是如果布线中多次使用过孔进行层间的切换，就会用到多个过孔，设计时就要慎重考虑。实际设计中可以通过增大过孔和覆铜区的距离（Anti-pad）或减小焊盘的直径来减小寄生电容。

过孔在存在寄生电容的同时也存在着寄生电感，在高速数字电路的设计中，过孔的寄生电感带来的危害往往大于寄生电容的影响。它的寄生串联电感会削弱旁路电容的贡献，减弱整个电源系统的滤波效用。可以用下面的经验公式来简单地计算一个过孔近似的寄生电感：

$$L = 5.08h[\ln(4h/d) + 1]$$

式中，L 为过孔的电感，h 为过孔的长度，d 为中心钻孔的直径。从式中可以看出，过孔的直径对电感的影响较小，而对电感影响最大的是过孔的长度。仍然采用上面的例子，可以计算出过孔的电感为

$$L = 5.08 \times 0.050 \times [\ln(4 \times 0.050/0.010) + 1] \approx 1.015\text{nH}$$

如果信号的上升时间是 1ns，那么其等效阻抗大小为 $X_L = \pi L/T_{10-90} \approx 3.19\Omega$。这样的阻抗在有高频电流通过时已经不能够被忽略。

注意 旁路电容在连接电源层和地层时需要通过两个过孔，这样过孔的寄生电感就会成倍增加。

3. 如何使用过孔

通过上面对过孔寄生特性的分析可以看到，在高速 PCB 设计中，看似简单的过孔往往也会给电路的设计带来很大的负面效应。为了减小过孔的寄生效应带来的不利影响，在设计中应尽量做到以下 6 点。

☺ 从成本和信号质量两方面考虑，选择合理尺寸的过孔。必要时可以考虑使用不同尺寸的过孔。例如，对于电源或地线的过孔，可以考虑使用较大尺寸，以减小阻抗；而对于信号布线，则可以使用较小的过孔。当然随着过孔尺寸减小，相应的成本也会增加。

☺ 使用较薄的 PCB 有利于减小过孔的两种寄生参数。

☺ PCB 上的信号布线尽量不换层，也就是说尽量不要使用不必要的过孔。

☺ 电源和地的引脚要就近打过孔，过孔和引脚之间的引线越短越好。可以考虑并联打多个过孔，以减小等效电感。

☺ 在信号换层的过孔附近放置一些接地的过孔，以便为信号提供最近的回路。甚至可

以在 PCB 上放置一些多余的接地过孔。

☺ 对于密度较高的高速 PCB，可以考虑使用微型过孔。

1.10　一般布局规则

当今的高速 PCB 设计对布局的要求越来越严格，布局基本上决定了布线的大致走向和结构、电源和地平面的分割，以及对噪声和 EMI 的控制情况，因而 PCB 设计的性能好坏在很大程度上取决于布局是否合理。往往工程师们在布局上花费的时间和精力也很多，预布局→前仿真→再布局→优化，这些过程大概要占整个项目设计时间的 50%，甚至更多。下面就总结一个大致的布局步骤及规则，仅供参考。实际电路设计中还要考虑很多其他的问题，如散热、机械性能及一些特殊电路的摆放问题，具体的布局准则根据实际应用而定。

布局首先要从了解系统电路原理图开始，必须在各个电路中划分数字、模拟、混合数字/模拟元器件（可查看芯片资料），并注意各 IC 芯片电源和信号引脚的定位。

根据电路中各部分所占的比重，初步划分数字电路、模拟电路在 PCB 上的布线区域，让数字元器件、模拟元器件及其相应布线尽量远离并限定在各自的布线区域内。区域划分完毕后，就可以进行元器件的放置，一般顺序是混合型器件→模拟元器件→数字元器件→旁路电容。

数模混合元器件一定要放置在数字信号区域和模拟信号区域的交界之处，并注意正确的方向，即数字信号和模拟信号引脚朝向各自的布线区域；纯数字或模拟元器件一定要放置在各自规定的范围之内；晶振电路尽量靠近其驱动器件。

对噪声敏感的器件要远离高频信号布线，同时，像参考电压 U_{ref} 之类对噪声比较敏感的信号也要远离易产生高噪声的元器件。数字元器件一般情况下尽量集中放置，可以减小线长，降低噪声。但如果是有时序要求限制的信号布线，则需要根据线长和结构进行布局的调整，具体应该通过仿真来确定。旁路电容需要尽量靠近芯片电源引脚放置，尤其是高频电容，在电源接口附近可以放置大容量（如 47μF）的电容，以保持电源稳定，降低低频噪声的干扰。

1.11　电源完整性理论基础

随着 PCB 设计复杂度的逐步提高，对于信号完整性的分析除了考虑反射、串扰及 EMI 外，稳定可靠的电源供应也成为设计者们重点研究的方向之一。尤其当开关器件数目不断增加，核心电压不断减小时，电源的波动往往会给系统带来致命的影响，于是人们提出了新的名词——电源完整性，简称 PI（Power Integrity）。其实，PI 和 SI 是紧密联系在一起的，只是以往的 EDA 仿真工具在进行信号完整性分析时，一般都是简单地假设电源绝对处于稳定状态，但随着系统设计对仿真精度的要求不断提高，这种假设显然越来越不能被接受，于是 PI 的研究分析也应运而生。从广义上说，PI 是属于 SI 研究范畴之内的，而新一代的信号完整性仿真必须建立在可靠的电源完整性基础之上。虽然电源完整性主要是讨论电源供给的稳定性问题，但由于地在实际系统中总是和电源密不可分，通常把如何降低地平面的噪声也作为电源完整性中的一部分进行讨论。

1．电源噪声的起因及危害

造成电源不稳定的根源主要在于两个方面：一是器件高速开关状态下，瞬态的交变电流过大；二是电流回路上存在的电感。从表现形式上来看又可以分为 3 类：同步开关噪声（SSN），有时被称为Δi噪声，地弹（Ground Bounce）现象也可以归于此类（见图 1-11-1）；非理想电源阻抗影响（见图 1-11-2）；谐振及边缘效应（见图 1-11-3）。

图 1-11-1 同步开关噪声　　　　　　图 1-11-2 非理想电源阻抗影响

图 1-11-3 谐振及边缘效应

对于一个理想的电源来说，其阻抗为零，在平面任何一点的电位都是保持恒定的（等于系统供给电压）。然而实际的情况并非如此，而是存在很大的噪声干扰，甚至有可能影响系统的正常工作，如图 1-11-4 所示。

图 1-11-4 噪声对电源的影响

开关噪声给信号传输带来的影响更为显著，由于地引线和平面存在寄生电感，在开关电流的作用下，会造成一定的电压波动，也就是说器件的参考地已经不再保持零电平，这样，在驱动端（见图 1-11-5），本来要发送的低电平会出现相应的噪声波形，相位和地面噪声相同，而对于开关信号波形来说，会因为地噪声的影响导致信号的下降沿变缓；在接收端（见图 1-11-6），信号的波形同样会受到地噪声的干扰，不过这时的干扰波形和地噪声相位相反；另外，在一些存储性器件里，还有可能因为本身电源和地噪声的影响造成数据意外翻转（见图 1-11-7）。

图 1-11-5　地弹噪声对驱动端信号的影响

图 1-11-6　地弹噪声对接收端信号的影响　　　　图 1-11-7　触发器数据翻转

从图 1-11-3 可以看到，电源平面其实可以看成由很多电感和电容构成的网络，也可以看成一个共振腔，在一定频率下，这些电容和电感会发生谐振现象，从而影响电源层的阻抗。例如，一个 8in×9in 的 PCB 空板，板材是普通的 FR-4，电源和地之间的间距为 4.5mil，随着频率的增加，电源阻抗是不断变化的，尤其是在并联谐振效应显著的时候，电源阻抗也随之明显增加，如图 1-11-8 所示。

图 1-11-8　电源平面的谐振现象

除谐振效应外，电源平面和地平面的边缘效应同样是电源设计中需要注意的问题，这里说的边缘效应就是指边缘反射和辐射现象，也可以列入 EMI 讨论的范畴。如果抑制了电源平面上的高频噪声，就能很好地减轻边缘的电磁辐射，通常是采用添加去耦电容的方法，从图 1-11-9 中可以看出去耦电容在抑制边缘辐射中的作用。边缘效应是无法完全避免的，在设计 PCB 时，要尽量让信号布线远离覆铜区边缘，以避免受到太大的干扰。

2．电源阻抗设计

电源噪声的产生在很大程度上归结于非理想的电源分配系统（Power Distribution

System，PDS）。所谓电源分配系统，其作用就是给系统内的所有元器件提供足够的电源，这些元器件不仅需要足够的功率消耗，同时对电源的平稳性也有一定的要求。大部分数字电路器件对电源波动的要求在正常电压的±5%范围之内。电源之所以波动，就是因为实际的电源平面总是存在着阻抗，这样，在瞬间电流通过时就会产生一定的电压降和电压波动。

图 1-11-9　去耦电容对边缘辐射的抑制

为了保证每个元器件始终都能得到正常的电源供应，就需要对电源的阻抗进行控制，也就是尽可能降低其阻抗。例如，一个 5V 的电源，允许的电压噪声为 5%，最大瞬间电流为 1A，那么设计的最大电源阻抗为

$$Z_{target} = \frac{正常电源电压 \times 允许的波动范围}{最大电流} = \frac{5V \times 5\%}{1A} = 0.250\Omega$$

从上面的计算公式可以看出，随着电源电压不断减小，瞬间电流不断增大，所允许的最大电源阻抗也大大降低。而当今电路设计的趋势恰恰如此，参见表 1-11-1。综合各因素的影响，几乎每过 3 年，电源阻抗就要降为原来的 1/5，由此可见，电源阻抗设计对于高速电路设计者来说是至关重要的。

表 1-11-1　近几年微处理器参数的变化

年　　份	电压/V	功率耗散/W	最大电流/A	最大电源阻抗/mΩ	工作频率/MHz
1990	5.0	5	1	250	16
1993	3.3	10	3	54	66
1996	2.5	30	12	10	200
1999	1.8	90	50	1.8	600
2002	1.2	180	150	0.4	1200

电源层和地层本身可以看成一个大的平板电容，其电容量可以用下面公式计算：

$$C = k\frac{\varepsilon_r A}{d}$$

式中，系数 k 为 0.2249（d 的单位为 in）或 0.884（d 的单位为 cm）；ε_r 指介质的介电常数（真空为 1，FR-4 材料在 4.1～4.7 之间）；A 为覆铜平行部分的总面积；d 为电源和地之间的距离。以 2.9in×1.2in 的内存模块 PCB 为例，距离为 10mil 的电源和地构成的电容大概为：$0.2249 \times 4.5 \times 2.9 \times 1.2 / 0.01 \approx 352.2\text{pF}$。可见，电源和地之间耦合电容的值很小，表现的阻抗也比较大，一般有几欧姆，所以在高速设计中仅依靠电源自身的耦合降低阻抗是远远不够的。

在设计电源阻抗时，要注意频率的影响，不仅需要计算直流阻抗（电阻），还要同时考虑在较高频率时的交流阻抗（主要是电感），最高的频率将是时钟信号频率的两倍，因为在时钟的上升和下降沿，电源系统上都会产生瞬间电流的变化。一般可以通过下面这个基本公式来计算受阻抗影响的电源电压波动：

$$V_{\text{drop}} = i \cdot R + L \cdot \frac{\text{d}i}{\text{d}t}$$

为了降低电源的电阻和电感，在设计中可采取如下措施。

☺ 使用电阻率低的材料，如铜。
☺ 用较厚、较粗的电源线，并尽可能减小长度。
☺ 降低接触电阻。
☺ 减小电源内阻。
☺ 电源尽量靠近 GND。
☺ 合理使用去耦电容。

由于电源阻抗的要求，以往的电源总线形式已经不可能适用于高速电路，目前基本上都是采用了大面积的铜箔层作为低阻抗的电源分配系统。当然，电源层本身的低阻抗还不能满足设计的需要，需要考虑的问题还很多，如芯片封装中的电源引脚、连接器的接口，以及高频下的谐振现象等，这些都可能会造成电源阻抗的显著增加。解决这些问题的最简单也最有效的方案就是大量使用去耦电容，这在后文中会详细讨论。

3．同步开关噪声分析

同步开关噪声（Simultaneous Switch Noise，SSN）是指当器件处于开关状态，产生瞬间变化的电流（$\text{d}i/\text{d}t$），在经过回流途径上存在的电感时，形成交流压降，从而引起噪声，所以也称为 Δi 噪声。如果是由于封装电感而引起地平面的波动，造成芯片地和系统地不一致，则这种现象称为地弹（Ground Bounce）。同样，如果是由于封装电感引起的芯片和系统电源差异，就称为电源反弹（Power Bounce）。所以，严格地说，同步开关噪声并不完全是电源的问题，它对电源完整性产生的影响最主要表现为地/电源反弹现象。

同步开关噪声主要是伴随着器件的同步开关输出（Simultaneous Switch Output，SSO）而产生的，开关速度越快，瞬间电流变化越显著，电流回路上的电感越大，则产生的 SSN 越严重。其基本公式为

$$U_{\text{SSN}} = N \cdot L_{\text{Loop}} \cdot (\text{d}I / \text{d}t)$$

式中，I 为单个开关输出的电流，N 是同时开关的驱动端数目，L_{Loop} 为整个回流路径上的电感，而 U_{SSN} 就是同步开关噪声的大小。这个公式看起来简单，但真正分析起来却不

是那么容易，因为不仅需要对电路进行合理的建模，还要判断各种可能的回流路径，以及分析不同的工作状态。总的来说，对于同步开关噪声的研究是一个比较复杂的工程，本文也只是对其基本原理做一个概括性的阐述。此外，如果考虑得更广一些，除了信号本身回流路径的电感外，离得很近的信号互连引线之间的串扰也是加剧同步开关噪声的原因之一。

由于电阻对开关噪声的影响很小，为简化讨论，这里忽略其影响，并把封装电感提取为简化的集总元件进行分析。可以将 SSN 分为两种情况：芯片内部（on-chip）开关噪声和芯片外部（off-chip）开关噪声。可以参考图 1-11-10，内部 Driver4 开关（此时 Driver1 作为接收端）产生的噪声就是 on-chip SSN，可以看到其回流途径只经过电源和地，与信号引脚的寄生电感无关；而当 Driver1（或 2，3）作为开关输出时，产生的噪声称为 off-chip SSN，这时的电流将流经信号线和地，但不经过芯片的电源引脚（信号跳变为 1→0）。

图 1-11-10　SSN 分析电路模型

1）芯片内部开关噪声　先分析 on-chip 的情况，图 1-11-10 中的 L_p 和 L_g 分别为封装中电源和地的寄生电感，L_s 为系统电源的电感。现假设 L 为封装电源和地总的电感，由于 L_p 和 L_g 上通过的电流是反向的，则

$$L = L_p + L_g - 2M_{pg}$$

式中，M_{pg} 为 L_p 和 L_g 之间的耦合电感。这时芯片实际得到的电压为

$$V_{chip} = V_s - L\frac{di}{dt} - L_s\frac{di}{dt}$$

因而，在瞬间开关时，加载在芯片上的电源电压会下降，随后围绕 V_s 振荡并呈阻尼衰减。上面的分析仅是针对一个内部驱动器工作的情况，如果多个驱动级同时工作，会造成更大的电源压降，从而造成器件的驱动能力降低，电路速度会减慢。通常可以采取

如下措施。

☺ 降低芯片内部驱动器的开关速率和减少同时开关的数目，以减小 di/dt，不过这种方式不现实，因为电路设计的方向就是更快、更密。

☺ 降低系统供给电源的电感，高速电路设计中要求使用单独的电源层，并让电源层和地平面尽量接近。

☺ 降低芯片封装中的电源和地引脚的电感，如增加电源/地的引脚数目，减短引线长度，尽可能采用大面积覆铜。

☺ 增加电源和地的耦合电感也可以减小回路总的电感，因此要让电源和地的引脚成对分布，并尽量靠近。

☺ 给系统电源增加旁路电容，这些电容可以给高频的瞬变交流信号提供低电感的旁路，而变化较慢的信号仍然走系统电源回路（见图 1-11-11）。虽然 off-chip 驱动的负载电容也可以看作旁路电容，但由于其电容很小，所以对交流旁路作用不大。

图 1-11-11　旁路电容对 on-chip SSN 的作用

☺ 考虑在芯片封装内部使用旁路电容，这样高频电流的回路电感会非常小，能在很大程度上减小芯片内部的同步开关噪声。

☺ 在更高要求的情况下可以将芯片不经过封装而直接装配到系统主板上，这称为 DCA 技术（Direct Chip Attach）。但这涉及一些稳定性和安全性的问题，在目前的技术水平下还存在着很多问题。

2）芯片外部开关噪声　下面再分析一下 off-chip 的情况（见图 1-11-12），它和 on-chip 最显著的区别在于计算开关噪声时需要考虑信号线的电感，而且对于不同的开关状态其电流回路也不同，1→0 跳变时，回流不经过封装的电源引脚；0→1 跳变时，回流不经过封装的地引脚。与前面的分析类似，可计算出由于封装电感的影响造成的电压降为（不考虑系统电源电感）

$$V_{gb} = (L_1 + L_g - 2M_{1g})\frac{di}{dt}$$

图 1-11-12　1→0 开关状态下的 off-chip 回流路径

这时，芯片的地并不是和理想的系统地保持同样的零电位，而是存在 V_{gb} 的电压波动，这种情况称为地反弹（也称地跳，或者 Ground Bounce）；同样，对于 0→1 开关状态，封装电感会给电源造成一定的压降，称为电源反弹。当然，地弹现象是 on-chip 和 off-chip 同步开关输出的综合影响，但需要注意的是，地弹噪声只根源于封装寄生电感，与系统的电源及地的电感无关，这也是 SSN 和 Ground Bounce 在概念上不等同的根本原因。

减轻 off-chip 开关噪声的方法有以下 3 种。

☺ 降低芯片内部驱动器的开关速率和减少同时开关的数目。

☺ 降低封装回路电感，增加信号和电源及地的耦合电感。

☺ 在封装内部使用旁路电容，这样能让电源和地共同分担电流回路，可以减小等效电感。但对于系统电源的旁路电容使用将不会影响地弹噪声的大小。

3）等效电感衡量 SSN　分析了同步开关噪声的基本原理，可以总结出一个结论：对于给定的电路，即在 di/dt 不变的情况下，减轻 SSN 就是尽量减小信号回路的等效电感（L_{eff}）。L_{eff} 包含 3 部分：on-chip 开关输出的回路等效电感 $L_{eff,P}$；所有 off-chip 驱动从低到高开关输出的回路等效电感 $L_{eff,LH}$；所有 off-chip 驱动从高到低开关输出的回路等效电感 $L_{eff,HL}$。对于 off-chip 的同步开关来说，如果驱动器的跳变不一致，如有的是 1→0 变化，有的是 0→1 变化，此时由于某些回流方向相反，会因为耦合而降低等效电感。而对于噪声分析，要能预见最坏的可能，所以要考虑所有同步开关状态都一致的情况。

同步开关噪声的产生绝大部分源于芯片封装的问题（此外还有接插件或连接器），往往有人仅比较芯片封装引脚本身的寄生电感来判断高频封装的优劣，这是没有太大意义的。更有效的方法是通过仿真及测试得到信号回路等效电感 L_{eff} 来进行比较，L_{eff} 越大，就意味着同步开关噪声也越大。但有的时候也不是很容易就可以通过 L_{eff} 看出来的，如表 1-11-2 中两种封装等效电感的比较，这时就要取决于实际应用，看电源稳定性和信号干扰哪个更重要了。

表 1-11-2　两种封装等效电感的比较

	$L_{\text{eff,P}}$（on-chip switch）	$L_{\text{eff,LH}}$（off-chip switch）	$L_{\text{eff,HL}}$（off-chip switch）
封装 A	0.08nH	0.3nH	0.25nH
封装 B	0.1nH	0.25nH	0.25nH
评　注	封装 A 的电源和地回路的电感较低，引起电源的下降较小	在 0→1 开关状态下，封装 B 的信号回路电感较小，对其他信号干扰较小	在 1→0 开关状态下，封装 A 和封装 B 的性能一样

利用软件对 SSN 进行具体分析时，可以构建如图 1-11-10 所示的电路模型结构进行 Spice 仿真。驱动端的输出缓冲器的详细模型如图 1-11-13 所示。

图 1-11-13　驱动端的输出缓冲器的详细模型

4．旁路电容的特性和应用

从上面的分析可以看到，无论是降低电源平面阻抗，还是减小同步开关噪声，旁路电容都起着很大的作用，电源完整性设计的重点也在如何合理地选择和放置这些电容。说到电容，各种各样的叫法就会让人头晕目眩，如旁路电容、去耦电容、滤波电容等，其实无论如何称呼，它的原理都是一样的，即利用对交流信号呈现低阻抗的特性，这一点可以通过电容的等效阻抗公式看出来：

$$X_{\text{cap}} = 1/2\pi f C$$

工作频率越高，电容值越大，则电容的阻抗越小。在电路中，如果电容起的主要作用是给交流信号提供低阻抗的通路，就称为旁路电容；如果主要是为了增加电源与地的交流耦合，减小交流信号对电源的影响，就可以称为去耦电容；如果用于滤波电路中，那么又可以称为滤波电容；除此以外，对于直流电压，电容还可用于电路储能，利用充放电起到电池的作用。而实际情况中，往往电容的作用是多方面的，大可不必花太多的心思考虑如何定义。

本文中统一把这些应用于高速 PCB 设计中的电容都称为旁路电容。

对于电容在高速 PCB 电路中的作用，诸如减小电源波动（见图 1-11-14）、降低 SSN 和串扰、抑制 EMI 等，这些在相应的文章中都已提及，本节不再赘述，而将重点放在讨论实际电容的特性及具体应用上。

图 1-11-14　旁路电容有利于电源稳定

1）电容的频率特性　对于理想的电容来说，不考虑寄生电感和电阻的影响，则在电容设计上就没有任何顾虑，电容的值越大越好。但实际情况却相差很远，并不是电容越大对高速电路越有利，反而小电容才能被应用于高频。要理解这个问题，首先必须了解实际电容本身的特性，如图 1-11-15 所示，可以看到实际的电容要比理想的电容复杂得多，除了包含寄生的串联电阻 R_s（ESR）、串联电感 L_s（ESL）外，还有泄漏电阻 R_p、介质吸收电容 C_{da} 和介质吸收电阻 R_{da} 等。泄漏电阻 R_p 也称为绝缘电阻，值越大，泄漏的直流电流越小，性能也越好，一般电容的 R_p 都很大（GΩ级以上），所以在一般考虑问题时可以忽略。介质吸收的等效 RC 电路反映了电容介质本身的特性，是一种有滞后性质的内部电荷分布，它使快速放电然后开路的电容恢复一部分电荷，所以介质吸收太大的电容不能应用于采样保持电路。

对电容的高频特性影响最大的则是 ESR 和 ESL，通常采用图 1-11-15 中简化的实际模型。电容也可以看作一个串联的谐振电路，其等效阻抗和串联谐振频率为

$$|Z| = \sqrt{R_s{}^2 + 2\pi f L_s}, f_R = \frac{1}{2\pi\sqrt{LC}}$$

当它在低频的情况下（谐振频率以下），表现为电容性的元器件，而当频率增加（超过谐振频率）时，它渐渐地表现为电感性的元器件。也就是说，它的阻抗随着频率的增加先增大、后减小，等效阻抗的最小值发生在串联谐振频率时，电容的容抗和感抗正好抵消，表现为阻抗大小恰好等于寄生串联电阻 ESR，变化曲线如图 1-11-16 所示。

从谐振频率的公式可以看出，电容大小和 ESL 值的变化都会影响电容的谐振频率（见图 1-11-17）。由于电容在谐振点附近的阻抗最低，所以设计时尽量选用 f_R 和实际工作频率相近的电容。如果工作的频率变化范围很大，则可以混合使用电容，即同时选择一些 f_R 较小的大电容和 f_R 较大的小电容。

描述曲线的锐度可以用品质因数 Q 值来表示，数值上等于电路中储存的能量和消耗的能量的比值，Q 值越大，谐振频率曲线越尖，表示能量衰减得越慢。电容的 Q 值主要和

ESL 与 ESR 的比值有关，其表达式为

$$Q = \frac{Z}{R} = \frac{\sqrt{ESL/C}}{ESR} = \frac{2\pi f \cdot ESL}{ESR} = \frac{\omega \cdot L}{R}$$

图 1-11-15　电容的各种等效模型　　　　图 1-11-16　电容阻抗随频率的变化

图 1-11-17　电容和 ESL 的变化对频率特性的影响

2）电容的介质和封装影响　实际电容的特性最主要受封装结构和介质材料的影响。从封装形式上看，有引线式和贴片式两种，贴片电容是靠焊锡直接贴装在 PCB 上的，其寄生电感要比引线电容小很多，所以更适合高频电路使用。有时，同样的数值、同样的介质材料，但不同厂家的电容封装大小却可能不同，其基本判断方法是：如果对于较大值的电容（大于 10μF），一般封装较小的比封装较大的具有更小的 ESL 和 ESR。但对于数值小的电容来说，就不能简单地通过外形大小判断，而是需要厂家提供的实际数据或实际测量的结果。根据介质不同，电容又可分为陶瓷、云母、纸质、薄膜、电解等几种。目前，在数字电路 PCB 设计中使用最广泛的是陶瓷电容，它具有介电系数高、绝缘度好、温度特性佳等优点，适合做成高密度、小尺寸的产品。

应用于陶瓷电容较常见的介质有 3 种：Z5U（2E6）、X7R（2X1）、NPO（C0G）。Z5U 具有较高的介电常数，常用于标称容量较高的大容量电容，其 1206 贴片封装的电容值可以达到 0.33μF，它的温度特性较差，最好应用于 10～85℃范围之内。由于 Z5U 成本较低，所以广泛用于对容量、损耗要求不高的场合。X7R 材料比 Z5U 介电常数低，所以同样的 1206 封装，最大只能达到 0.12μF 的容量，但其电气性能较稳定，随温度、电压、时间的改变，其特性变化并不显著，属稳定型电容材料，适用于隔直、耦合、旁路、滤波电路及可靠性要求较高的中、低类场合。NPO 材料的电气特性最稳定，基本上不随温度、电压、时间的改

变而改变，属超稳定型、低损耗电容材料，适用于对稳定性、可靠性要求较高的高频、超高频的场合。

3）电容并联特性及反谐振 实际应用中，电容往往都是多个并联使用，因为这样可以大大降低等效的 ESR 和 ESL，增大电容。对于 n 个同样值的电容来说，并联使用之后，等效电容 C 变为 nC，等效电感 L 变为 L/n，等效 ESR 变为 R/n，但谐振频率不变，如图 1-11-18 所示。

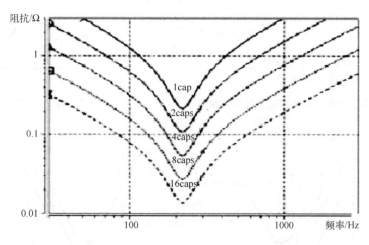

图 1-11-18　等值电容并联特性

不同值的电容并联情况就更为复杂，因为每个电容的谐振频率不同，当工作频率处于两个谐振频率之间时，一些电容表现为感性，另外一些表现为容性，这就形成了一个 LC 并联谐振电路；当处于谐振状态时，电感和电容之间进行周期性的能量交换，这样流经电源层的电流极小，电源层表现为高阻抗状态，这种现象也称为反谐振（Anti-resonance）。其实不仅并联的电容会出现这种情况，电源平面和地平面本身就是一个等效的电容，所以它也会和在一定频率下呈感性的电容发生并联谐振。如何降低反谐振带来的影响，这是电源完整性设计中需要重视的地方。

前面提到，Q 值是体现电路中能量衰减的品质因数，Q 值太大，会造成曲线中的尖峰加剧，如图 1-11-19 所示。极端地考虑，如果电容的寄生电阻 ESR 为零，那么 Q 值将无穷大，在并联谐振点的等效阻抗也变为无穷大。所以，从这一点考虑，电容的 ESR 并非是越小越好，需要考虑反谐振的情况。一般应用于电源旁路时，应该使用 Q 值较小的电容。此外，使用多种电容，减小不同电容之间谐振频率的相对差值，也可以有效地减小反谐振的影响，如图 1-11-20 所示。

4）如何选择电容 对于一个实际的电路系统，如何正确选取合适的电容呢？下面以一个实际例子来说明，假设电路中有 50 个驱动缓冲器同时开关输出，边沿切换速度为 1ns，负载为 30pF，电压为 2.5V，允许波动范围为±2%（如果考虑电源层的阻抗影响，允许的波动范围可增加），则最简单的一种方法就是看负载的瞬间电流消耗，计算方法如下。

（1）计算负载需要的电流 I：

$$I = \frac{CdU}{dt} = \frac{30pF \times 2.5V}{1ns} = 75mA$$

图 1-11-19　电容的并联谐振现象

图 1-11-20　多种电容减小反谐振影响

则总的电流需要

$$50 \times 75mA = 3.75A$$

（2）可以算出需要的电容：

$$C = \frac{Idt}{dU} = \frac{3.75A \times 1ns}{2.5 \times 2\%} = 75nF$$

（3）考虑到实际情况可能存在温度、老化等影响，可以取 80nF 的电容以保证一定的裕量，并采用两个 40nF 的电容并联，以减小 ESR。

上面的计算方法很简单，但实际的效果不是很好，特别是在高频电路的应用上，会出现很多问题。比如上面的这个例子，即便电容的电感很小，只有 1nH，但根据 $dU=Ldi/dt$，可以算出约有 3.75V 的压降，这显然是无法接受的。

因此，针对较高频率的电路设计时，要采用另外一种更为有效的计算方法，主要是看回路电感的影响。仍以刚才的例子进行分析：

（1）计算电源回路允许的最大阻抗 X_{max}：

$$X_{max} = \Delta U / \Delta I = 0.05V / 3.75A \approx 13.3m\Omega$$

（2）考虑低频旁路电容的工作范围 f_{BYPASS}：

$$f_{BYPASS} = X_{max} / 2\pi L_0 = 13.3/(2 \times 3.14 \times 5) \approx 424kHz$$

这是考虑 PCB 上电源总线的去耦电容，一般取值较大的电解电容，这里假设其寄生电感为 5nH。可以认为频率低于 f_{BYPASS} 的交流信号由板级大电容提供旁路。

（3）考虑最高有效频率 f_{knee}，也称为截止频率：

$$f_{knee} = 0.5 / T_r = 0.5 / 1ns = 500MHz$$

截止频率代表了数字电路中能量最集中的频率范围，超过 f_{knee} 的频率将对数字信号的能量传输没有影响。

（4）计算出在最大的有效频率（f_{knee}）下，电容允许的最大电感 L_{TOT}：

$$L_{TOT} = \frac{X_{max}}{2\pi f_{knee}} = \frac{X_{max} \cdot T_r}{\pi} = \frac{13.3m\Omega \times 1ns}{3.14} \approx 4.24pH$$

（5）假设每个电容的 ESL 为 1.5nH（包含焊盘引线的电感），则可算出需要的电容个数 N：

$$N = ESL / L_{TOT} = 1.5nH / 4.24pH \approx 354$$

（6）电容在低频下不能超过允许的阻抗范围，可以算出总的电容值 C：

$$C = \frac{1}{2\pi f_{BYPASS} \cdot X_{max}} = \frac{1}{2 \times 3.14 \times 424kHz \times 13.3m\Omega} \approx 28.3\mu F$$

（7）计算出每个电容的取值 C_n：

$$C_n = C / n = 28.3\mu F / 354 \approx 80nF$$

计算结果表明，为了达到最佳设计效果，需要将 354 个 80nF 的电容平均分布在整个 PCB 上。但是从实际情况看，用这么多电容往往是不太可能的，如果同时开关的数目减少，上升沿不是跳变很快，允许电压波动的范围更大的话，计算出来的结果也会变化很大。如果实际的高速电路要求的确很高，则只有尽可能选取 ESL 较小的电容来避免使用大量的电容。

5）电容的摆放及布局　通过对以上电容特性的分析可知，高频的小电容对瞬间电流的反应最快。例如，一块 IC 附近有两个电容，一个是 2.2μF，另一个是 0.01μF。当 IC 同步开关输出时，瞬间提供电流的肯定是 0.01μF 的小电容，而 2.2μF 的电容则会过一段时间才响应，即便小电容离 IC 远一些，只要它的寄生电感（包括引线和焊盘电感）比大电容小，那么它依然是瞬间电流的主要提供者。所以，高速设计中的关键就是高频小电容的处理，要尽可能摆放得离芯片电源引脚近一些，以达到最佳的旁路效果。

高速 PCB 布线中对电容处理的要求，简单地说就是要降低电感。实际在布局中的具体措施主要有以下 6 项。

☺ 减小电容引线/引脚的长度。

☺ 使用宽的连线。

☺ 电容尽量靠近器件，并直接和电源引脚相连。

☺ 降低电容的高度（使用表贴型电容）。

☺ 电容之间不要共用过孔，可以考虑打多个过孔接电源/地。

☺ 电容的过孔要尽量靠近焊盘（能打在焊盘上最佳），如图 1-11-21 所示。

图 1-11-21 电容布局中引线设计趋势

 思考与练习

（1）简述高速电路及高速信号的定义。

（2）传输线效应分别有几种？避免相应效应的方法是什么？

（3）过孔对信号传输的影响是什么？

（4）混合信号布局应该注意的问题是什么？

（5）简述信号完整性（SI）和电源完整性（PI）的定义，以及两者的区别。

第2章 仿真前的准备工作

 学习目标

　　本节主要学习在对 PCB 进行信号完整性分析之前 PCB 的设置，这些操作是高速 PCB 进行信号完整性分析之前所必需的。通过本章的学习，应该掌握如下内容。
　☺ 使用 Model Integrity 工具验证 IBIS 模型；
　☺ PCB 预布局及其相关设置；
　☺ 分配 SI 模型。

2.1 分析工具

1．Model Integrity

　　Model Integrity 使用户可以在一个易用的编辑环境中快捷地新建、操作、验证模型。Model Integrity 提供了一个模型浏览器和一个 IBIS 模型或 DML 模型（Cadence 的模型格式）的语法检查器。标志导航功能提供一个修复 IBIS 模型语法分析问题的简易方法。模型也可以使用 SigNoise 通过 Model Integrity 内部简单的测试电路来验证。

　　Model Integrity 可以通过"开始"菜单的快捷方式（在 Cadence 所在的目录下）直接打开，或是在 Allegro PCB SI 的"Tools"→"Model Integrity"中引用。图 2-1-1 所示为 Model Integrity 的主界面。

图 2-1-1　Model Integrity 的主界面

左边一栏是工作平台（Workspace），如图 2-1-2 所示。在此显示了所打开的模型文件名。模型名的前面有一些能够表示模型性质的图形符号。红叉表示调入的模型有语法错误（Error）；如果是黄色的钩，则表示模型没有语法错误，但存在语法警告（Warning）；如果是绿色的钩（右边的图里没有显示），就表示既没有语法错误，也没有语法警告。图形化的"I"表示此模型为 IBIS 格式，图形化的"D"表示此模型为 DML 格式。将模型展开（单击前面的"+"展开符），可以看到模型的每一个 IOCell 模型（仅对 IBIS 模型有效）。而单击栏目下方的栏眉"Physical"或"Object View"，可以切换模型名的显示模式。

右边一栏是以文本形式显示的模型文件的全部内容，称为工作簿（Workbook）或编辑窗口（Edit Window），如图 2-1-3 所示。这里，Model Integrity 提供了一个友善的功能，以不同的颜色表示不同的含义：蓝色是关键字（Keywords）；绿色是注释（Comments）；黑色是普通文本（Text）；红色是错误标志（Error Marker）；黄色是警告标志（Warning Marker）。这些颜色的含义设置可以在 Model Integrity 工具栏的"Tools"→"Color Palette"中更改。而单击下方的栏眉可以在不同的模型文件间切换。

图 2-1-2　工作平台　　　　　　　　　　图 2-1-3　工作簿

下面一栏为输出窗口（Output Window），显示了 Model Integrity 各种功能和命令的结果，如图 2-1-4 所示。输出窗口有 3 种显示模式。

图 2-1-4　输出窗口和状态栏

其中"Parse Messages"模式可显示模型文件的语法分析确认过程中的错误和警告消息，"Log File"模式可显示模型的日志文件，"Find in Files"模式可显示使用"Find in Files"命令（单击工具栏中的快捷按钮 🔍 ）在当前所有文件中查找某一字符串的结果。这 3 种显示模式可以通过单击窗口下方的栏眉切换。

Model Integrity 还提供了一个模型格式转换器，允许从 IBIS 到 DML、从 QUAD 到 DML、从 ESpice 到 Spice 的模型格式转换，如图 2-1-5 所示。

43

图 2-1-5　模型格式转换器

Model Integrity 提供图形化的接口，可以通过调入 SigWave 查看模型中任意 IOCell 的所有 $U–I$、$U–t$ 曲线，这些波形曲线包括 Pullup、Pulldown、GND_clamp、POWER_clamp、Raising Curve、Failing Curve 的 Type、Min、Max 三种数据类型。使用方法是选中任一 IOCell 模型，单击鼠标右键，选择"View Curve"，或者直接单击快捷按钮，然后选择所想要观看的曲线，"SigWave"窗口就弹出来了，如图 2-1-6 所示。

图 2-1-6　"SigWave"窗口

使用 Model Integrity 集成的一个 Signoise 接口可对 IOCell 模型做仿真验证，用鼠标右键单击任一 IOCell 模型，选择"Simulate"，就可对 IOCell 模型进行仿真验证。

Model Integrity 还有一个比较友善的功能，它会在调入 IBIS 模型时自动做语法检查，并在出错或出现警告的行前打上相关标志，而且还可以通过 Model Integrity 的标志导航功能方便地找到这些出错或出现警告的行。单击快捷按钮 就可以执行这一功能，这 5 个图标依次执行如下操作：下一错误、上一错误、下一警告、上一警告、清除所有标志。

Model Integrity 提供了方便易用的各种编辑指令，包括打开、新建、关闭、关闭所有、保存、另存为、打印、打印预览，以及撤销（Undo）、重复（Redo）、剪切、复制、粘贴、查找替换（Find Replace）、全选等，都是大部分文本、文档编辑器常用的指令。

在 Model Integrity 中，用户可通过菜单栏"View"中的指令，选择主界面所包含的内容。另外，还可以选择菜单栏"Tools"下的"Customize"和"Extended Styles"个性化工具栏和控制栏。

2. Allegro PCB SI

Allegro PCB SI 一般协同 Allegro PCB Design 一道工作。两者结合在一起，为高速数字系统的设计和分析提供了比较完整的解决方案。Allegro PCB SI 同其他全面的布局、布线设计工具一样，提供了拓扑结构的编辑器，以解决布局布线空间检测的问题，提供了层次化的约束条件管理器（Constraint Manager），以及一个基本的 PCB 编辑环境——如同一个简化的 Allegro，以支持一些关键的元器件的布局和布线的考虑。Allegro PCB SI 允许工程师探测布局、布线前可能出现的问题，设计信号分布规划需求，进而在物理设计中实现它们，并在布局、布线设计中进行一致性验证，从而解决信号完整性分析的问题，促使在布局、布线设计过程中高速设计准则的实现，图 2-1-7 所示为 Allegro PCB SI 的工作环境。

图 2-1-7　Allegro PCB SI 的工作环境

2.2 IBIS 模型

在 IBIS 出现之前，人们用晶体管级的 SPICE 模型进行系统的仿真，这种方法有以下 3 个方面的问题。

☺ 结构化的 SPICE 模型只适用于元器件和网络较少的小规模系统仿真，借助这种方法设定系统的设计准则或对一条实际的网络进行最坏情况分析。

☺ 得到元器件结构化的 SPICE 模型较困难，元器件生产厂不愿意提供包含其电路设计、制造工艺等信息的 SPICE 模型。

☺ 各个商业版的 SPICE 软件彼此不兼容，一个供应商提供的 SPICE 模型可能在其他的 SPICE 仿真器上不能运行。

因此，人们需要一种被业界普遍接受，不涉及元器件设计制造专有技术，并能准确描述元器件电气特性的行为化的"黑盒"式的仿真模型。

1990 年年初，Intel 公司为了满足 PCI 总线驱动的严格要求，在内部草拟了一种基于 LOTUS SPREAD–SHEET 的列表式模型，数据的准备和模型的可行性是主要问题。由于当时已经有了几个 EDA 厂商的标准存在，因此邀请了一些 EDA 供应商参与通用模型格式的确定。这样，IBIS 1.0 在 1993 年 6 月诞生。1993 年 8 月更新为 IBIS 1.1 版本，并被广泛接受。此时，旨在与技术发展要求同步和改善 IBIS 模型可行性的 IBIS 论坛（IBIS OPEN FORUM）成立，更多的 EDA 供应商、半导体商和用户加入 IBIS 论坛。由于他们的影响，1994 年 6 月在 V1.1 规范的基础上加入了很多扩展的技术后，出台了 IBIS V2.2 规范。1995 年 2 月，IBIS 论坛正式并入美国电子工业协会 EIA（Electronic Industries Association）。1995 年 12 月，IBIS 2.1 版成为美国工业标准 ANSI/EIA-656。1997 年 6 月发布的 IBIS 3.0 版成为 IEC 62012-1 标准。1999 年 9 月通过的 IBIS 3.2 版为美国工业标准 ANSI/EIA-656-A。目前大量使用中的模型为 IBIS 2.1、IBIS 3.2 版本。

1. IBIS 模型与 SPICE 模型的特点

进行板级仿真的关键问题在于模型的建立。在传统的电路设计中，SPICE 模型作为电路级模型能够提供精确的结果，但是 SPICE 模型不能满足现在的仿真需求，SPICE 与 IBIS 模型的各自特点如下。

☺ SPICE 模型：

◇ 电压/电流/电容等节点关系从元器件图形、材料特性得来，建立在低级数据的基础上。

◇ 每个 BUFFER 中的元器件分别被描述/仿真。

◇ 仿真速度太慢，适用于电路级的设计者。

◇ 包含了详细的芯片内部设计信息。

☺ IBIS 模型：

◇ 电压/电流/时间等 BUFFER 的节点关系建立在 U–I 或 U–t 数据曲线上。

◇ 其中没有包括电路细节。

◇ 仿真速度快（是 SPICE 模型仿真的 25 倍），适用于系统设计者。
◇ 不包括芯片内部的设计信息。

2. IBIS 模型的物理描述

IBIS 模型是以 I/O 缓冲器结构为基础的。I/O 缓冲器行为模块包括封装所带来的 RLC 寄生参数，硅片本身的寄生电容参数，电源或地的电平钳位保护电路、缓冲器特征（门槛电压、上升沿、下降沿、高电平和低电平状态）。图 2-2-1 所示为 IBIS 模型结构。

图 2-2-1　IBIS 模型结构

说明

图 2-2-1 中，虚线的左边为输入的模型结构，右边为输出的模型结构。

输入的模型结构可以细化，如图 2-2-2 所示。

☺ C_pkg、R_pkg、L_pkg 为封装参数。

☺ C_comp 为硅片上引脚的压焊盘电容。

☺ Power_Clamp 为高端 ESD 结构的 U–I 曲线。

☺ GND_Clamp 为低端 ESD 结构的 U–I 曲线。

类似输入的模型，输出的模型结构也可以细化，如图 2-2-3 所示。

图 2-2-2　输入的模型电路图　　　　图 2-2-3　输出的模型电路图

☺ 元素 1 为 Pullup、Pulldown，包含了高电平和低电平状态的上拉、下拉 U–I 曲线。模拟缓冲单元被驱向低电平或高电平的 U–I 特性。

☺ 元素 2 为 Ramp，包含了上升沿和下降沿的摆率（dU/dt），指的是输出电压从 20%～80% 的电压输出幅度所用的时间。为了更加准确地描述上升沿和下降沿的过程，有上升沿和下降沿的 U–t 曲线。

☺ 元素 3 为 Power/GND_Clamp，包含了电源和地的钳位保护电路的 U–I 特性。

☺ 元素 4 为 C_comp，包含了硅片本身固有的寄生电容。

☺ 元素 5 为 RLC，代表封装的寄生参数特性，对元器件的所有引脚进行一个粗略的描述，可以进行进一步的详细描述。

元器件中只有 C_comp 的描述而没有 R_comp 的描述，这是因为硅片本身的寄生电阻影响已经包含在上、下拉电路和钳位保护电路的 U–I 特性中了。

注意　对输入结构模型而言，没有上拉、下拉结构的电路。

由此可以看出，IBIS 是一种基于全电路仿真或测试获得 U–I 曲线而建立的快速、准确的行为化的电路仿真模型。它的仿真速度是 SPICE 模型仿真速度的 25 倍以上。人们可以根据标准化的模型格式建立这种模拟 IC 电气特性的模型，并可以通过模型验证程序验证模型格式的正确性。IBIS 模型几乎能被所有的模拟仿真器和 EDA 工具接受。由于来自测量或仿真数据，IBIS 模型较容易获得，IBIS 模型不涉及芯片的电路设计和制造工艺，芯片供应商也愿意为用户提供元器件的 IBIS 模型，所以 IBIS 模型被广泛应用于系统的信号完整性分析。

3. 建立 IBIS 模型

IBIS 模型可以通过仿真器件的 SPICE 模型来获得，也可以用直接测量的方法来获得。作为最终用户，最常见的方法是到半导体制造厂商的网站上去下载各种元器件的 IBIS 模型，在使用前要对得到的 IBIS 模型进行语法检查。

建立一个元器件的 IBIS 模型需要以下 5 个步骤。

（1）进行建立模型前的准备工作，包括决定模型的复杂程度；根据模型所要表现的内容和元器件工作的环境，来确定电压和温度范围，以及制程限制等因素；获取元器件相关信息，如电气特性及引脚分布；元器件的应用信息。

（2）获得 U–I 曲线或上升/下降曲线的数据，可以通过直接测量或仿真得到。

（3）将得到的数据写入 IBIS 模型。不同的数据在各自相应的关键字后列出，要注意满足 IBIS 的语法要求。

（4）初步建立了模型后，应当用 s2iplt 等工具来查看以图形方式表现的 U–I 曲线，并检查模型的语法是否正确。如果模型是通过仿真得到的，应当分别用 IBIS 模型和最初的晶体管级模型进行仿真，比较其结果，以检验模型的正确性。

（5）得到了实际的元器件后，或者模型是由测量得到的，要对模型的输出波形和测量的波形进行比较。

4．使用 IBIS 模型

IBIS 模型主要用于板级系统或多板信号的信号完整性分析。可以用 IBIS 模型分析的信号完整性问题包括：串扰、反射、振铃、上冲、下冲、不匹配阻抗、传输线分析、拓扑结构分析等。IBIS 模型尤其能够对高速信号的振铃和串扰进行准确、精细的仿真，它可用于检测最坏情况的上升时间条件下的信号行为，以及一些用物理测试无法解决的问题。在使用时，用户用 PCB 的数据库来生成 PCB 上的连线的传输线模型，然后将 IBIS 模型赋给 PCB 上相应的驱动端或接收端，就可以进行仿真了。

虽然 IBIS 模型有很多的优点，但也存在一些不足。目前，仍有许多厂商缺乏对 IBIS 模型的支持。而缺乏 IBIS 模型，IBIS 仿真工具就无法工作。虽然 IBIS 文件可以手工创建或通过 SPICE 模型来转换，但若无法从厂家得到最小上升时间参数，则任何转换工具都无能为力。另外，IBIS 还缺乏对地弹噪声的建模能力。

2.3　验证 IBIS 模型

【本节目的】　对 IBIS 模型进行语法检测并转换为 DML 模型（Cadence 的模型格式）。

【使用工具】　Model Integrity 能够进行模型建立、处理和校验，在使用仿真模型前，必须先验证仿真模型。Model Integrity 分析 IBIS 模型和 Cadence DML（Device Model Library）模型的语法错误，Model Integrity 可以相互转换 IBIS、Quad 和 Cadence DML 文件。模型校验包含语法检查、单调性检查、模型完整性检查和数据合理性检查。

【使用文件】　physical\ep1sgx25f_1.ibs。

1．浏览解析的 IBIS 文件结果

（1）在程序文件夹中选择"Cadence Release 17.2-2016"→"Product Utilitities"→"PCB Editor Utilitities"→"Model Integrity"命令，弹出"Model Integrity"窗口，如图 2-3-1 所示。

图 2-3-1　"Model Integrity"窗口

（2）在"Model Integrity"窗口执行菜单命令"File"→"Open"，打开 D:\physical\ep1sgx25f_1.ibs 文件，模型内容如图 2-3-2 所示。

图 2-3-2　模型内容

图 2-3-3　IOCell 模型

当打开 IBIS 文件时，一个解析程序 ibischk4.2.0 开始运行。分析完成后，会弹出错误和警告信息，必须解决这些错误和警告。

（3）在左边"Physical View"栏单击"ep1sgx25f_1"前面的"+"号浏览 IOCell 模型，树列表中显示所有的 IOCell 模型，如图 2-3-3 所示。

（4）在"Physical View"栏双击"1sgx_sstl25c2_io_dm"，单击按钮 ，会发现在编辑窗口有警告标志，并且最下面的输出窗口会提示警告所在的位置及警告的原因，如图 2-3-4 所示。

（5）在输出窗口可以看到第 1 行被高亮显示，并且输出窗口提示"WARNING (line 1260)－GND Clamp Minimum data is non-monotonic"（第 1260 行，GND Clamp 的最小数据是非单调的）。对于这个 IOCell，查看编辑窗口会看到电压为 2.1500e+000V 时对应的最小电流为-3.1180e-010A，上一行（1259 行）的 2.0000e+000V 对应的最小电流为-4.9080e-012A，第 1258 行的 1.8500e+000V 对应的最小电流为-8.5730e-011A，如图 2-3-5 所示。

（6）在"Physical View"栏选择"1sgx_sstl25c2_io_dm"，单击鼠标右键，从弹出的快捷菜单中选择"View Curve"→"GND_Clamp"→"Min"，弹出"SigWave"窗口，如图 2-3-6 所示。

（7）"SigWave"窗口显示 Pulldown Maximum IV 曲线，波形非单调处在 1.85～2.15V 之间，但由于电流值差别过小，在图中不能正确显示。在当前目录会产生波形文件，文件名为 IOCell 的名字，扩展名为 sim。

图 2-3-4　警告信息

图 2-3-5　具体警告信息

图 2-3-6　"SigWave"窗口

（8）执行菜单命令"File"→"Exit"，退出"SigWave"窗口。

（9）需要注意的是，该非单调性发生的位置是在电压序列的末端，而且变化很小（变化范围在 1.0e-10A），对仿真结果影响甚小，不需要纠正 IBIS 文件。

（10）在窗口底部的信息栏中查看警告信息，找到警告"WARNING – Model '1sgx_sstl25c2_io_dm': Model_type 'I/O' must have Vinl set"（模型"1sgx_sstl25c2_io_dm"：I/O 模型必须有 Vinl 设置）和"WARNING–Model '1sgx_sstl25c2_io_dm': Model_type 'I/O' must have Vinh set"（模型"1sgx_sstl25c2_io_dm"：I/O 模型必须有 Vinh 设置），如图 2-3-7 所示。

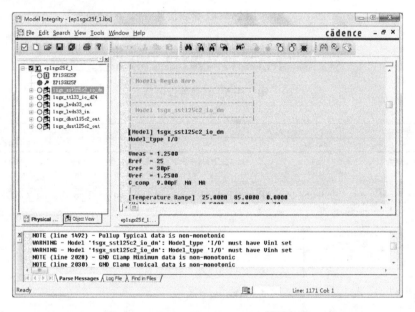

图 2-3-7　DBX_I00000A0S2AZZIDE 模型参数

（11）在"Physical View"栏双击"1sgx_sstl25c2_io_dm"，编辑窗口显示该 IOCell 模型信息，并且模型名称高亮显示，如图 2-3-8 所示。

图 2-3-8　1sgx_sstl25c2_io_dm 模型参数

（12）在编辑窗口部分可以看到 1sgx_sstl25c2_io_dm 下面 Model_type I/O 部分没有 Vinh 和 Vinl，在"Vmeas = 1.2500"语句的上面添加输入"Vinl = 1.0700"和"Vinh = 1.4300"，如图 2-3-9 所示。

（13）执行菜单命令"File"→"Save As"，在当前目录下保存文件，文件名为 ep1sgx 25f_11.ibs。

（14）在"Physical View"栏选择"ep1sgx25f_11.ibs"，单击鼠标右键，选择"parse selected"，Model Integrity 会运行 ibischk 解析器，并且在当前目录下建立 ep1sgx25f_11_ibisparse.log 文件。同时，在 ep1sgx25f_11 前面有一个红色的"×"标志（错误标志），如

图 2-3-10 所示。

图 2-3-9　修改 1sgx_sstl25c2_io_dm 模型参数　　　　图 2-3-10　错误标志

（15）在"Physical View"栏双击"ep1sgx25f_11"，在编辑窗口会弹出错误标志。双击编辑窗口的错误标志，在输出窗口会有提示信息，如图 2-3-11 所示。

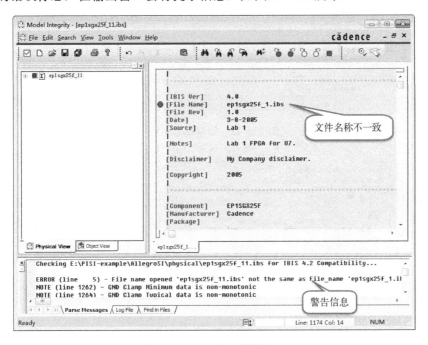

图 2-3-11　文件名错误标志

（16）Model Integrity 要求文件名和"File Name"一致，在编辑窗口中改变"File Name"后的"ep1sgx25f_1.ibs"为"ep1sgx25f_11.ibs"，单击"保存"按钮保存文件。

（17）在"Physical View"栏选择"ep1sgx25f_11"，单击鼠标右键，选择"parse selected"，解析文件，发现错误标志消失，如图 2-3-12 所示。

2. 在 Model Integrity 中仿真 IOCell 模型

（1）在"Physical View"栏选择"1sgx_sstl25c2_io_dm"，单击鼠标右键，选择"Simulate Buffer…"，弹出"Buffer Model Simulation"窗口，如图 2-3-13 所示。在"Physical View"栏有一个新的文件，这是 IBIS 模型的 DML 格式，PCB SI 运行仿真需要 DML 格式的模型，所以 Model Integrity 自动生成 DML 文件。

图 2-3-12　错误标志消失

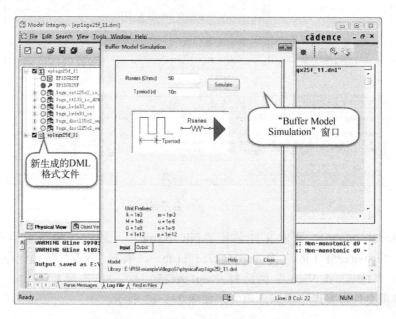

图 2-3-13　"Buffer Model Simulation" 窗口

（2）在"Buffer Model Simulation"窗口选择"Output"页面，可以看到"Vref"自动读取模型中的设定值 1.25，"Cref"自动读取模型中的设定值"0.03n"，"Tperiod"为仿真周期，和"Input"页面一样。更改参数"Rref"为 50，设置测试负载电阻参数，如图 2-3-14 所示。

图 2-3-14　设置测试负载电阻参数

（3）单击"Simulate"按钮，运行仿真，并在"SigWave"窗口产生仿真波形，如图 2-3-15 所示，波形被写入当前目录，波形名为"Waveform.sim"。当仿真其他 IOCell 时，波形文件会被重写。

图 2-3-15　仿真波形

（4）关闭"SigWave"窗口，单击"Close"按钮，关闭波形窗口。

（5）在"Buffer Model Simulation"窗口中单击"Close"按钮，关闭"Buffer Model Simulation"窗口。

3．使用 IBIS to DML 转换器

（1）在"Physical View"栏单击 IBIS 文件 ep1sgx25f_11，执行菜单命令"Tools"→"Translation Options ..."，弹出"Translation Options"窗口，如图 2-3-16 所示。

（2）默认选中"Make model names unique(-u)"，这个设置为每个 IOCell 模型名附加 IBIS 文件名。单击"OK"按钮，关闭"Translation Options"窗口。

（3）在"Physical View"栏选择 IBIS 文件 ep1sgx25f_11，单击鼠标右键，选择"IBIS to DML"，系统会提示是否重写，这是因为软件先前已经自动生成了一个 DML 文件，单击"Yes"按钮重写文档，弹出警告窗口，如图 2-3-17 所示。

图 2-3-16 "Translation Options"窗口　　　　图 2-3-17 警告窗口

（4）查看编辑窗口的第 3 行，第 1 个 IOCell 为 EP1SGX25F_11_1sgx_dhstl15c2_out，EP1SGX25F_11 已经被添加到 IOCell 名的前面，DML 文件信息如图 2-3-18 所示。

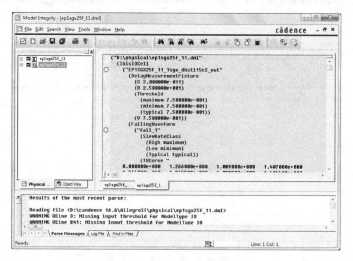

图 2-3-18 DML 文件信息

4．浏览 DML 文件的错误和警告信息

当转换一个 IBIS 文件为 DML 格式文件时，dmlcheck 解析器运行。在输出窗口显示错误和警告信息。

（1）在工具栏单击按钮 ，输出窗口提示 12 个警告和 0 个错误。在输出窗口滚动查看警告信息"WARNING @line 237: EP1SGX25F_11_1sgx_dhstl15c2_out GroundClamp: Overall typical area exceeds overall maximum area"。

（2）在输出窗口双击警告信息，在编辑窗口顶部会高亮显示第 237 行，如图 2-3-19 所示。

图 2-3-19　警告信息

（3）注意关键词"VICurve"和下面的数据点，在 DML 格式没有提示哪一栏是最小、典型或最大，并且单位统一为伏特（V）和安培（A）。最左边一栏列出了电压值，紧靠着这一栏右边的是典型电流值，下一栏是最小电流值。最后一栏是最大电流值。这些数据没有 IBIS 文件容易读取，所以需要查看 IBIS 文件中的这个模型试图找出 dmlcheck 警告的变化。

（4）在"Physical View"栏双击 IBIS IOCell 模型 1sgx_dhstl15c2_out，在编辑窗口单击鼠标右键，选择"Replace"，弹出"Replace"对话框，在"Find what"栏中输入"POWER_Clamp"，不选择"Match case"，如图 2-3-20 所示。

（5）单击"Find Next"按钮，在编辑窗口中 IOCell 模型 1sgx_dhstl15c2_out 的 Power_clamp 高亮显示；单击"Cancel"按钮，关闭"Replace"对话框。

图 2-3-20　"Replace"对话框

（6）查看 VICurve 数据的电流值，在"Max"栏的电流值应该比"Min"和"Typ"栏的大，但发现在 −3.10～−1.85V 之间的数据在错误的栏里。

（7）在"Physical View"栏选择 IBIS IOCell 模型 1sgx_dhstl15c2_out，单击鼠标右键，选择"View Curve"→"Power_clamp"→"All"，弹出"SigWave"窗口，显示最小（Min）、最大（Max）、典型（Typ）3 条 Power_clamp 曲线，发现 Max 不总是比 Min 和 Typ 大，而 Typ 不总是比 Min 大，这就是 dmlcheck 产生警告的原因，如图 2-3-21 所示。

图 2-3-21　Power_clamp 曲线

 注意　需要确定这些值是否正确，但若没有 SPICE 模型对照，则很难确定这些值是否正确。

（8）关闭"SigWave"窗口，关闭 IBIS 文件 ep1sgx25f_11 和 DML 文件 ep1sgx25f_11。

5. 使用 ESpice to Spice 转换器

使用 ESpice to Spice 转换器可以把 Cadence ESpice 文件转换为标准的 Spice 文件。在 PCB SI 中需要设置仿真参数，从"Probe"窗口选择要仿真的网络，在报告或波形窗口保存电路文件，这些动作都会将 ESpice 文件写入 signoise.run\case#\sim#目录下，#代表数字，sim 目录包含名为 main.spc 和其他几个需要的文件。

（1）在"Model Integrity"窗口选择"File"→"Open"命令。在 D:\SQAdv_14_2\mi\ESpice\signoise.run\case1\sim1 目录打开 main.spc，转换后的模型如图 2-3-22 所示。

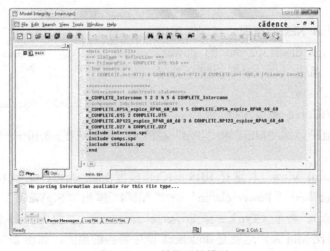

图 2-3-22　转换后的模型

（2）在"Physical View"栏选择"main"，执行菜单命令"Tools"→"Translation Options…"，弹出"Translation Options"窗口，在窗口底部选择"ESpice to Spice"，如图 2-3-23 所示。不选择任何选项，main.spc 文件包含传输线元素。

图 2-3-23　"Translation Options"窗口

（3）在"Translation Options"窗口单击"OK"按钮，在"Physical View"栏选择"main"，单击鼠标右键，选择"Translate Selected"→"Generic Spice"命令，main.spc 已经被转换为标准 Spice 格式，文件名为 mainspc_gen.spc，如图 2-3-24 所示。

图 2-3-24　Spice 格式模型

（4）在"Physical View"栏选择"mainspc_gen"，执行菜单命令"File"→"Save As"，文件名为 mainspc_gen_default。

（5）执行菜单命令"Tools"→"Translation Options…"，弹出"Translation Options"窗

口，在窗口底部选择"ESpice to Spice"，选择"Use W element for all transmission line models"，如图 2-3-25 所示。

图 2-3-25 "Translation Options"窗口

（6）单击"OK"按钮，关闭"Translation Options"窗口。W-element 文件用于 HSpice 仿真，在"Physical View"栏选择"main"，单击鼠标右键，执行菜单命令"Translate Selected"→"Generic Spice"，弹出提示信息，单击"Yes"按钮，重写 mainspc_gen 文件，转换修改的模型如图 2-3-26 所示。

图 2-3-26 转换修改的模型

（7）在"Physical View"栏选择"mainspc_gen"，执行菜单命令"File"→"Save As"，文件名为 mainspc_gen_welement。

（8）在"Physical View"栏选择"main"，单击鼠标右键，选择"Close Selected"，关闭 main.spc。

（9）执行菜单命令"Window"→"Tile Horizontally"（横向平铺），这两个文件上下显示，这样很容易将两个模型文件进行比较，如图 2-3-27 所示。

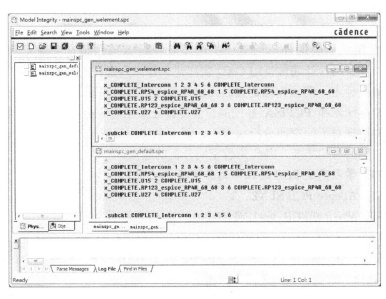

图 2-3-27　比较模型文件

（10）在文件中查找 Trace 模型定义，W-element 指向其他文件，关键词"RLGCfile=文件名"，这就意味着当提取 W-element Spice 文件到 HSpice 时，也需要提取它的 RLGC 文件。

（11）在名为 subckt COMPLETE_Interconn 的 W-element 文件中查看子电路定义，在 spc2spc 转换的过程中，这些文件被转换为标准 Spice 文件，从 Allegro PCB SI 电路板文件提取 Trace 定义并将其存储在 interconn.iml 中。

（12）查看 W-element 声明的第 1 行"WTL_XSTLX3090Y9732L1X3090Y9775L1"，"WTL_X"表示"W-element"声明，"STL"表示单传输线，"X3090"、"Y9732"和"L1"表示 X 和 Y 坐标及互连线连接的层号，这表示连接到子电路的外部节点，"X3090"、"Y9775"和"L1"表示 X 和 Y 坐标及互连线连接的层号，这表示连接到子电路的内部节点。

（13）后面的"RLGCfile=STL_1S_1R_41.rlc l=0.0010922"表示子电路引用名为 ntl_rlgc.inc 的 Allegro PCB SI 的模型，模型文件是 STL_1S_1R_41.rlc，长度是 0.0010922m（43mil）。

（14）在编辑窗口查看 W-element 文件的子电路定义.subckt COMPLETE.U15 2，注意提示信息，如图 2-3-28 所示。

（15）注释信息"bdrvr 18 3 19 23 22 20 21

图 2-3-28　子电路定义

File=ibis_models.inc Model=GTL_IO_Typical"告诉使用的节点连接点和缓冲模型。

（16）执行菜单命令"File"→"Close All"，关闭所有窗口。

（17）执行菜单命令"File"→"Exit"，退出 Model Integrity。

2.4　预布局

预布局就是按照一般的外形因素、机械限制和惯例预先确定关键元器件的位置，如图 2-4-1 所示。预布局设计通常使用 CAD 软件建立并作为设计的开始。

在很多系统设计中，需预先确定关键元器件和连接器的布局。在计算机主板设计中，除了确定处理器、存储器和 PCI/ISA 插槽的位置外，还必须确定标准的 PCB 布局和机壳类型的位置。预布局数据对于解空间分析很有用，因为系统的高速信号影响这些元器件。基于预布局数据提取关键信号的拓扑，并作为解空间分析的起点。

【本节目的】　学习高速 PCB 的预布局并掌握其技巧。

【使用工具】　Allegro PCB SI XL。

【使用文件】　physical\PCB_ver1\VER0.brd。

【操作步骤】

（1）在程序文件夹中选择"Cadence Release 17.2-2016"→"Allegro Product"→"PCB SI"，弹出产品选择对话框，如图 2-4-2 所示。

（2）在图 2-4-2 所示的列表框中选择"Allegro PCB SI XL"，单击"OK"按钮，弹出编辑窗口。

集成电路的预摆放

图 2-4-1　预布局　　　　　　　　　　　　　图 2-4-2　产品选择对话框

（3）执行菜单命令"File"→"Open"，打开 D:\physical\PCB_ver1\VER0.brd 文件，如图 2-4-3 所示。

☺ 设计窗口：建立设计。

☺ 命令窗口：显示信息，也可以手动输入命令。

☺ 状态窗口：显示当前的命令和当前光标的 x、y 坐标，当移动光标时这些坐标将改变。

☺ 菜单栏：下拉菜单提供建立或修改 PCB 设计所需要的命令。

☺ 工具栏：可以快速访问常用的 Allegro PCB SI XL 命令。

☺ 控制面板：结合命令实现预定的功能。

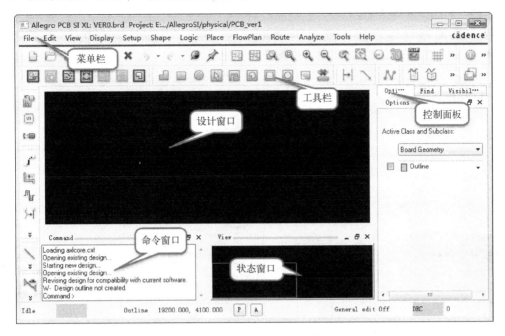

图 2-4-3　"Allegro PCB SI XL"窗口

（4）执行菜单命令"Display"→"Color/Visibility"，弹出"Color Dialog"对话框，如图 2-4-4 所示。

图 2-4-4　"Color Dialog"对话框

（5）在左侧的列表中选择"Display"栏，在右侧显示的"Background"后面的颜色框设置为黑色，如图 2-4-5 所示。

（6）依照同样的方法，将"Geometry"栏中的"Board geometry"子菜单中的"Outline"后面的颜色框设置为白色，如图 2-4-6 所示。

图 2-4-5 "Color Dialog"对话框设置

图 2-4-6 设置"Outline"为白色

（7）单击"Color Dialog"对话框中的"OK"按钮，界面颜色改变，如图 2-4-7 所示。

（8）执行菜单命令"Place"→"Manually"，弹出"Placement"对话框，如图 2-4-8 所示。

图 2-4-7 界面颜色改变

图 2-4-8 "Placement"对话框

（9）"Placement List"列表框自动显示"Components by refdes"，选择"U7"，在控制面板的"Options"标签页，设置"Active Class"为"Etch"，"Active Subclass"为"Top"，在命令窗口输入"x 9153.543 7814.961"，按"Enter"键，将 U7 摆放到 PCB 上。单击鼠标右

键，选择"Done"完成操作，如图 2-4-9 所示。

（10）执行菜单命令"Edit"→"Spin"，在控制面板的"Options"标签页进行参数设置，如图 2-4-10 所示。

（11）单击 U7，U7 会自动逆时针旋转 270°，单击鼠标右键，选择"Done"，旋转后的元器件如图 2-4-11 所示。

图 2-4-9　摆放元器件　图 2-4-10　设置"Options"标签页参数　图 2-4-11　旋转后的元器件

（12）按照同样方法摆放其他元器件（连接器和关键元器件）于板框中，预布局电路如图 2-4-12 所示。

（13）执行菜单命令"Place"→"Quickplace"，弹出"Quickplace"对话框，具体设置如图 2-4-13 所示。

图 2-4-12　预布局电路

图 2-4-13　"Quickplace"对话框

（14）单击"Place"按钮，摆放元器件于板框外，如图 2-4-14 所示。

（15）执行菜单命令"File"→"Save"，保存文件。

图 2-4-14　摆放元器件

2.5　PCB 设置

【本节目的】　学习对仿真前的 PCB 进行必要的设置，包括叠层设置、直流电压设置、元器件设置、SI 模型分配和 SI 检查。

【使用工具】　Allegro PCB SI XL 下的 Setup Advisor。

【使用文件】　physical\PCB_ver1\VER1.brd 和 ep1sgx25f_11.dml。

【操作步骤】

（1）在程序文件夹中选择"Cadence Release 17.2-2016"→"Allegro Product"→"PCB SI"，弹出产品选择对话框，选择"Allegro PCB SI XL"。

（2）执行菜单命令"File"→"Open"，打开 D:\physical\PCB_ver1\ VER1.brd 文件。

（3）执行菜单命令"Analyze"→"PDN Analyze"，弹出"PDN Analysis：Static IRDrop"窗口，仔细阅读"Prerequisite Tasks"介绍，如图 2-5-1 所示。

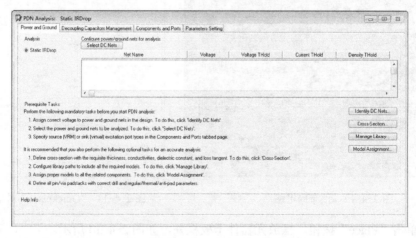

图 2-5-1　"PDN Analysis：Static IRDrop"窗口

1．叠层设置

进行叠层设置，确定 PCB 层面，包括每层的材料、类型、名称、厚度、线宽和阻抗信息，并确定 PCB 的物理和电气特性。

☺ Trace 的宽度和 PCB 的叠层决定 Trace 特性。

☺ Trace 和参考平面间的距离对阻抗和串扰有主要的影响。

◇ 阻抗：随距离增加而增加。

◇ 串扰：随距离增加而增加。

Trace 的阻抗依据下面因素来确定：

☺ 绝缘材料的介电常数。

◇ 在布线层之间是否有平面层。

◇ 平面层的存在对于布线层间的串扰起了重要的作用。

☺ 绝缘材料的厚度。

☺ Trace 的宽度和厚度。

（1）在图 2-5-1 中单击"Cross-Section…"按钮，修改电路板叠层，如图 2-5-2 所示。

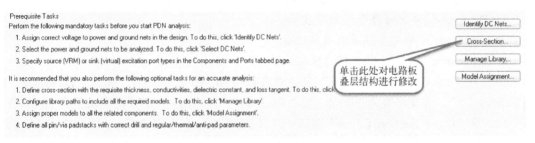

图 2-5-2　"Cross-Section"设置

（2）弹出"Cross Section Editor"窗口，执行"View"命令，单击下拉菜单中的"Show All Columns"，显示阻抗，如图 2-5-3 所示。

图 2-5-3　叠层参数设置

注意　　PCB 厚度为122.3mil，顶层和底层的阻抗为68.643Ω，其他层面的阻抗也各不相同。

现在需要改变层厚度满足 50Ω 的阻抗要求。通过改变绝缘层的厚度来达到期望的阻抗和 PCB 厚度。

- ☺ Material: 从下拉列表中选择材料，当 "Layout Cross Section" 窗口中的 "Differential Mode" 没有被选择时才根据绝缘层的功率因数补偿角的正切，指定当前选择的绝缘层的介电损失。
- ☺ Type: 层面会弹出 "Material" 栏。在 Top 的上面和 Bottom 的下面添加 Conformal Coating 层。
- ☺ Loss Tangent（介质损耗因数）的类型包含 SURFACE（表面）、CONDUCTOR（信号布线层）、DIELECTRIC（电介质）、PLANE（电源平面）4 个选项。
- ☺ Etch Subclass: 在 PCB 的 Cross-Section 中指定层。
- ☺ Thickness: 分配给每个层的厚度。
- ☺ Line Width: 确定布线层的布线线宽。
- ☺ Impedance: 分配给每个层的阻抗。

（3）在 "Cross Section Editor" 窗口中选择 TOP 和 L2_GND1 间的 "Dielectric" 的 "Thickness" 栏，改变厚度为 3.0mil，按 "Tab" 键，可以看到 TOP 层的阻抗值为 50.687Ω。

（4）在 "Cross Section Editor" 窗口中选择 BOTTOM 和 L17_PWR13 间的 "Dielectric" 的 "Thickness" 栏，改变厚度为 3.0mil，按 "Tab" 键，可以看到 BOTTOM 层的阻抗值为 50.687Ω。整个 PCB 的厚度已经改变，现在是 90.3mil。

（5）在 "Layout Cross Section" 窗口中选择 L3_IS1 和 L4_IS2 间的 "Dielectric" 的 "Thickness" 栏，改变厚度为 4.5mil，按 "Tab" 键，可以看到 L3_IS1 和 L4_IS2 的阻抗都变为 50.813Ω。

（6）在 "Layout Cross Section" 窗口中选择 L9_IS5 和 L10_IS6 间的 "Dielectric" 的 "Thickness" 栏，改变厚度为 4.5mil，按 "Tab" 键，可以看到 L9_IS5 和 L10_IS6 的阻抗都变为 50.813Ω。

（7）在 "Layout Cross Section" 窗口中选择 L12_IS7 和 L13_IS8 间的 "Dielectric" 的 "Thickness" 栏，改变厚度为 4.5mil，按 "Tab" 键，可以看到 L12_IS7 和 L13_IS8 的阻抗都变为 50.813Ω。

（8）在 "Layout Cross Section" 窗口中选择 L15_IS9 和 L16_IS10 间的 "Dielectric" 的 "Thickness" 栏，改变厚度为 4.5mil，按 "Tab" 键，可以看到 L15_IS9 和 L16_IS10 的阻抗都变为 50.813Ω，如图 2-5-4 所示。整个 PCB 的厚度已经改变，由于其他层厚度皆为本例中的默认厚度，因此现在的厚度仍是 90.3mil。

（9）单击 "OK" 按钮，关闭 "Layout Cross Section" 窗口。"PDN Analysis" 窗口将再次显示。

图 2-5-4　"Layout Cross Section"窗口

2. 设置 DC 电压值

确定 DC 电压加在网络上。执行 EMI 仿真时，必须确定一个或更多电压源引脚。信号模型包含仿真过程使用的参考电压信息。但是，PCB SI 需要知道仿真过程中终端负载使用的电压值。信号模型能够包含与电压公差相关的数据。在这些公差水平下仿真能够被执行，但仿真器无法知道终端负载的电压值是多少，所以必须提供这些 DC 电压值。

（1）单击"Identify DC Nets…"按钮，如图 2-5-5 所示，弹出警告提示窗口，如图 2-5-6 所示。

图 2-5-5　"Identify DC Nets"设置

在窗口中会显示"Identify DC Nets"的说明。如果试着提取一个与电源/地相连的分立元器件的网络，这个工具需要知道与元器件连接的 DC 电压值。

 注意　这会影响仿真的驱动端和接收端。这些元器件的电压值包含在信号模型（IBIS 模型）描述中。确认电路板 DC 网络已经分配有正确的电压值。

（2）单击"OK"按钮，弹出"Identify DC Nets"对话框，如图2-5-7所示。

图2-5-6　警告提示窗口　　　　　　图2-5-7　"Identify DC Nets"对话框

☺ Net filter：过滤在"DC Nets"列表框中显示的网络。

☺ Net：按照"Net filter"显示的网络，这些网络能够被分配DC电压。

☺ Pins in net：显示与从"Net"区域选择的网络有关的所有引脚。在这个区域选取一个引脚使它成为电压源引脚。

☺ Voltage source pins：显示在"Pins in net"中选择的引脚。必须指定一个或更多的电压源引脚以执行EMI仿真。从"Voltage source pins"列表中选取一个引脚并移除它。

☺ Voltage：用于设置选择网络（或引脚）的DC电压值。输入"NONE"移除早先分配的电压。

（3）从"Identify DC Nets"对话框选择网络名"1.5V_ENABLE"，"Voltage"栏有"NONE"显示，这个网络连接的引脚显示在"Pins in net"列表框中，"Voltage source pins"列表框显示这个电压值对应的引脚。在"Voltage"栏双击"NONE"，输入1.5并按"Tab"键，弹出一个警告提示窗口，该窗口提示分配电压值的该网络没有电源和地引脚，如图2-5-8所示。

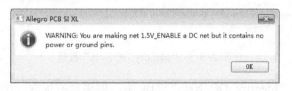

图2-5-8　警告提示窗口

（4）单击"OK"按钮，关闭该提示窗口。

（5）在"Identify DC Nets"对话框的"Net filter"栏中输入"1.5*"并按"Tab"键，将在网络列表框部分显示的所有网络的电压值都设置为1.5V，如图2-5-9所示。

（6）在"Net filter"栏中输入"1.25*"并按"Tab"键，将在网络列表框部分显示的所有网络的电压值都设置为 1.25V。

图 2-5-9 "Identify DC Nets" 对话框设置

（7）在"Net filter"栏中输入"2.5*"并按"Tab"键，将在网络列表框部分显示的所有网络的电压值都设置为 2.5V。

（8）在"Net filter"栏中输入"3.3*"并按"Tab"键，将在网络列表框部分显示的所有网络的电压值都设置为 3.3V。

（9）在"Net filter"栏中输入"5*"并按"Tab"键，将在网络列表框部分显示的所有网络的电压值都设置为 5V。

（10）在"Net filter"栏中输入"GND*"并按"Tab"键，将在网络列表框部分显示的所有网络的电压值都设置为 0V。

（11）单击"OK"按钮，再次弹出警告提示窗口，关闭该对话框，"Identify DC Nets"窗口被显示。

注意　有一些网络没有分配电压属性，如 12V_DIV。因为这些网络与将要提取的网络无关，可以不管它们。当然，需要知道与这个信息有关的原理图部分。

3．SI 模型分配

1）打开"Signal Model Assignment"对话框

单击"Model Assignment…"按钮，如图 2-5-10 所示，弹出"Signal Model Assignment"对话框，如图 2-5-11 所示。

☺ Devices：可以手动或自动为元器件分配器件模型。可以访问 Model Browser 查找器件模型，在分配之前修改它们并建立新模型。也能够加载或保存设计的 Assignment Mapping 文件。

☺ BondWires：定位并为 Bondwire 连接分配 Trace 模型。也能够通过"Model

Browser"窗口修改 Trace 模型。

图 2-5-10　单击"Model Assignment…"按钮

图 2-5-11　"Signal Model Assignment"对话框

☺ RefDesPins：为指定引脚分配 IOCell 模型。也能够为选择的可编程缓冲模型的引脚分配模型。

☺ Connectors：为公/母连接器、PCI 插槽，以及其他一些从一个设计连接到另一个设计的元器件指定耦合的连接器模型。

在"Signal Model Assignment"对话框指定每个元器件使用的 SI 模型。仿真器使用器件类型前缀作为参考首先在库中查找已有的模型名。如果没有找到模型，仿真器会在当前的器件库中建立一个新的模型，以器件类型命名模型并用下画线代替每一个非文字数字符号。

模型建立如下：当 Value 属性值大于 1.0 时，一个电阻的 ESpiceDevice 模型被建立。当 RefDes 是 L 并且 Value≤1.0 时，一个电感的 ESpiceDevice 模型被建立。此外，对于所有的 RefDes 或 Value 属性，一个电容的 ESpiceDevice 模型被建立。

2）新建库文件

（1）执行菜单命令"Analyze"→"Model Browser…"，弹出"SI Model Browser"对话

框，如图 2-5-12 所示。

（2）单击“Library Mgmt”按钮，弹出“DML Library Management”对话框，如图 2-5-13 所示。

图 2-5-12　“SI Model Browser”对话框

图 2-5-13　“DML Library Management”对话框

对话框的上半部分和下半部分类似。对话框的上半部分显示“DML Libraries”部分，器件库在这一部分列出。下半部分为存储的互连模型，互连模型是 Trace 模型，包括耦合的 Trace 模型和 Via 模型。当在 SQ Signal Explorer Expert 中提取仿真的拓扑图或在 SPECCTRAQuest 中仿真时互连模型被自动创建。

注意　在“Device Library Files”部分有两个库。当第一次在一个目录下访问库浏览器时，将加载那个目录下的所有文件。无论何时在一个新的目录下第一次访问库浏览器，devices.dml 和 cds_models.ndx 都将作为默认库被加载。devices.dml 是空的，被设置为工作库。所有新库的信号模型都将写入工作库。cds_models.ndx 文件是使用的默认库信号模型的索引文件。

（3）在“DML Library Management”对话框上半部分单击“Create New Lib”按钮，打开“另存为”对话框，如图 2-5-14 所示。

（4）在“文件名”文本输入区域输入“dimm_discretesnew”，单击“保存”按钮保存。新的库文件被加到“DML Library Management”对话框上半部分的“DML Libraries”部分的库列表中，如图 2-5-15 所示。

（5）在“DML Library Management”对话框上半部分的“DML Libraries”部分，设置 dimm_discretesnew.dml 库为工作库，如图 2-5-16 所示。任何新建的信号模型都将被写进 dimm_discretesnew.dml 库中。在接下来的设计当中，仍使用 dimm_discretes.dml 库作为工作库。

（6）在“DML Library Management”对话框下半部分，单击“Set Search Path”按钮，

打开"Set Model Search Path"对话框，如图2-5-17所示。

图2-5-14 "另存为"对话框

图2-5-15 "DML Library Management"对话框

图2-5-16 设置 dimm_discretesnew.dml 库为工作库

（7）在"Set Model Search Path"对话框上半部分单击"Add Directory…"按钮，打开"Select New Search Directory"对话框，如图2-5-18所示。

（8）在对话框中打开路径"E:/PISI-example/AllegroSI/physical/PCB_ver1"，单击"OK"按钮，在"Set Model Search Path"窗口中单击"OK"按钮，注意到该路径下的所有".dml"文件已经被添加到"DML Library Management"对话框上半部分中，如图2-5-19

所示。

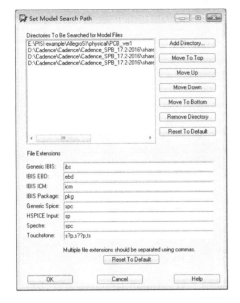

图 2-5-17　"Set Model Search Path"对话框

图 2-5-18　"Select New Search Directory"对话框

图 2-5-19　"DML Library Management"对话框

3）手动分配元器件模型

（1）执行菜单命令"Analyze"→"Model Assignment"，打开"Signal Model Assignment"对话框，如图 2-5-20 所示。

（2）在对话框中选择"EP1SGX25F_11_FBGA_1020_EP1SGX25 EP1SGX25F"，如图 2-5-21 所示。

图 2-5-20 "Signal Model Assignment"对话框（1） 图 2-5-21 "Signal Model Assignment"对话框（2）

（3）在对话框中单击"Find Model…"按钮，打开"SI Model Browser"对话框，如图 2-5-22 所示。

（4）在"Model Name Pattern"文本框中输入"*"并按"Tab"键，模型列表框中显示一个名为 EP1SGX25F 的 IbisDevice 模型类型。显示的其他模型类型是器件驱动端或接收端引脚的单独的缓冲模型。IBIS 定义引脚与哪一个缓冲模型相关，分配给器件的信号模型名不必与 Allegro 器件名匹配，名称匹配的优点体现在使用 Auto Setup 功能时。在对话框的底部显示预期相关联的 DML 文件为"ep1sgx25f_11.dml"，如图 2-5-23 所示。

图 2-5-22 "SI Model Browser"对话框（1） 图 2-5-23 "SI Model Browser"对话框（2）

（5）在对话框中单击"Assign"按钮为元器件分配模型，在"Signal Model Assignment"对话框中就可看到为元器件分配的模型，如图 2-5-24 所示。

4）为元器件建立模型

（1）在"Signal Model Assignment"对话框中向下滚动到列表的下半部分单击器件类型 1364532-2_2_HSSDC2_1364532-2_1364532-2 上的"+"号，注意到元器件 J11、J15、J23 和 J32 没有模型分配，如图 2-5-25 所示。

图 2-5-24　"Signal Model Assignment"对话框（3）　　图 2-5-25　"Signal Model Assignment"对话框（4）

（2）在"Signal Model Assignment"对话框中选择"J11"。连接器 J11 在 PCB SI 中被高亮显示，且定位在电路板右上角，如图 2-5-26 所示。

图 2-5-26　交互查看功能

（3）在"Signal Model Assignment"对话框中单击"Create Model…"按钮，弹出"Create Device Model"对话框，如图 2-5-27 所示。

（4）在"Create Device Model"对话框中选择"Create IbisDevice model"，单击"OK"按钮，弹出"Create IBIS Device Model"对话框，如图 2-5-28 所示。

图 2-5-27 "Create Device Model"对话框　　　图 2-5-28 "Create IBIS Device Model"对话框

为连接器建立IBIS 器件模型，这个连接器包含电源和地连接，所以需要确定连接到电源和地的引脚。"Model Name"区域被输入"1364532-2_2_HSSDC2_1364532-2_1364532-2"。"Pin Count"区域列出所有引脚。默认的 IOCell 模型被列在适当的位置，会在"Signal Analysis Preferences"窗口显示。

（5）在"Create IBIS Device Model"对话框的"Pin Parasitics"各项输入值（每次输入后按下"Tab"键），"R"输入 0.1，"L"输入 0.5，"C"输入 0.01，如图 2-5-29 所示。单位被自动输入，单位默认设置在"Analysis Preferences"窗口的"Units"栏。

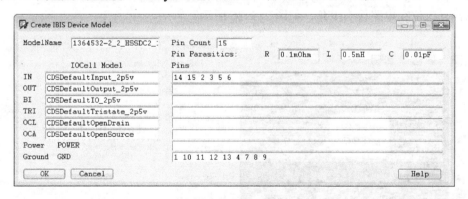

图 2-5-29 输入信息

（6）单击"OK"按钮，关闭"Create IBIS Device Model"对话框，弹出提示信息，如图 2-5-30 所示。

（7）单击"Yes"按钮，不需要为连接器添加地引脚。为连接器建立一个 IBIS 器件模型，这个特殊的连接器模型没有考虑引脚间的耦合。为其他 3 个连接器也分配新建的模型，如图 2-5-31 所示。

（8）单击"OK"按钮，关闭"Signal Model Assignment"对话框，弹出"SigNoise Errors/Warnings"对话框和"Signal Model Assignment Changes"对话框。"SigNoise Errors/

Warnings"对话框显示从 Package 模型引用的缓冲模型是否缺少。这些模型和将要分析的网络无关，不需要现在添加它们。"Signal Model Assignment Changes"对话框显示所有新分配的信号模型。注意到 IC 的 PINUSE 属性已经依照信号模型正确地分配给了器件。

图 2-5-30　提示信息　　　　图 2-5-31　"Signal Model Assignment"对话框设置

（9）关闭"SigNoise Errors/Warnings"对话框和"Signal Model Assignment Changes"对话框。

5）为元器件自动分配模型

（1）再次打开"Signal Model Assignment"对话框，单击"Auto Setup"按钮，为元器件自动分配模型，如图 2-5-32 所示。Device Type 名称与信号模型名称匹配才可以自动分配模型。

（2）单击"OK"按钮，弹出"Signal Model Assignment Changes"和"SigNoise Errors/Warnings"对话框，提示有些元器件缺少模型，这些模型和将要分析的网络无关。不需要现在添加它们，关闭这两个对话框，返回"Signal Model Assignment"对话框。

仿真器使用器件模型为设计中的网络建立电路仿真模型。这意味着必须为设计中每个仿真的元器件分配一个器件模型，信号模型如图 2-5-33 所示。

4．引脚类型设置

（1）执行菜单命令"Logic"→"Pin Type..."，如图 2-5-34 所示，弹出"Logic-Pin Type"对话框，如图 2-5-35 所示。

在进行"Logic-Pin Type"设置前，应该在 SI Design Setup 中设置好元器件的类别。确定哪一个元器件是连接器（Connectors），哪一个元器件是分立元件（Discretes）。

图 2-5-32 为元器件自动分配模型

图 2-5-33 信号模型

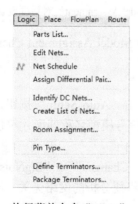

图 2-5-34 执行菜单命令 "Logic" → "Pin Type..."

图 2-5-35 "Logic-Pin Type" 对话框

☺ 器件类（Device Class）

  ✧ IC 是能分配 IBIS 模型的有源元器件。

    ➡ 每个引脚的 PINUSE 必须是 IN、OUT、BI、NC、GROUND、POWER、OCA、OCL。

  ✧ DISCRETE 是无源元件（电阻、电容、电导）。

    ➡ 每个引脚的 PINUSE 必须是 UNSPEC。

  ✧ IO=INPUT/OUTPUT。

    ➡ 每个引脚的 PINUSE 必须是 UNSPEC。

☺ PINUSE。

◇ PCB SI 使用 PINUSE 来确定 SigXplorer/SigNoise 仿真的缓冲器类型。

➥ Input、Output、Bidirectional、UNSPEC、Power、Ground。

◇ 对于 IO 和 DISCRETE 器件的 PINUSE 必须是 UNSPEC。

➥ 都是无源器件。

◇ 其他方式的提取和分析将失败。

◇ 当模板被选定时，拓扑图和设计的 PINUSE 必须匹配。

PCB SI 使用 Device Class 来确定元器件类型。IC 的类指定为有源元件，比如驱动器或接收器。DISCRETE 的类指定为无源元件，如电阻、电感和电容。IO 的类指定为输入或输出器件，如连接器。

对于仿真，处理这些信息是很重要的。当执行仿真时 PCB SI 使用 PINUSE 属性值。例如，如果不小心把电阻 PINUSE 属性分配为 OUT，PCB SI 会假定电阻是一个驱动元件并为电阻分配一个默认的信号模型。在电阻的 Allegro 器件文件创建过程中，Device Class 分配不正确，上述错误就可能发生。

PCB SI 使用仿真模型中的这些信息更新数据库中的 PINUSE 信息。PINUSE 使用时仿真模型通常比 Allegro 的器件文件更准确。对 PINUSE 和 CLASS 所做的变化仅仅在当前电路板数据库中更改，最初的 Allegro 符号没有改变。

（2）"Selection Area" 对话框如图 2-5-36 所示。

图 2-5-36　"Selection Area" 对话框

（3）在 "Selection Area" 对话框 "Refdes Filter" 后的文本框中输入 "CON3" 并按下 "Tab" 键，单击将过滤出元件 CON3，注意到 CON3 出现在 "Pin Type Assignment" 列表框中，如图 2-5-37 所示。单击 "All➝" 按钮，左侧列表中的引脚出现在右侧列表框中，如图 2-5-38 所示。

（4）在 "Selection Area" 对话框 "Refdes Filter" 后的文本框中输入 "XU1" 并按下 "Tab" 键，单击将过滤出元件 XU1，注意到 XU1 出现在 "Pin Type Assignment" 列表框中，如图 2-5-39 所示。单击 "All➝" 按钮，左侧列表中的引脚出现在右侧列表框中，如图 2-5-40 所示。

（5）通过设置 "New Pin Type" 中的类型，就可以对引脚类型进行重新设置。将所选引脚类型设置为 UNSPEC，如图 2-5-41 所示。

（6）单击 "OK" 按钮，保存修改。

5．SI 设计检查

SI Design Audit 功能允许确认一个特殊的网络或者一群网络是否能够被提取来分析。

图 2-5-37　过滤 CON3

图 2-5-38　"Logic-Pin Type"对话框

图 2-5-39　过滤 XU1

图 2-5-40　"Logic-Pin Type"对话框

图 2-5-41　设置引脚类型

（1）执行菜单命令"Setup"→"SI Design Audit..."，如图 2-5-42 所示，弹出"SI Design Audit"对话框，如图 2-5-43 所示。

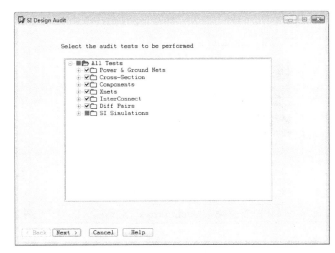

图 2-5-42 执行菜单命令"Setup"　　　　图 2-5-43 "SI Design Audit"对话框
　　　　→"SI Design Audit..."

（2）单击"Next"按钮，进行网络的诊断，如图 2-5-44 所示。

（3）在"Select Xnets and nets that are to be audited"对话框"Xnet Filter"后的文本框中输入"DDR_DS0*"并按下"Tab"键，打开 Dsn VER1 文件，注意到 DDR_DS0 出现在 Dsn VER1 列表框中，并将其选中，如图 2-5-45 所示。

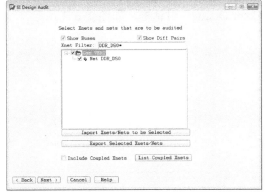

图 2-5-44 执行网络的诊断　　　　　　　图 2-5-45 选择 DDR_DS0

（4）单击"Next"按钮，弹出"Audit Errors"对话框，如图 2-5-46 所示。

（5）单击"Report"按钮，弹出"SI Audit Errors Report"对话框，如图 2-5-47 所示。这个报告显示选择的网络出现的详细问题。在进行信号完整性分析前，必须按照所诊断出的错误进行修改，直至问题全部解决。

（6）关闭"SI Audit Errors Report"对话框。单击"Finish"按钮，关闭"SI Design

Audit" 对话框。执行菜单命令 "File" → "Save As"，将文件保存于 D:\physical\PCB_ver1 目录，文件名为 hidesign。

图 2-5-46 "Audit Errors" 对话框

图 2-5-47 "SI Audit Errors Report" 对话框

2.6 基本的 PCB SI 功能

【本节目的】 学习摆放某一网络内的元器件。

【使用工具】 Allegro PCB SI XL。

【使用文件】 physical\PCB_ver1\hidesign。

1. 设置显示内容

（1）启动 Allegro PCB SI XL，执行菜单命令 "Display" → "Color/Visibility…"，打开 "Color Dialog" 对话框，如图 2-6-1 所示。

图 2-6-1 "Color Dialog" 对话框

（2）在 "Color Dialog" 对话框左侧窗口选择 "Geometry" 栏下的 "Board geometry"，在更新的界面中，选中 "Outline" 复选框，打开板框的显示，从 "Color Dialog" 对话框的

"Color"部分选择一个颜色，在"Color Dialog"对话框中单击"Outline"旁边的颜色框。

（3）单击"OK"按钮，关闭"Color Dialog"对话框。

2．显示网络飞线

（1）执行菜单命令"Display"→"Ratsnest…"，弹出"Display-Ratsnest"对话框，如图 2-6-2 所示。

（2）在"Selection Area"区域的"Select By"部分选中"Net"，在"Net Filter"栏中输入"DDR_DS*"，按"Tab"键，所有以"DDR_DS"开头的网络都显示在"Display-Ratsnest"对话框的列表框中，如图 2-6-3 所示。

图 2-6-2　"Display-Ratsnest"对话框　　　图 2-6-3　选择要显示飞线的网络

（3）选中"Display-Ratsnest"窗口底部的"Show"单选按钮，单击"Select All"按钮，所有以"DDR_DS"开头的网络都显示为单个的飞线，如图 2-6-4 所示。

图 2-6-4　显示飞线

（4）选中"Display-Ratsnest"对话框底部的"Hide"单选按钮，单击"Select All"按钮，隐藏飞线，如图 2-6-5 所示。

（5）选中"Display-Ratsnest"对话框底部的"Show"单选按钮，在列表框中选择"DDR_DS0"和"DDR_DS0 (Xnet)"，仅显示 DDR_DS0 网络的飞线，如图 2-6-6 所示。

（6）在"Display-Ratsnest"对话框中单击"OK"按钮。

图 2-6-5　隐藏飞线

图 2-6-6　仅显示 DDR_DS0 网络的飞线

3．确定 DDR_DS0 网络的元器件

（1）在 Allegro PCB SI XL 中执行菜单命令"Display"→"Element"，在控制面板的"Find"页面仅选择"Nets"，如图 2-6-7 所示。

（2）单击显示的飞线，弹出"Show Element"对话框，显示关于网络 DDR_DS0 的信息，如图 2-6-8 所示。在"Show Element"对话框中列出了网络名和网络是否定义为总线的部分，还有与这个网络有关的电气和物理规则的名称，etch、path 和 manhattan 长度。etch长度为零，是因为网络没有被布线。引脚间的连接被列出，每个引脚都显示引脚类型和分配的 SigNoise 模型。引脚类型和"PINUSE"属性不同名。SigNoise 模型和信号模型等价。网络连接的元器件是 R238、XU1、R97 和 U7。

（3）关闭"Show Element"对话框。

（4）在编辑窗口单击鼠标右键，从弹出的快捷菜单中选择"Done"。

4．摆放元器件于板框内

（1）执行菜单命令"Edit"→"Move"，在控制面板的"Find"页面和"Find By Name"栏选择"Symbol（or Pin）"，在下面的文本框中输入"R238"，按"Enter"键，在命令窗口输入"x 6820 5475"，按"Enter"键，摆放电阻 R238，如图 2-6-9 所示。

图 2-6-7　"Find"页面设置　　　　　图 2-6-8　DDR_DS0 网络的信息

图 2-6-9　摆放电阻 R238

（2）在"Find"页面下面的文本框中输入"R97"，按"Enter"键，在命令窗口输入"x 7725 5525"，按"Enter"键，摆放电阻 R97，如图 2-6-10 所示。

图 2-6-10　摆放电阻 R97

（3）单击鼠标右键，在弹出的快捷菜单中选择"Done"，完成元器件的摆放，如图 2-6-11 所示。

图 2-6-11　元器件的摆放

（4）执行菜单命令"File"→"Save As"，将文件保存在 E:\PISI-example\AllegroSI\ physical\PCB_ver1 目录，文件名为"hidesign2.brd"。

（5）执行菜单命令"File"→"Exit"，退出 PCB SI。

 思考与练习

（1）IBIS 模型与 SPICE 模型有何区别？

（2）如何对 IBIS 模型进行语法检测并将其转换为 DML 模型？

（3）PCB 设置包括几个方面？

第3章 约束驱动布局

 学习目标

　　本章主要学习提取和建立电路拓扑结构，通过执行反射仿真和串扰仿真，根据仿真结果建立电气约束规则，完成 PCB 的预布局。通过本章的学习，应该掌握以下内容：创建总线；提取预布局拓扑结构，并执行反射仿真；运行参数扫描；建立拓扑结构，并执行串扰仿真；建立电气约束规则，完成预布局。

3.1　相关概念

　　【上升/下降时间（Rise/Fall Time）】　信号从低电平跳变为高电平所需要的时间，通常是量度上升/下降沿在 10%～90% 电压幅值之间的持续时间，记为 T_r。

　　【截止频率（Knee Frequency）】　这是表征数字电路中集中了大部分能量的频率范围（$0.5/T_r$），记为 f_{knee}，一般认为超过这个频率的能量对数字信号的传输没有任何影响。

　　【特征阻抗（Characteristic Impedance）】　交流信号在传输线上传播中的每一步遇到不变的瞬间阻抗称为特征阻抗，也称为浪涌阻抗，记为 Z_0。可以用传输线上输入电压对输入电流的比率值（U/I）来表示。

　　【传输延迟（Propagation Delay）】　指信号在传输线上的传播延时，与线长和信号传播速度有关，记为 t_{PD}。

　　【微带线（Micro-Strip）】　指只有一边存在参考平面的传输线。

　　【带状线（Strip-Line）】　指两边都有参考平面的传输线。

　　【反射（Reflection）】　指由于阻抗不匹配而造成的信号能量的不完全吸收，反射的程度可以用反射系数 ρ 表示。

　　【过冲/下冲（Over Shoot/Under Shoot）】　过冲就是指接收信号的第一个峰值或谷值超过设定电压——对于上升沿是指第一个峰值超过最高电压；对于下降沿是指第一个谷值超过最低电压，而下冲就是指第二个谷值或峰值。

　　【振荡】　在一个时钟周期中，反复出现过冲和下冲，就称为振荡。振荡根据表现形式可分为振铃（Ringing）和环绕振荡。振铃为欠阻尼振荡，而环绕振荡为过阻尼振荡。

　　【匹配（Termination）】　指为了消除反射而通过添加电阻或电容元件来达到阻抗一致的效果。因为通常在源端或终端采用，所以也称为端接。

【**串扰**】 指当信号在传输线上传播时，因电磁耦合对相邻的传输线产生的不期望的电压噪声干扰，这种干扰是由于传输线之间的互感和互容引起的。

【**信号回流（Return Current）**】 指伴随信号传播的返回电流。

【**前向串扰（Forward Crosstalk）**】 指干扰源对被干扰源的接收端产生的第一次干扰，也称为远端干扰（Far-end Crosstalk）。

【**后向串扰（Backward Crosstalk）**】 指干扰源对被干扰源的发送端产生的第一次干扰，也称为近端干扰（Near-end Crosstalk）。

【**建立时间（Setup Time）**】 就是接收器件需要数据提前于时钟沿稳定存在于输入端的时间。

【**保持时间（Hold Time）**】 为了成功锁存一个信号到接收端，器件必须要求数据信号在被时钟沿触发后继续保持一段时间，以确保数据被正确操作。这个最小的时间即为保持时间。

【**飞行时间（Flight Time）**】 指信号从驱动端传输到接收端，并达到一定的电平之间的延时，与传输延迟和上升时间有关。

【T_{CO}】 是指信号在器件内部的所有延迟总和，一般包括逻辑延迟和缓冲延迟。

【**缓冲延迟（Buffer Delay）**】 指信号经过缓冲器达到有效的电压输出所需要的时间。

【**时钟抖动（Jitter）**】 是指两个时钟周期之间存在的差值，这个误差是在时钟发生器内部产生的，与后期布线没有关系。

【**时钟偏移（Skew）**】 是指由同样的时钟产生的多个子时钟信号之间的延时差异。

【**假时钟**】指时钟越过阈值（Threshold）无意识地改变了状态（有时在 VIL 或 VIH 之间）。通常由于过分的下冲（Undershoot）或串扰（Crosstalk）引起。

【**同步开关噪声（Simultaneous Switch Noise）**】 指当器件处于开关状态，产生瞬间变化的电流（di/dt），在经过回流途径上存在的电感时，形成交流压降，从而引起噪声，简称 SSN，也称为 Δi 噪声。

3.2 信号的反射

当一个信号在一个媒介中向另外一个媒介传播时，由于媒介阻抗变化而导致信号在不同媒介交接处产生信号反射，导致部分信号能量不能通过交界处传输到另外的媒介中。情况严重时，还会引起信号不停地在媒介两端反射，随之就会产生一系列的信号完整性问题。由于在实际电路设计中不能完全保持信号在传输过程中在一条恒定阻抗的传输线上传输，如驱动端的阻抗较低，而接收端的阻抗较高，因此由反射现象引起的振铃、过冲、下冲、过阻尼、欠阻尼等信号完整性问题就成为高速设计中必须解决的问题。

1. 反射导致信号的失真问题

如果源端、负载端和传输线的阻抗不匹配将会引起线上信号的反射，即信号能量不能被负载完全接收而将其中一部分反射回源端。如果负载阻抗小于传输线阻抗，反射电压为负；反之，如果负载阻抗大于传输线阻抗，反射电压为正。在实际问题中，PCB 上传输线不规

则的几何形状、不正确的信号匹配、经过连接器的传输及电源平面的不连续等因素均会导致
反射情况的发生，而表现出诸如过冲/下冲及振荡等信号失真的现象。

2．过冲和下冲

图 3-2-1（a）所示的是一个 DDR 内存地址线的仿真波形，从中可以看到接收端的信号
存在一定的反射，这就是经常说的过冲/下冲现象；如果过冲过大，就可能会大大降低噪声
裕量，甚至会损坏器件，如图 3-2-1（b）所示。

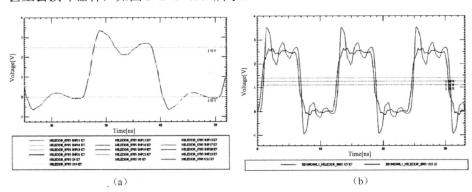

（a）　　　　　　　　　　　　　　　　（b）

图 3-2-1　过冲和下冲

从定义上来说，过冲就是指接收信号的第一个峰值或谷值超过设定电压——对于上升沿
是指第一个峰值超过最高电压；对于下降沿是指第一个谷值超过最低电压。过大的过冲将会
损坏元器件中的保护二极管，导致其过早失效。而下冲，就是指第二个谷值或峰值，严重时
将可能产生假时钟信号，导致系统的误读/写操作。

如果过冲过大，可以采用适当的端接技术使源/终端达到匹配，经过匹配前、后电路的
仿真波形如图 3-2-2 所示。

（a）匹配前　　　　　　　　　　　　　　（b）匹配后

图 3-2-2　经过匹配前、后电路的仿真波形

从图 3-2-2 中的仿真波形可以看出，本来的电路中并没有进行匹配，结果信号存在严重
的过冲，当接入终端匹配电阻后，波形就十分完美了。

3．振荡

振荡现象也是反射引起的症状之一，图 3-2-3 所示的波形就是一个存在明显振荡的例子。

振荡和过冲在本质上是相同的，在一个时钟周期中，反复出现过冲和下冲，就称为振荡。振荡是电路中因为反射而产生的多余能量无法被及时吸收的结果。振荡根据表现形式可分为振铃和环绕振荡。振铃为欠阻尼振荡，而环绕振荡为过阻尼振荡。

在任何设计中都不可能做到很完美的匹配，因而振荡现象是每个电路设计者都会遇到的事情，它可以通过适当的端接来尽量减小，但是不可能完全消除。

如果振荡幅度过大，将会导致信号在逻辑电平门限附近来回跳跃，这样就会导致逻辑功能的紊乱。实际布线时，对于不同的布线长度，一定要考虑反射的影响。一般对于短距离的布线，可以不加匹配电阻，其振荡现象不是很严重，如图 3-2-4 所示；但当布线长度过长，造成严重的波形失真时（见图 3-2-5），就必须考虑如何匹配的问题。从图 3-2-6 中很明显地看出，在加了串联电阻匹配后，信号非常稳定。除了串联电阻匹配的方式外，还有终端并联电阻匹配的方式。

图 3-2-3　振荡波形

图 3-2-4　短距离布线信号的波形

图 3-2-5　长距离布线信号的波形

图 3-2-6　串联电阻匹配后信号的波形

4．反射的抑制和匹配

由上面的分析可以看到，信号的反射是由于传输线和负载的阻抗不匹配造成的，因此减小和消除反射的方法是根据传输线的特性阻抗在其发送端或接收端采取一定的匹配，从而使源端反射系数或负载端反射系数为零来达到抑制反射的作用。

传输线的匹配通常采用以下两种策略：

☺ 使负载阻抗与传输线阻抗匹配，即并行端接；

☺ 使源阻抗与传输线阻抗匹配，即串行端接。

理论上说，如果负载反射系数或源反射系数二者任一为零，反射将被消除。在实际应用中，要根据具体情况来选择串行匹配或并行匹配，有时也会同时采用两种匹配形式。不过一般情况下，很少会让源端和终端都保持完全的匹配，因为这种情况下，接收端将无法靠反射来达到足够的电压幅值。并行匹配还包含多种形式，以下就简要介绍一下各种匹配方式及其优缺点。

1）串行匹配　串行端接是通过在尽量靠近源端的位置（防止电源和电阻之间形成局部反射）串行插入一个电阻 R_S。这种串行端接的原理是消除从负载端反射回来的电压，阻止传输线的二次反射，见图 3-2-7。

根据反射系数公式：$\rho = \dfrac{Z_1 - Z_0}{Z_1 + Z_0}$，串联电阻和驱动端的阻值之和应等于传输线的阻抗，且串联电阻越靠近驱动端越好，以免驱动器和电阻之间的传输线又造成信号的反射。从图 3-2-8 可以看到，在信号没有到达终端前，传输线上的传输电压只有正常高电位的 1/2，接收端靠反射现象达到了满电平（终端近似看作正相全反射）。

图 3-2-7　串行端接　　　　图 3-2-8　串行匹配的电压传播示意图

总结下来，串联电阻匹配有以下 4 个优点。

☺ 实现简单，一般只需在电路中加一个电阻，节省了 PCB 的空间。

☺ 这种形式的匹配不增加任何直流负载，不增加电源消耗。

☺ 当驱动高容性负载时可提供限流作用，这种限流作用可以帮助减小地弹噪声。

☺ 不增加对地的阻抗。

同时，串行匹配也存在如下若干问题。

☺ 由于驱动端的输出阻抗可能随着输出状态、电源电压、频率、温度等诸多因素的影响而改变，设计者很难精准地调节串联电阻的最佳匹配值。

☺ 当信号逻辑转换时，由于 R_S 的分压作用，在源端会出现半波幅度的信号，这种半波幅度的信号沿传输线传播至负载端，又从负载端反射回源端，持续时间为 $2T_p$（T_p 为信号源端到终端的传输线延迟），这意味着沿传输线不能加入其他信号接收端，因为在上述 $2T_p$ 时间内会出现不正确的逻辑态（如果存在多个负载，一定要让这些负载尽量靠近）。同时，在这种情况下，串联电阻不能消除多个负载之间的反射。

☺ 增加了 RC 时间常数从而减缓了负载端信号的上升时间，因而不适用于很高速的信号传输。

鉴于以上的讨论，可以得出结论：串联电阻匹配一般适用于单个负载的情况，有时也用于星形连接的多接收端。

2）并行匹配　并行端接的主要原理是在传输线的末端并联 Z_0 大小的电阻元件，使终端负载的等效阻抗和传输线的特性阻抗接近，以达到抑制反射的效果。根据不同的应用环境和效果，并行端接一般可分为以下 5 种类型。

图 3-2-9　单电阻并行端接

（1）单电阻并行端接：这种端接方式是靠近终端负载使用一个并联的接地电阻，如图 3-2-9 所示。

选取的电阻值等于传输线的阻抗，且越靠近终端越好。与串联电阻一样，它是一种比较简单的单电阻匹配形式，它给电路带来的延时为 $Z_0C/2$。与串联电阻匹配相比，它没有过多地降低电路的上升速度，而且它能快速地让突变的开关电流通过，因此更适合于高速的情况。

同样，并行匹配也存在如下一些缺点。

☺ 与串联电阻相比，终端电阻上消耗了更多的能量。

☺ 增加了直流负载，驱动端要提供额外的直流电流给终端电阻。

☺ 终端匹配电阻接地会造成下降沿过快（接电源上升沿变快），这样会导致波形的占空比不平衡。

☺ 它降低了高输出时的电平值。

（2）戴维南（Thevenin）并行端接：考虑到使用单个的并联电阻匹配会导致占空比的失调，还有一种比较流行的并行匹配方式——戴维南匹配，如图 3-2-10 所示。

图 3-2-10　戴维南匹配

这种终端匹配方式使用了两个电阻，一个接地，另一个接电源。电阻 R_1 和 R_2 的阻值满足关系式：$Z_0 = \dfrac{R_1R_2}{R_1+R_2}$。戴维南匹配综合了使用上拉/下拉电阻匹配的优势，弥补了它们的不足。例如，它平衡了输出的高低电平，提高了电路的扇出能力，降低了因为占空比失调引起的能量消耗。但它也存在一个很大的问题，就是静态时的直流功耗太大了，所以一般在 TTL 和 CMOS 电路中不大采用。另外，与前几种匹配形式相比，戴维南匹配要使用的器件也较多。

（3）主动并行端接：在此端接策略中，端接电阻 R_r（$R_r = Z_0$）将负载端信号拉至一偏置电压 U_{BUS}，如图 3-2-11 所示。U_{BUS} 的选择依据是使输出驱动源能够对高/低电平信号有汲取电流能力。这种端接方式需要一个具有吸、灌电流能力的独立的电压源来满足输出电压的跳变速度的要求。这种端接方式也会带来一定的直流消耗，当偏置电压 U_{BUS} 为正电压，

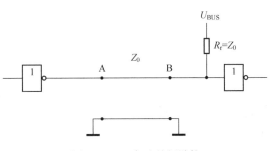

图 3-2-11 主动并行端接

输入为逻辑低电平时有直流功率损耗；同样，当偏置电压 U_{BUS} 为负电压，输入为逻辑高电平时有直流功率损耗。总的来说，这种匹配还不够完善，而且还需要提供交流源，在高频下，交流源的高低变化会给传输线造成串扰和 EMI 影响。

（4）并行交流端接：上面介绍的几种终端匹配形式不可避免地有较多的电源消耗。图 3-2-12 所示的并行交流端接则可以有效地解决这一问题。

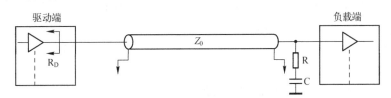

图 3-2-12 并行交流端接

并行交流端接结合了电阻和电容的作用，在匹配终端的同时，阻止了直流的通过，降低了能量的损耗。不过，由于它增加了一个电容负载，会延长电路的上升时间。而且电容的值很难确定，大的电容能吸收较大的电流，但也增加了电源的损耗，但用太小的电容则会减弱终端匹配的效果，所以，电容值的选择要通过仿真来确定。一般情况下，电容的值为

$$C = 3T_r / Z_0$$

式中，T_r 代表信号上升时间，Z_0 为传输线的阻抗。

并行交流端接主要应用在多接收端的情况，时钟信号线也经常使用这种匹配形式。

（5）肖特基二极管端接（二极管并行端接）：在面包板和底板等线阻抗不好确定的情况下，使用肖特基二极管端接既方便又省时，见图 3-2-13。如果在系统调试时发现振铃问题，可以很容易地加入二极管来消除。因为二极管的单向传输性，首先可以保证负载电压值近似恒定于 $-U_f \sim U_{CC} + U_f$（U_f 为二极管的电压降）之间。这样就显著减小了信号的过冲

图 3-2-13 肖特基二极管端接

（正尖峰）和下冲（负尖峰）。在某些应用中也可只用一个二极管，二极管端接的优点在于，用二极管替换了需要电阻和电容元件的戴维南端接或 RC 端接，通过二极管钳位减小过冲与下冲，不需要进行线的阻抗匹配。尽管二极管的价格要高于电阻，但系统整体的布局、布线开销也许会减少，因为不再需要考虑精确控制传输线的阻抗匹配。二极管端接的缺点在于，由于二极管本身不消耗反射回来的振铃信号，而直接传给与其相连的电源或地，这就会在 U_{CC} 和 GND 上产生噪声；同时由于二极管的开关速度一般很难做到很快，因此对于较高速的系统不适用。

3.3 串扰分析

1. 串扰的基本概念

串扰是指当信号在传输线上传播时，因电磁耦合对相邻的传输线产生的不期望的电压噪声干扰。这种干扰是由于两条信号线之间的互感耦合和互容耦合引起的，容性耦合引发耦合电流，而感性耦合则引发耦合电压。容性耦合是由于干扰源上的电压变化在被干扰对象上引起感应电流从而导致的电磁干扰，而感性耦合则是由于干扰源上的电流变化产生的磁场在被干扰对象上引起感应电压从而导致的电磁干扰。因此，信号在通过一个导体时，会在相邻的导体上引起两类不同的噪声信号，即容性耦合信号和感性耦合信号，统称为串扰。

在理解串扰之前，首先要了解高频信号的回流情况。这是分析串扰等一系列信号完整性问题的一个重要基础。高频下回流和低频下回流会使电路的信号发生两种完全不同的影响，那么在低频下回流和在高频下回流有什么不同呢？从图 3-3-1 中可以看出，在低频情况下，电流沿电阻最小的路径流回，而在高频情况下，电流是沿着电感最小的回路流回的，也是阻抗最小的路径，表现为回路电流集中分布在信号布线的正下方。高频下，当一根信号布线直接在接地层上布置时，即使存在更短的回路，回路电流也要沿着信号路径下方的参考平面层流回信号源，这条路径必须具有回流电流所能通过的最小阻抗，即电感最小和电容最大（$Z = \sqrt{L/C}$）。这种靠大电容耦合抑制电场、靠小电感耦合抑制磁场来维持低电抗的方法称为自屏蔽。每个回流信号将产生一个磁场，如果同时有很多传输线在传输，那么它们产生的回流区域将叠加从而产生区域性的磁场，这些磁场将对其场强范围内的传输线产生感应电压，这样，就会对这些传输线的信号产生噪声影响，造成传输信号的失真。由于参考平面的感应电压引起的串扰大小和回流区域叠加的数量成正比例关系，具体地说，其大小和信号线之间的距离 D、地平面的高度 H 及系数 k 有关，如图 3-3-2 所示。

$$\text{crosstalk} = \frac{k}{1+(D/H)^2}$$

式中，k 与信号的上升时间及相互干扰的信号线的长度有关。

（a）低频下回流路径　　　　　（b）高频下回流路径

图 3-3-1　高、低频下的回流特性

图 3-3-2　参考平面上的串扰（crosstalk）

所以，从这个角度来说，尽量减少这些回流区域的叠加，从而减小传输线之间的互感，这对于抑制串扰是一个很好的想法。当然，串扰的产生是一个很复杂的过程，本书在下面将会有较为详细的阐述。

注意　本章提到的传输线的长度如果没有特殊说明，均指平行的耦合长度。

2．前向串扰和后向串扰

串扰可以分为前向串扰和后向串扰。下面分别从感性耦合和容性耦合两方面来具体分析一下串扰的本质。

两根平行线在高频下可以等效成图 3-3-3 所示的串扰分析示意图。被干扰系统的终端 D 称为远端，信号输入端 C 称为近端。因为终端的接收负载主要受前向串扰影响，所以有时也称前向串扰为远端串扰（Far-end Crosstalk）；同样，后向串扰也被称为近端串扰（Near-end Crosstalk）。

首先分析一下由于感性耦合而引起的串扰。

当传输线 A-B 上有一个低电平到高电平的信号从 A 传向 B 时，由于电压（电流）的变化将产生一个磁场，传输线 C-D 将包括在这个磁场里面，变化的磁场也会使传输线 C-D 产生感应电流，其中产生的互感系数为

$$L_{\mathrm{m}} = L\frac{\mathrm{d}i}{\mathrm{d}t}$$

图 3-3-3　串扰分析示意图

　　微观分析干扰信号由 A 向 B 方向传输时，在被干扰源传输线 C-D 上将产生一对感应电流。如果把这个感应电流考虑为分别向 C 和 D 两个方向传播，则把朝近端 C 方向的串扰称为后向串扰，另外一个向着远端 D 传播的串扰称为前向串扰，它们的大小相等、极性相反。感性耦合产生的串扰可以形象地由图 3-3-4 表示，在干扰信号传输的每个点，它产生的向后的电流是分不同的时间到达 C 的，而由于信号本身的传播方向与前向串扰方向一致，所以每一点的前向串扰将在同一时间到达 D。因此，前向串扰的波峰比后向串扰大，但后向串扰的持续时间长（持续 $2T_p$，T_p 为传输线的延时）。由于前向串扰是纵向叠加，后向串扰是横向叠加，而每个叠加量是相等的，所以后向串扰和前向串扰在 U-T 图上包含的面积是相等的。在一定的传输线长度范围内，如果增加线长，前向串扰的波峰将增大，但串扰持续的时间不变，而后向串扰的波峰不变，波峰保持时间将变大。图 3-3-5 所示为感性串扰的时序图。

图 3-3-4　感性串扰的分析图

图 3-3-5　感性串扰的时序图

　　下面再来探讨一下由容性耦合引起的串扰。

　　当一个电压经过图 3-3-3 所示的分布电容时，从微分的观点来看，也会在另一条传输线上产生两个极性相同的小脉冲电压，分别向近端和远端传输，和感性耦合引起的串扰一样，到达远端的部分是同一时间，由于叠加的结果，将产生一个波峰较高的脉冲电压，而朝近端的方向，由于到达的时间有所不同，因此将产生一个持续的波峰电压，持续时间为 $2T_p$。它们作用的结果时序如图 3-3-6 所示。同样，两个波形的面积是一样的，且容性耦合造成的前向和后向串扰的极性是相同的。

再把感性和容性的串扰综合起来考虑。在较好的情况下，即两条信号布线具有完美的参考平面，并处于均匀的介质当中，如带状传输线，这时，感性耦合和容性耦合所产生的前向串扰的大小相等、极性相反，正好相互抵消，而后向串扰则表现为相同极性，就是两种感应产生串扰电流（电压）的叠加。所以，此时关注更多的是后向串扰的影响。但对于非理想的地平面或微带传输

图 3-3-6　容性串扰的时序分析

线，由于互感的增加或介质的不均匀，造成感性耦合的影响要大于容性耦合的影响，从而使得前向串扰不能完全抵消。例如，在遇到参考平面开槽或有沟壑时，感性耦合产生的串扰就比容性产生的大很多，前向串扰呈负极性，串扰电压的波峰值可能要比后向串扰大得多。此时，前向串扰给电路带来的影响是巨大的，所以在高速 PCB 设计中，设计者要尽量避免这些情况的出现。

3．后向串扰的反射

在前面的讨论中，都没有考虑到反射的情况，在串扰到达 C、D 两端后都假设它消失了。但是在实际情况中，源端和终端往往都没有得到完美的匹配，这会造成串扰反射的复杂情况。这里举一个后向串扰在源端全反射的例子。

假设图 3-3-7 中，驱动端 C 的输出阻抗很小，则反射系数近似考虑为-1，也就是说，在 C 端，干扰源 AB 产生的后向串扰将以大小相同，但极性完全相反的发射波向 D 传输过去。如图 3-3-7 所示，$3T_p$ 时刻时（T_p 是传输线的延时），D 端将接收到后向串扰的发射波。因此，适当的源端匹配也有利于降低串扰对信号质量的影响。

图 3-3-7　后向串扰在源端的反射

3.4　时序分析

1．时序信号简介

根据芯片间信号传递方式的不同，信号类型可分为同步和异步两种。同步信号是通过时

钟来同步数据传输的，有严格的时序关系，时序仿真主要针对的就是同步信号。根据时钟传递方式的不同，同步信号可以分为外同步、内同步和源同步。

异步信号没有时钟作为基准，而且工作频率较低，时序容易满足，一般不需要时序仿真，主要关注信号质量，如单调性、过冲和噪声容限。但异步信号的各个信号间也是有时序关系的，如片选、读写、地址和数据等，可以确定一个合适的信号作为基准，用相同的方法进行时序仿真。同步信号中的时钟信号本身实际上也是异步信号。

时序仿真的目的是通过电路原理、元器件手册来获得一个最坏情况（Worst Case）下的时序最大可用空间，并通过 Cadence 仿真软件计算出在满足这个条件下的元器件布局、布线约束。

外同步、内同步和源同步的差别在于时钟和数据的相对关系上。本节根据 3 种信号类型的原理图来说明时序计算方法。

在 slow 和 fast 两种状态下，仿真结果应满足以下条件。

☺ slow：$T_{settle} < T_{flight\_time\_max}$。

☺ fast：$T_{switch} > T_{flight\_time\_min}$。

✧ T_{settle}：建立时间就是振荡的信号稳定到指定的最终值所需要的时间。

✧ T_{switch}：开关时间。

✧ $T_{flight\_time\_min}$ 和 $T_{flight\_time\_max}$：信号从缓冲器出来后，就要经过传输线到接收终端，信号在传输线上的传输延时称为传播延迟（Propagation Delay），它仅与信号的传播速度和线长有关。然而在大多数时序设计中，最关键的并不是传播延迟这个参数，而是飞行时间（Flight Time）参数，包括最大飞行时间（Max Flight Time）$T_{flight\_time\_max}$ 和最小飞行时间（Min Flight Time）$T_{flight\_time\_min}$。飞行时间包含了传播延迟和信号上升沿变化这两部分因素。

在较轻的负载（如单负载）情况下，驱动端的上升沿几乎和接收端的信号的上升沿平行，此时平均飞行时间和传播延迟相差不大；但若在重负载（如多负载）的情况下，接收信号的上升沿明显变缓，此时平均飞行时间就会远远大于信号的传播延迟。这里说的平均飞行时间是指驱动端波形的 U_{meas} 到接收端波形 U_{meas} 之间的延时，这个参数只能用于时序的估算，准确的时序分析一定要通过仿真测量最大/最小飞行时间来计算。

上面只是对信号上升沿的分析。对于下降沿来说，同样存在着最大/最小飞行时间的参数。在时序计算时实际取的最大飞行时间是在上升沿和下降沿中取最长的那个飞行时间，而最小飞行时间则是取上升沿和下降沿中最短的那个飞行时间。

在上面两个不等式中，$T_{flight\_time\_max}$、$T_{flight\_time\_min}$ 是通过时序计算得到的，如图 3-4-1 所示；而 T_{settle}、T_{switch} 是通过时序仿真软件得到的，如图 3-4-2 所示。

对于速度很高的网络或复杂拓扑，有时会难以同时满足 slow 条件和 fast 条件，此时应保证满足 slow 条件，fast 条件可适当放宽。

1）外同步　外同步是指数据在两个芯片间传输时，同步时钟不是由发送数据或接收数据的芯片提供的，而是由另一块芯片提供的，一般有独立的时钟驱动器。外同步方式时序分析的要点是用发送数据时钟的下一个时钟来接收数据。这种拓扑结构的应用场合非常多，如

FPGA 的外接存储器 SSRAM，外同步原理图如图 3-4-3 所示。图 3-4-4 所示是外同步时序示意图。

图 3-4-1　$T_{\text{flight\_time}}$ 示意图　　　　　　图 3-4-2　T_{switch} 和 T_{settle} 的定义示意图

图 3-4-3　外同步原理图　　　　　　　图 3-4-4　外同步时序示意图

☺ slow：$T_{\text{flight\_time\_max}} + T_{\text{co\_max}} + T_{\text{setup}} + T_{\text{jitter}} + T_{\text{skew}} + T_{\text{margin\_slow}} = T_{\text{cycle}}$。

☺ fast：$T_{\text{flight\_time\_min}} + T_{\text{co\_min}} - T_{\text{skew}} - T_{\text{margin\_fast}} = T_{\text{hold}}$。

✧ T_{hold} 和 T_{setup}：信号经过传输线到达接收端后，就涉及建立时间和保持时间这两个时序参数，它们是接收器本身的特性，表征了时钟边沿触发时数据需要在锁存器的输入端持续的时间。通俗地说，时钟信号到来时，要求数据必须已经存在一段时间，这就是器件需要的建立时间（Setup Time）；而时钟边沿触发后，数据还必须要继续保持一段时间，以便能稳定地读取，这就是器件需要的保持时间（Hold Time）。如果数据信号在时钟沿触发前后持续的时间均超过建立时间和保持时间，那么超过量就分别被称为建立时间裕量和保持时间裕量。这与时钟周期无关，因此时钟抖动 T_{jitter} 对 T_{hold} 没有影响。

✧ T_{skew}：时钟偏移（skew）是指两个相同的系统时钟之间的偏移。它的表现形式是多种多样的，既包含了时钟驱动器的多个输出之间的偏移，也包含了由于 PCB 布线误差造成的接收端和驱动端时钟信号之间的偏移。时钟驱动器不同的使用方

法对 T_{skew} 影响很大。例如，由两个不同的时钟驱动器来提供时钟，那么 T_{skew} 可以达到 1ns；如果由同一个芯片的两个引脚来提供时钟，那么一般可以控制在 500ps 以内；进一步减小偏离可以使用同一个引脚来提供时钟，一般可以控制在 50ps 以内。时钟驱动器的引脚到引脚之间的偏离、芯片到芯片之间的偏离可以从时钟驱动器的数据手册上查到；时钟线 PCB 分叉产生的偏离可以通过时钟线仿真得到。

◇ T_{jitter}：所谓抖动（jitter），就是指两个时钟周期之间存在的差值，这个误差是在时钟发生器内部产生的，与晶体振荡器或 PLL 内部电路有关，布线对其没有影响。除此之外，还有一种由于周期内信号的占空比发生变化而引起的抖动，称为半周期抖动。总的来说，抖动可以认为是时钟信号本身在传输过程中的一些偶然和不定的变化总和。时钟驱动器的数据手册上可以查到时钟抖动。普通的时钟驱动器的抖动一般为 100～200ps。

◇ T_{co}：时钟触发开始到有效数据输出的器件内部所有延时的总和。

◇ T_{cycle}：时钟信号周期。

◇ T_{margin}：时间裕量。

◇ 工作频率越高，T_{setup} 越难满足，而 T_{hold} 与工作频率无关。

◇ 读、写两种状态的时序计算公式相同。对于双向信号，如果某一个方向的裕量大，可以通过时钟 PCB 布线等方法，将时钟调偏一点，前提是满足读、写两个方向的时序要求。

2）内同步　内同步是指时钟与数据同时在两个芯片间传输的信号类型，时钟由主芯片提供。内同步原理图如图 3-4-5 所示。这种同步方式最典型的代表就是 CPU 和 SDRAM 的连接，其中 CPU 为主芯片。图 3-4-6 所示是内同步时序示意图。内同步方式中，数据通过寄存器输出，时钟由缓冲器输出，时钟链路上的缓冲器相当于外时钟同步方式中的外部缓冲器，这样芯片内部数据链路上的缓冲器和时钟链路上的缓冲器正好匹配并抵消一部分的时序不确定性，减小 T_{co} 的范围，可以提高工作频率。例如，一般的 TTL 器件，采用外时钟同步方式 T_{co} 为 2～5ns，采用内时钟同步方式 T_{co} 为 3～4ns。

图 3-4-5　内同步原理图

图 3-4-6　内同步时序示意图

在图 3-4-5 中，CPU 的时钟、地址总线、控制总线、数据总线连接到 SDRAM，时钟是所有信号时序的基准，其他信号根据传输方向可分为如下两组。

☺ 时钟与信号同向，CPU 发出、SDRAM 接收，包括控制总线、地址总线、CPU 写 SDRAM 时的数据总线。

☺ 时钟与信号反向，SDRAM 发出、CPU 接收，包括 CPU 读 SDRAM 时的数据总线。

（1）时钟与信号同向，如图 3-4-7 所示。

☺ slow: $T_{\text{flight\_time\_max}} + T_{\text{co\_max}} + T_{\text{setup}} + T_{\text{jitter}} + T_{\text{margin\_slow}} = T_{\text{cycle}}$。

☺ fast: $T_{\text{flight\_time\_min}} + T_{\text{co\_min}} - T_{\text{margin\_fast}} - T_{\text{clk\_flight\_time\_fast}} = T_{\text{hold}}$。

（2）时钟与信号反向，如图 3-4-8 所示。

图 3-4-7　内同步时钟与信号同向　　　　图 3-4-8　内同步时钟与信号反向

☺ slow: $T_{\text{flight\_time\_max}} + T_{\text{co\_max}} + T_{\text{setup}} + T_{\text{jitter}} + T_{\text{margin\_slow}} + T_{\text{clk\_flight\_time\_slow}} = T_{\text{cycle}}$。

☺ fast: $T_{\text{flight\_time\_min}} + T_{\text{co\_min}} - T_{\text{margin\_fast}} + T_{\text{clk\_flight\_time\_fast}} = T_{\text{hold}}$。

在时钟与信号方向相反时，时钟时延产生的效应是使 SDRAM 输出数据的时间推后，CPU 接收数据的 T_{setup} 时间更短，而 T_{hold} 时间更宽裕，其效应正好和时钟与信号同向时相反。

内时钟同步方式中，通过调节 $T_{\text{clk\_flight\_time}}$，可以使时钟处于最佳位置。

（3）收/发时钟独立，如图 3-4-9 所示。

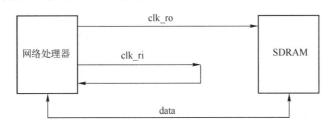

图 3-4-9　内同步收/发时钟独立

为满足数据时序要求，某些高速器件的收/发采用独立时钟，接收时钟 clk_ri 的 PCB 布线要求与 data 的 PCB 布线匹配。

☺ 在网络处理器向 SDRAM 写数据时，SDRAM 根据 clk_ro 存储数据 $T_{\text{clk\_flight\_time}} = T_{\text{clk\_flight\_time\_ro}}$。

☺ 在网络处理器从 SDRAM 读数据时，SDRAM 根据 clk_ro 发出数据，网络处理器根据 clk_ri 接收数据 $T_{\text{clk\_flight\_time}} = T_{\text{clk\_flight\_time\_ro}} - T_{\text{clk\_flight\_time\_ri}}$。

3）源同步　源同步方式是在发送数据信号的同时提供时钟信号或锁存信号。源同步和内同步从外端口看是一样的，但其内部结构并不相同。源同步方式中数据通过寄存器输出，时钟/锁存信号也通过寄存器输出，不过时钟/锁存信号寄存器的时钟是外部时钟的倍频，这样进一步抵消了不确定性，提高了工作频率。图 3-4-10 所示为源同步示意图。图 3-4-11 所示为源同步输出数据与时钟的相位关系图，时钟正好在数据的中间，这样的信号就称为源同步，不满足这种相位关系的就不是源同步。

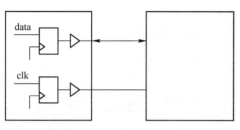

图 3-4-10　源同步示意图　　　　图 3-4-11　源同步输出数据与时钟的相位关系图

在内、外时钟同步方式中，时钟和数据的相位关系是不确定的，而在源同步中时钟可以跟着数据变，始终在数据中间，这时就没有 T_{co} 的概念，而是使用输出的 setup 和 hold 参数来表示时钟和数据的相位关系。

由于芯片输出时已经保证了 T_{setup} 和 T_{hold} 时间，那么设计时主要是要保证时钟到达接收端后，也满足接收芯片的 T_{setup} 和 T_{hold} 时间要求，发送和接收的两个采样窗口能匹配（最好在中间），那么时序就满足了。

首先定义一下方向，若 $T_{clk\_flight\_time} > T_{data\_flight\_time}$，则 $T_{clk\_data\_skew} = T_{clk\_flight\_time} - T_{data\_flight\_time}$ 为正，时序计算公式为

$$T_{setup\_out} - T_{setup\_in} + T_{clk\_data\_skew} = T_{hold\_out} - T_{hold\_in} - T_{clk\_data\_skew}$$

$$T_{clk\_data\_skew} = ((T_{hold\_out} - T_{hold\_in}) - (T_{setup\_out} - T_{setup\_in}))/2$$

通过调节时钟和数据之间的偏移量 $T_{clk\_data\_skew}$，可以将采样窗口正好落在数据中间。

说明　　$T_{clk\_data\_skew}$ 包括了从驱动端到接收端的总偏移量，包括所有的封装、接插件和任何会改变信号延时的因素，而不仅仅是由于 PCB 布线不等引起的时延差。

2．时序计算

在时序仿真中，时钟信号的 T_{flight} 是一个很重要的参数，需要通过仿真得到。时钟信号仿真方法和其他信号是相同的，但时钟信号与其他信号相比有其特殊性。对于时钟信号，从其本身来说是一种异步信号，主要关心的是信号完整性问题。但时钟信号又是其他信号的同步基准，在靠数据信号的延时控制无法满足时序的情况下，时钟信号的延时控制就非常重要，尤其是在源同步双向数据信号的传输中，这种现象比较多。

时钟信号的质量包含时钟抖动、时钟偏斜、单调性、上升/下降时间、噪声容限、过冲

和下冲。在时钟设计时，特别需要注意的一点是时钟信号在逻辑电平门限附近的多次穿越。信号在逻辑电平门限附近发生振荡，且噪声容限小的情况下，这种现象可能发生。在同步系统中数据发生这种现象时，可以通过调整采样窗口来躲避；而时钟信号是绝对不能出现这种现象的。

基于时钟信号的上述特点，仿真中应优先保证良好的单调性；其次是有较大的噪声容限，尽量抑制过冲和下冲。值得注意的是，时钟信号的上升时间和下降时间也应符合接收端器件的要求，这一点在仿真中经常会被忽略。

图 3-4-12 所示为时钟信号 T_{flight} 的测量方法。时钟信号一般来说只有一个阈值 U_{meas}，无 T_{switch} 和 T_{settle} 之分。在设置仿真模型的时候将 U_{il} 和 U_{ih} 的值设置为同一个值，即输入信号测量参考电压值 U_{meas}。

图 3-4-12　时钟信号 T_{flight} 的测量方法

本例中处理器 U_{15} 的引脚间距和芯片 U_{27} 的引脚间距在 3～6in 之间变化。理想情况下，想要这个拓扑应用到 Host 总线的所有位，必须确保这个拓扑工作在最近和最远的引脚连接。

处理器（U_{15}）和芯片（U_{27}）能够运行在快速和慢速模式。总线的每一位都有允许的过冲值。High Side 的过冲值设定为 200mV，Low Side 的过冲值设定为 -300mV。从元器件数据手册中得到的 U_{15} 和 U_{27} 的参数见表 3-4-1 和表 3-4-2。

表 3-4-1　设计要求的变量值

参　数	最　小　值	典　型　值	最　大　值
处理器速度（U_{15}）	fast	—	slow
芯片速度（U_{27}）	fast	—	slow
TL_1 阻抗/Ω	60	65	70
TL_1 速度/（mil/ns）	5400	5600	5800
TL_1 长度/mil	3000	4500	6000
TL_2 阻抗/Ω	60	65	70
TL_2 速度/（mil/ns）	5400	5600	5800
TL_2 长度/mil	0	—	2000
TL_3 阻抗/Ω	60	65	70
TL_3 速度/（mil/ns）	5400	5600	5800
TL_3 长度/mil	0	—	2000
RP_{54}/Ω	67	68	69
RP_{123}/Ω	67	68	69
终端电压/V	1.425	1.5	1.575

表 3-4-2　时序参数

处理器到 440FX，U_{15} 到 U_{27}			
CLKPeriod	ReceiverSetup	ReceiverHold	Skew
15.15ns	4.30ns	0.30ns	0.70ns
Jitter	Crosstalk	Tco_min	Tco_max
0.40ns	0.40ns	1.20ns	5.10ns
440FX 到处理器，U_{27} 到 U_{15}			
CLKPeriod	ReceiverSetup	ReceiverHold	Skew
15.15ns	4.50ns	0.35ns	0.70ns
Jitter	Crosstalk	Tco_min	Tco_max
0.40ns	0.40ns	1.15ns	5.30ns

飞行时间的计算公式为

$$T_{\text{flight\_time\_max}} \leqslant \text{CLKPeriod} - (T_{\text{co\_max}} + \text{Skew} + \text{Jitter} + \text{Crosstalk} + \text{ReceiverSetup})$$

$$T_{\text{flight\_time\_min}} \geqslant \text{ReceiverSetup} - T_{\text{co\_max}} + \text{Skew} + \text{Crosstalk}$$

上升沿时序图如图 3-4-13 所示，下降沿时序图如图 3-4-14 所示。

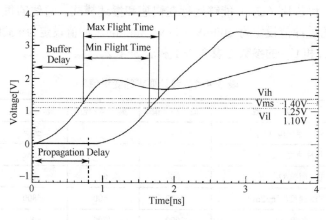

图 3-4-13　上升沿时序图

☺ 最长飞行时间 $T_{\text{flight\_time\_max}}$ 对应于报告中看到的 Settle time，最短飞行时间 $T_{\text{flight\_time\_min}}$ 对应于报告中的 Switch time。

☺ Skew（偏斜）是指同时发生的两个信号在到达时间上的差异，包括驱动器件自身的输出偏斜（内部偏斜）和由 PCB 线路的布线差异引起的 PCB 延时的差异（外部偏斜），偏斜通过改变时钟边沿的到达来直接影响系统时序裕度，系统工作速度越高，偏斜在时钟周期占用的比例越大，此时必须将时钟偏斜减小。

☺ Jitter（抖动）是指脉冲的输出边缘与其理想位置的偏差，从产生原因上可分为两种基本类型，即随机抖动和非随机抖动（即确定性抖动），总抖动为二者之和。从表现形式上可分为 3 种基本类型，即周期差抖动、周期抖动和长期抖动。

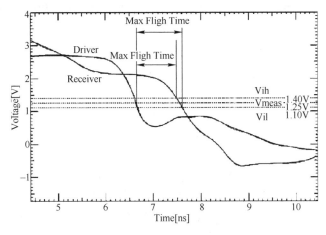

图 3-4-14　下降沿时序图

☺ T_{co}（Clock to Output）是指时钟触发开始到有效数据输出的器件内部所有延时的总和。

☺ Setup Time（建立时间）是指在触发器的时钟信号上升沿到来前，数据稳定不变的时间。如果建立时间不够，数据将不能在这个时钟上升沿被送入触发器。

☺ Hold Time（保持时间）是指在触发器的时钟信号上升沿到来后，数据稳定不变的时间。如果保持时间不够，数据同样不能被送入触发器。

☺ Buffer Delay（缓冲延迟）是指信号经过缓冲器达到有效的电压输出所需要的时间。

对于 U_{15} 到 U_{27}：

$$T_{\text{flight\_time\_max}} \leqslant 15.15 - 5.10 - 0.70 - 0.40 - 0.40 - 4.50 = 4.05\text{ns}$$

$$T_{\text{flight\_time\_min}} \geqslant 0.35 - 1.20 + 0.70 + 0.40 = 0.25\text{ns}$$

对于 U_{27} 到 U_{15}：

$$T_{\text{flight\_time\_max}} \leqslant 15.15 - 5.30 - 0.70 - 0.40 - 0.40 - 4.30 = 4.05\text{ns}$$

$$T_{\text{flight\_time\_min}} \geqslant 0.30 - 1.15 + 0.70 + 0.40 = 0.25\text{ns}$$

3.5　分析工具

1．约束条件管理器

约束条件管理器（Constraint Manager）提供了一个基于当前设计状态的高速规则及其状态的实时显示。它通过一个电子数据表接口使用户能够层次化地捕获、管理和验证各种不同的规则。约束条件管理器使设计者能够聚合某一（组）信号所有的高速约束条件，形成一个电气约束条件集，这个集可用来管理这一（组）信号或其他信号的实际执行——在 PCB 上的物理实现。

设计者可以通过约束条件管理器图形化地新建、编辑和检查约束条件集。一旦约束条件存在于数据库中，它们就会被用于驱动信号的布局、布线进程。等级化的约束条件管理意味着同一个约束条件可以运用在一个信号集上，也能用在其他信号集甚至是其他项目上。约束条件管理器完全集成于 Allegro 设计规则检查系统；不同的高速规则能够在设计程序进行过程中被实时地检查，而且检查的结果会在约束条件管理器电子数据表上呈现出来，任何不符合相关约束值的设计参数都会高亮显示。约束条件管理器也集成了信号完整性分析的结果，允许设计者管理基于仿真的电气约束条件。通过结合约束条件管理器电子数据表的信号完整性分析所得出的时序结果及总线运行速度的知识，设计者可以据此了解到设计是否满足了系统级的时序要求。

在物理设计期间任何一点都可以调用约束条件管理器来查看与设计相关的高速约束条件信息。这个电子数据表提供了两种约束条件信息的查看方式。一种允许查看数据库中的不同的约束条件集及其相关的约束值；另一种方式显示系统中所包含的不同网络，以及这些网络对应的约束条件集的名字及其相关的约束值。约束条件管理器在电子数据表里约束值的旁边显示了实时的设计分析结果，并用颜色色码区分结果的成败。设计的任何改动将立刻反映到电子数据表中，使设计者能看到改动带来的影响。

在 Allegro PCB SI 中就可以调用约束条件管理器，其窗口如图 3-5-1 所示。

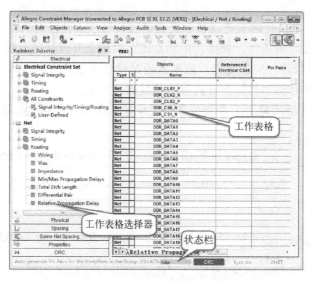

图 3-5-1 约束条件管理器窗口

约束条件管理器窗口的左边一栏为工作表格选择器（Worksheet Selector），用于选择右方的工作表格栏里显示的内容。正如前面所提到的，约束条件管理器有两种显示方式，一种是基于电气约束条件集（Electrical Constraint Set，ECSet），另一种是基于 Net 信号，这两种方式已经在工作表格选择器这一栏里很好地呈现出来了。层次化的约束条件可通过选项前面的"+/-"符号展开和收拢。无论是基于 ECSet，还是基于 Net 的，均包含 3 个主要的子集，即信号完整性（Signal Integrity）、时序（Timing）和布线（Routing）。

约束条件管理器窗口的右边一栏就是工作表格（Worksheet），所有约束条件都在这里新建、编辑和检查。图 3-5-1 所示的是以 Net 方式显示的，可以看到在"Objects"一栏的

"BYTE_LANE0"即当前项目名，下面的"DDR_DS0"等就是此项目包含的所有网络。如果以 ECSet 方式显示，在项目名下将是此项目包含的所有电气约束条件集。

约束条件管理器窗口的下方一栏为状态栏（Status Bar），显示了约束条件管理器当前所处的状态（软件反馈给用户的信息），可以视为一个实时的帮助系统。

上面已经提到，电气约束条件集包含 3 个子集：信号完整性、时序和布线。下面介绍电气约束条件集的各个子集的内容。

信号完整性（Signal Integrity）子集包含电气性能（Electrical Properties）、反射（Reflection）、边缘失真（Edge Distortions）、初始串扰（Estimated Xtalk）、仿真串扰（Simulated Xtalk）和同步开关噪声（SSN）6 个子集。其中电气性能子集可设置周期（Period）、占空比（Duty Cycle）、抖动（Jitter）、周期检测（Cycle to Measure）、补偿（Offset）和位模式（Bit Pattern）；反射子集可设置过冲（Overshoot）比例和噪声裕量（Noise Margin）；边缘失真子集可设置边缘灵敏度（Edge Sensitivity）及最初开关事件（First Incident Switch），这两项与上升沿/下降沿的单调性有关；初始串扰子集可对活动窗口（Active Window）、敏感窗口（Sensitive Window）、忽略网络（Ignore Nets）、串扰（Xtalk，指附近所有 Net 带来的串扰）和峰值串扰（Peak Xtalk，指单 Net 带来的最大串扰）进行设置；仿真串扰子集可对活动窗口（Active Window）、敏感窗口（Sensitive Window）、忽略网络（Ignore Nets）、串扰（Xtalk，指附近所有 Net 带来的串扰）和峰值串扰（Peak Xtalk，指单 Net 带来的最大串扰）进行设置；同步开关噪声子集可设置最大同步开关噪声值（Max SSN）。

时序子集包含开关延时（Setup/Hold）和解决延时（Switch/Settle Delays），解决延时子集可以设置最小初次开关延时（Min First Switch Delays）和最大最终解决延时（Max Final Switch Delays）；开关延时子集还可以针对网络设置其时钟信号（Clock）、抖动（Clock Jitter）和信号的建立保持时间（Setup/Hold Time）等，并根据以上数据计算出信号的时序裕量（Timing Margins），从而让设计者能够方便、实时地查看设计是否满足时序上的要求。

布线（Routing）子集包含布线（Wiring）、过孔（Vias）、阻抗（Impedance）、最大/最小传输延时（Max/Min Propagation Delays）、总线长（Total Etch Length）、差分对（Differential Pair）和相对传输延时（Relative Propagation Delays）7 个子集。其中布线子集可设置拓扑结构（Topology）、截线长（Stub Length）、暴露线长（Expose Length）、平行线长（Parallel）和层设置（Layer Sets）；过孔子集可设置过孔计算（Via Count）、连接过孔（Match Vias）、过孔数量（Via Quantity）和过孔结构（Via Structures）；阻抗子集下定义想要达到的信号线阻抗值（Single-line Impedance）；最大/最小传输延时子集可设置任意两引脚间的最大或最小的传输延时；总线长子集定义的是这个 Net/Xnet（Xnet 指 Differential Net）上所有实际布线线段的长度之和的最大/最小值；差分对子集可以设置静态脉冲和动态脉冲等；相对传输延时子集和最大/最小传输延时的区别是，相对传输延时是比较了一组 Net/Xnet（如总线）或是同一 Net/Xnet 的不同驱动、接收引脚对之间的传输延时之差。

从上面的设置选项中可以看到，Allegro PCB SI 为用户提供了比较详细的约束条件，这些设置选项和高速电路设计所带来的诸多问题息息相关。

> **说明** 　上述约束条件并没有包括诸如线宽、线间距等布线规则，这类规则需要在 Allegro PCB SI 的 Constraint System Master 中定义。

2．SigXplorer

SigXplorer 是一个图形化的环境，用于探测、分析和定义信号互联策略，提供物理互联的电子视图。它允许电气工程师从电气的立场探究不同的布局、布线策略，并制定一套全面的设计规则。SigXplorer 可以从布局阶段（布线前）和完成阶段（布线后）的.brd 文件中提取网络的电子视图，各元器件的模型能够被详细地分析和编辑。

SigXplorer 将网络电气模型及其相关的仿真结果显示在一个独立的窗口中。窗口的上端显示了网络的拓扑模型，而窗口下面的部分包含了一系列的电子数据表，这些电子数据表显示可编辑的电路参数，控制仿真所运行的模式和测量单位，以及对应的仿真结果。图 3-5-2 所示为 SigXplorer 的界面图。

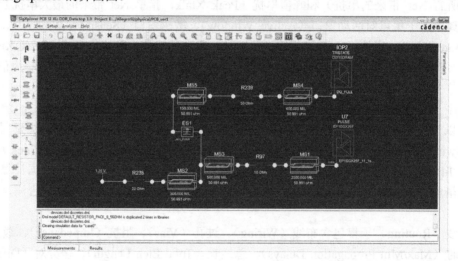

图 3-5-2　SigXplorer 的界面图

一旦适当的电气设计规则确定下来，SigXplorer 允许捕获设计的约束条件作为一个 ECSet（Electrical Constraint Set，电气约束条件集），并将其输入到约束条件管理器中，驱动 PCB 物理设计进程。

在 Allegro PCB SI 的高速设计过程中 SigXplorer 提供的 3 个功能如下所述。

1）**布线前拓扑结构的探究和解决方案的空间分析**　SigXplorer 的仿真分析策略和几乎所有的 EDA 软件一样，并不能足够智能地自动搜寻出最佳的解决方案，而是在设计者设定好仿真的环境及给定参数的值后，给出软件的分析结果。这种被称为"what if"的分析方式可以比较方便地探索不同的布线策略、元器件值和设计容差带来的影响。参数扫描分析适合于给一个非确定性的电路级行为建模，并为最终设计定义适宜的约束条件。例如，当工程师在某几个参数未确定的情况下，需要找出一个可行的解决方案，这时可以在一定范围内扫描其中的一些设计参数，如差分阻抗、线延迟等，然后通过仿真结果及设计的要求筛选出适宜的剩下参数的值，如差分信号的布线宽度、间隙（Gap）和最大无耦合长度等物理执行参数。这正是前仿真需要完成的工作。

2）用模板驱动设计 SigXplorer 允许布线策略以图形方式获取并输入到 PCB 数据库中（.brd 文件）。SigXplorer 可以用于图形化定义包括引脚排列顺序、任一"T-points"（虚拟引脚）的位置、终端位置和 Net 上的其他分立器件在内的期望的布线策略。高速布线规则包括物理或电气长度、目标阻抗、物理或电气长度的匹配要求、残余线长（Stub Lengths）、EMI 约束条件和其他高速规则，这些都被提取成为拓扑模板的一部分。上面对约束条件管理器的介绍中也提到了单个约束条件集是以.top 文件的方式保存的，而拓扑模板的文件格式则是.top 文件。

3）**布线后分析** SigXplorer 所提取出的拓扑模板详细地描述了 Net 的物理实现方式，包括详细的布线串扰特征模型、布线叠层、过孔模型和布线长度。设计者通过提取出布线后的 Net 模型，并对其进行仿真，可以检查实际的物理执行过程（布局布线）是否有与设计意图相违背的地方；或者是已知某些不可避免的改动，通过仿真来验证这种改动带来的关于高速设计问题的影响。这就是后仿真的仿真验证功能。

3．SigWave

SigWave 波形显示器作为 SigNoise 仿真子系统的一个组件，可以被 Allegro PCB SI 中的多个工具调用以显示波形。SigWave 能够显示多种格式的仿真结果，如 HSpice、Quad 等；同时也可以将当前波形存为.sim 格式文件或以 Bitmap（位图）、JPEG 等图形格式，以及 Spreadsheet 表格文本格式输出。SigWave 支持对波形进行缩小或放大、显示或隐藏、添加或删除各种测量标志和注释，更改显示的颜色，还提供了诸如频谱图、眼图等显示模式。图 3-5-3 所示为 SigWave 标准界面。

图 3-5-3 SigWave 标准界面

图 3-5-3 所示窗口的左边一栏是层次树区域（Hierarchy Tree Area），用于选择、编辑右方主窗口所显示的内容；窗口的右边一栏是波形显示窗口，包括 3 个部分，最上方是波形图

的名称，中间是波形图，最下方显示了波形图中正在显示的所有信号的信号名。窗口的最下方同样是状态栏，显示了 SigWave 所处的状态和光标处于波形图的位置（横坐标、纵坐标的值）等。

3.6　创建总线

【本节目的】　学习创建总线的方法。
【使用工具】　Allegro PCB SI XL 和 Allegro Constraint Manager。
【使用文件】　physical\PCB_ver1\hidesign2.brd。
【操作步骤】

（1）启动 PCB SI，选择 Allegro PCB SI XL 产品，执行菜单命令"File"→"Open"，打开 PCB 文件 E:\PISI-example\AllegroSI\physical\PCB_ver1\hidesign2.brd，如图 3-6-1 所示。

图 3-6-1　打开 PCB 文件

（2）执行菜单命令"Analyze"→"Bus Setup..."，弹出"Signal Bus Setup"对话框，如图 3-6-2 所示。

（3）在"Signal Bus Setup"对话框中单击"Create Simulation Bus"按钮，打开"Create Simulation Buses"对话框，在"Buses"区域单击"Add Bus"按钮，弹出"Allegro PCB SI XL"对话框，输入要创建的总线的名称，如图 3-6-3 所示。

（4）在"Allegro PCB SI XL"对话框中输入"BYTE_LANE0"，单击"OK"按钮，可以看到在"Create Simulation Buses"对话框的"Buses"区域的列表中已经显示"BYTE_LANE0"，并且在列表框底部显示"Selected Bus: BYTE_LANE0"，如图 3-6-4 所示。

（5）在"Create Simulation Buses"对话框的"Items not in Bus"区域的"Filter"栏输入"DDR_D*"，按"Tab"键。单击下面列表框中过滤出来的网络，选择网络 DDR_D0、DDR_D1、DDR_D2、DDR_D3、DDR_D4、DDR_D5、DDR_D6、DDR_D7、DDR_DS0、

DDR_DS9，这些网络自动转移到"Items in Bus"列表框中，如图 3-6-5 所示。

图 3-6-2 "Signal Bus Setup"对话框 　　图 3-6-3 "Allegro PCB SI XL"对话框

图 3-6-4 "Create Simulation Buses"对话框　　图 3-6-5 添加网络

（6）在"Create Simulation Buses"对话框中单击"Apply"按钮，现在已经添加了总线"BYTE_LANE0"。

（7）按照此方法再依次添加总线，如图 3-6-6 所示。

- ☺ DDR_D8、DDR_D9、DDR_D10、DDR_D11、DDR_D12、DDR_D13、DDR_D14、DDR_D15、DDR_DS1、DDR_DS10 组成总线 BYTE_LANE1。

- ☺ DDR_D16、DDR_D17、DDR_D18、DDR_D19、DDR_D20、DDR_D21、DDR_D22、DDR_D23、DDR_DS2、DDR_DS11 组成总

图 3-6-6 添加总线

线 BYTE_LANE2。

☺ DDR_D24、DDR_D25、DDR_D26、DDR_D27、DDR_D28、DDR_D29、DDR_D30、DDR_D31、DDR_DS3、DDR_DS12 组成总线 BYTE_LANE3。

☺ DDR_D32、DDR_D33、DDR_D34、DDR_D35、DDR_D36、DDR_D37、DDR_D38、DDR_D39、DDR_DS4、DDR_DS13 组成总线 BYTE_LANE4。

☺ DDR_D40、DDR_D41、DDR_D42、DDR_D43、DDR_D44、DDR_D45、DDR_D46、DDR_D47、DDR_DS5、DDR_DS14 组成总线 BYTE_LANE5。

☺ DDR_D48、DDR_D49、DDR_D50、DDR_D51、DDR_D52、DDR_D53、DDR_D54、DDR_D55、DDR_DS6、DDR_DS15 组成总线 BYTE_LANE6。

☺ DDR_D56、DDR_D57、DDR_D58、DDR_D59、DDR_D60、DDR_D61、DDR_D62、DDR_D63、DDR_DS7、DDR_DS16 组成总线 BYTE_LANE7。

（8）单击"OK"按钮，关闭"Create Simulation Buses"对话框。

（9）在"Allegro PCB SI XL"窗口中执行菜单命令"Setup"→"Constraint"→"Electrical…"，弹出"Allegro Constraint Manager"对话框，单击"Net"层次下"Routing"前的"+"号，单击弹出的"Wiring"表格符号，在右侧表格区域弹出网络列表，如图 3-6-7 所示。

图 3-6-7　显示网络列表

可以看到刚刚定义的总线现在已经在列表中显示出来了，可以单击某个网络前面的"+"号来查看该总线中的网络。

（10）关闭"Allegro Constraint Manager"对话框。

（11）执行菜单命令"File"→"Exit"，退出 hidesign2.brd，不保存对文件的修改。

3.7　预布局拓扑提取和仿真

【本节目的】　本节主要学习提取预布局中某一网络的拓扑结构，因为是预布局拓扑结构的仿真，并不是高速 PCB 的实际情况，所以还需要对其进行网络调整和拓扑结构修改，然后对其进行反射仿真，最后观测反射仿真结果并测量各个仿真结果参数。

【使用工具】　Allegro Constraint Manager、SigXplorer PCB SI XL。

【使用文件】　physical\PCB_ver1\hidesign3.brd、physical\PCB_ver1\DDR_DS0.top、physical\PCB_ver1\ DDR_MS.top。

1．预布局拓扑提取的设置

（1）打开 E:\PISI-example\AllegroSI\physical\PCB_ver1 目录下的 hidesign3.brd，执行菜单命令"Analyze"→"Preferences"，弹出"Analysis Preferences"对话框，如图 3-7-1 所示。

☺ "Buffer Delays"选项。

◇ From Library：指定仿真器获得库中模型的缓冲器延迟（默认）。

◇ On the Fly：指定仿真器测量缓冲延迟，并在以后的计算中使用这些延迟。

◇ On Buffer Delay：指定仿真器没有缓冲器延迟。

（2）在"DevicesModels"选项卡确保"Use Defaults For Missing Component Models"选项被选中。当没有为元器件分配信号模型时，PCB SI 使用在窗口中列出的默认的 IOCell 模型。可以分配希望作为默认的任何 IOCell，但是 PCB SI 必须知道库的位置。

（3）单击"InterconnectModels"选项卡，设置互连参数，如图 3-7-2 所示。

图 3-7-1　"Analysis Preferences"对话框

图 3-7-2　设置互连参数

☺ Unrouted Interconnect Models。
   ◇ Percent Manhattan: Manhattan 距离（d*x*+d*y*）函数作为 Trace 的长度，默认为 100%。
   ◇ Default Impedance: 被用于建立互连模型默认 Trace 阻抗值，典型值为 50~75Ω。
   ◇ Default Prop Velocity: 信号在 Trace 上传输的速度为光速 c（3×10^8 m/s），Ereff 是在互连中的有效绝缘常数。
   ◇ Default Diff-Impedance: 未布线传输线的默认差分阻抗，默认值是 100Ω。
   ◇ Default Diff-Velocity: 未布线传输线的默认差分速率，默认值是 1.4142e+008m/s。

☺ Routed Interconnect Models。
   ◇ Default Cutoff Frequency: 截止频率，默认为 10GHz。
   ◇ Shape Mesh Size: Shape 网格的尺寸。
   ◇ Via Modeling Setup: 过孔建模形式。

☺ Topology Extraction。
   ◇ Differential Extraction Mode: 差分提取模式。
   ◇ Diffpair Topology Simplification: 差分对拓扑简化。

☺ SSN。
   ◇ Plane Modeling: 平面建模。

（4）在 "Unrouted Interconnect Models" 区域中，设置 "Percent Manhattan" 为 100，"Default Impedance" 为 50Ω，"Default Prop Velocity" 为 1.4142e+008m/s，截止频率设置为 10GHz。

速率和传输延迟的计算公式为

$$\left(\text{velocity} = \frac{C}{\sqrt{\varepsilon_r}} = \frac{3 \times 10^8}{\sqrt{\varepsilon_r}} = 1.4142 \times 10^8 \text{m/s} \right) \Rightarrow \left(\varepsilon_r = 4.5 \right)$$

$$\text{PropDelay} = t_{pd} = \frac{\text{length}}{\text{velocity}}$$

（5）单击 "OK" 按钮，关闭 "Analysis Preferences" 对话框。

2．预布局拓扑提取分析

1）提取拓扑

（1）执行菜单命令 "Setup" → "Constraint" → "Electrical…"，弹出 "Allegro Constraint Manager" 对话框，如图 3-7-3 所示。

（2）看到左侧 "Electrical" 部分有两个最高层次，即 "Electrical Constraint Set" 和 "Net"。

（3）单击 "Net" 层次下 "Routing" 前的 "+" 号，单击弹出的 "Wiring" 表格符号，在右侧表格区域弹出网络列表，找到表格 ⊞ **BYTE_LANE0**，单击前面的 "+" 号，显示这个总线包含的所有网络，如图 3-7-4 所示。

（4）在 "Allegro Constraint Manager" 对话框执行菜单命令 "Tools" → "Options"，弹出 "Options" 对话框，具体设置如图 3-7-5 所示。

图 3-7-3　"Allegro Constraint Manager" 对话框　　　图 3-7-4　显示 BYTE_LANE0 总线下的网络

（5）单击 "OK" 按钮，关闭 "Options" 对话框。

（6）在表格中选择 "DDR_DS0"，单击鼠标右键，从弹出的快捷菜单中选择 "SigXplorer…"，弹出 "SigXplorer PCB SI XL" 对话框，DDR_DS0 网络的拓扑显示在该对话框中，如图 3-7-6 所示。

图 3-7-5　"Options" 对话框　　　　　　　　图 3-7-6　DDR_DS0 网络的拓扑

该拓扑结构是该 PCB 中 133MHz DDR 数据总线的一部分，存储器 PCB ddr_module.brd 是由 Micron 公司生产的 184 个引脚的 128MB 的 DIMM，通过本 PCB 上的连接器 XU1 连接到本 PCB 上。但是由于存储器 PCB ddr_module.brd 是一个已经定型的存储器，所以不能对其有任何更改，只能对本 PCB 上的网络进行信号完整性分析。

图 3-7-7 所示为该拓扑所在的总线在 PCB 上的数据比特线拓扑结构。其中，DDR 存储控制器代表 PCB 中元器件 U7；DIMM1 代表 PCB 中的元器件 XU1；R_s 代表 PCB 中的元器

件 R97；R_p 代表 PCB 中的元器件 R238；长度 A 表示 U7 元器件固定焊盘到 ASIC 封装的球状体的距离；长度 B 表示从 ASIC 封装到串联电阻之间的距离；长度 C 表示从串联电阻到连接器之间的距离；长度 D 表示从连接器到终端电阻之间的距离。

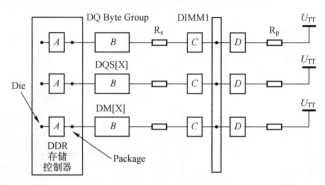

图 3-7-7　PCB 数据比特线拓扑结构

从 Micron 公司的设计指南中可以得到对于该拓扑方案的约束，见表 3-7-1。

表 3-7-1　拓扑方案的约束

参　　数	最　小　值	典　型　值	最　大　值
A	从控制器的生产商处得到		
B/in	1.5	—	2.8
C/in	0.4	—	0.6
D/in	0.2	—	0.55
总长度 (A+B+C) /in	1.9	—	3.4
Trace 阻抗/Ω	45	50	55
终端电压/V	1.0	1.25	1.5

通常不能得到 A 的长度，但是在元器件的 IBIS 模型中，包含描述固定焊盘和引脚之间的寄生效应的 RLC 模型。本实验中，在计算总长度时都假定 A 的长度为 0。

（7）在 "SigXplorer PCB SI XL" 窗口执行菜单命令 "File" → "Save As"，将拓扑保存在 D:\physical\PCB_ver1 目录，文件名为 DDR_DS0.top。

2）查看提取电路的参数

（1）调整显示 "SigXplorer PCB SI XL" 窗口下边的表格区域，选择最右侧的 "Parameters"，单击 "CIRCUIT" 前面的 "+" 号，如图 3-7-8 所示。

Name	Value	Count
CIRCUIT		1
autoSolve	Off	1
tlineDelayMode	time	1
userRevision	1.0	1

图 3-7-8　表格参数

（2）单击 "HIDESIGN3" 前面的 "+" 号，列出了在 PCB hidesign3.brd 中组成这个电路

拓扑的所有元器件，如图 3-7-9 所示。

（3）单击电路元器件 TL1、TL2 和 TL3 前面的"+"号，每个传输线的约束见表 3-7-2。

⊟ DESIGN		1
⊞ 1.25V		1
⊞ R97		1
⊞ R238		1
⊞ TL1		1
⊞ TL2		1
⊞ TL3		1
⊞ U7		1
XU1		1

图 3-7-9 拓扑参数

表 3-7-2 传输线的约束

参　　数	TL1	TL2	TL3
阻抗/Ω	50	50	50
延迟/ns	0.470938	0.0980571	0.165585
传输线类型	Microstrip	Microstrip	Microstrip
速度/(mil/ns)	5567.68	5567.56	5567.87

（4）单击"tlineDelayMode"的"Value"区域，一个带箭头的下拉菜单显示在文本框中，单击下拉箭头选择"length"，按"Tab"键，传输延迟以长度单位显示，如图 3-7-10 所示。

Name	Value		
⊟ CIRCUIT			0
autoSolve	Off		1
tlineDelayMode	length	以长度的方式显示传输延迟	1
userRevision	1.0		1
⊞ DESIGN			0

图 3-7-10 传输延迟以长度单位显示

传输线的参数见表 3-7-3。

表 3-7-3 传输线的参数

参　　数	TL1	TL2	TL3
阻抗/Ω	50	50	50
长度/mil	2622.031	550.949	921.957
传输线类型	Microstrip	Microstrip	Microstrip
速度/(mil/ns)	5567. 68	5567. 56	5567. 87

3）**网络调整（Net Scheduling）** 当前的拓扑中缺少驱动器/接收器对，拓扑中可能用作驱动器或接收器的是 U7.AM28，原因是 U7 的 AM28 引脚是一个 IOCell，其"pinuse"属性是"BI"；而 XU1 是 IO 元器件，其引脚"pinuse"属性是"UNSPEC"；其他元器件是DISCRETE 元器件，相应的引脚"pinuse"属性是"UNSPEC"；引脚"pinuse"属性为"UNSPEC"的元器件不能作为驱动器或接收器。

仿真器在定义驱动器模型时，该 IOCell 模型的"pinuse"属性应该是"OUT"、"BI"、"TRI"、"OCL"或"OCA"；仿真器在定义接收器模型时，该 IOCell 模型的"pinuse"属性应该是"IN"、"BI"或"TRI"。

为了进行仿真，需要有一个驱动器/接收器对，所以也需要连接器 XU1 到存储器 PCB 上的拓扑结构。因此，需要添加存储器上的元器件模型、传输线模型和串联电阻模型。存储器的模型由生产商提供，其数据比特线拓扑结构如图 3-7-11 所示，其中长度 X 表示存储器设备到串联电阻的距离，为 600mil；长度 Y 表示串联电阻到电阻器的距离，为 150mil；串联电阻的阻值为 22Ω。

（1）在 SigXplorer 窗口执行菜单命令"Edit"→"Add Element…"，打开"Add Element Browser"对话框，如图 3-7-12 所示。

图 3-7-11 存储器数据比特线拓扑结构

图 3-7-12 "Add Element Browser"对话框

（2）在"Model Type Filter"栏的下拉菜单中选择"IbisDevice"，如图 3-7-13 所示。

（3）在列表框中双击"EightPin_2p5v"，打开"Select IBIS Device Pin"对话框，如图 3-7-14 所示。

图 3-7-13 选择"IbisDevice"

图 3-7-14 "Select IBIS Device Pin"对话框

（4）在"Select IBIS Device Pin"对话框的列表框中选择包含"Pin3"和"CDSDefaultIO_2p5v"的那一行，这时，有一个模型附着在光标上。在 SigXplorer 窗口的适当位置单击鼠标左键，将该模型放置在 SigXplorer 窗口中，如图 3-7-15 所示。单击鼠标右键，在弹出的快捷菜单中选择"End Add"。

（5）在"Select IBIS Device Pin"对话框中单击"Close"按钮，关闭该对话框，"Add Element Browser"对话框重新显示。

（6）在"Add Element Browser"对话框的"Model Type Filter"栏的下拉菜单中选择"GenericElement"（普通元器件），如图 3-7-16 所示。

（7）在"Add Element Browser"对话框的列表框中选择"Resistor"，在 SigXplorer 窗口的适当位置单击鼠标左键，将该模型放置在 SigXplorer 窗口中，如图 3-7-17 所示。单击鼠标右键，在弹出的快捷菜单中选择"End Add"。

（8）在"Add Element Browser"对话框的"Model Type Filter"栏的下拉菜单中选择"Interconnect"，如图 3-7-18 所示。

图 3-7-15　放置模型

图 3-7-16　选择"GenericElement"

图 3-7-17　放置模型

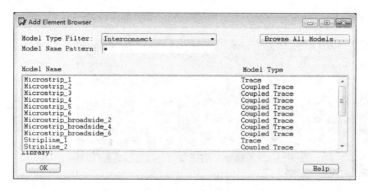

图 3-7-18　选择"Interconnect"

（9）在"Add Element Browser"对话框的列表框中选择"Tline"，在 SigXplorer 窗口刚添加的电阻模型两侧各摆放一个"Tline"，如图 3-7-19 所示。

图 3-7-19　摆放"Tline"

（10）在"Add Element Browser"对话框中单击"OK"按钮，关闭对话框。

（11）移动并连接 SigXplorer 窗口中的模型，调整拓扑，如图 3-7-20 所示。

（12）单击传输线上的文本"TL1"，在"Parameters"表格的"TL1"下的"Length"栏后面的数值区域双击鼠标左键，输入 2500，按"Tab"键；在"Parameters"表格的"TL2"下的"Length"栏后面的数值区域双击鼠标左键，输入 300，按"Tab"键；在"Parameters"表格的"TL3"下的"Length"栏后面的数值区域双击鼠标左键，输入 500，按"Tab"键；在"Parameters"表格的"TL4"下的"Length"栏后面的数值区域双击鼠标左键，输入 600，按"Tab"键；在"Parameters"表格的"TL5"下的"Length"栏后面的数值区域双击鼠标左键，输入 150，按"Tab"键；在"Parameters"表格的"R239"下的

"resistance"栏后面的数值区域双击鼠标左键，输入 22，按"Tab"键。调整后的拓扑结构
如图 3-7-21 所示。

图 3-7-20　调整拓扑

图 3-7-21　调整后的拓扑结构

4）创建连接器模型　在当前的拓扑结构中，所给出的连接器 XU1 模型只有一个连接引
脚，这与实际电路中的模型并不相符，所以需要一个连接两个 PCB 的连接器模型。这样就
可以仿真连接器引脚的寄生信息，为此，现在创建一个简单的单线连接器模型。

该单线连接器模型创建所需的参数应该从相应的生产商的网站上查找，本例中所用到的
连接器模型是 AMP 公司的 184 个引脚的 DDR 连接器，相应的文件这里已经给出，文件保
存的地址为 D:\physical\GoodModelFiles\AMP_Model.pdf，有兴趣的读者可自行查阅。

（1）在"SigXplorer PCB SI XL"窗口执行菜单命令"Analyze"→"Model Browser…"，打

开"SI Model Browser"对话框，如图 3-7-22 所示。

（2）单击"Library Mgmt"按钮，打开"DML Library Management"对话框，如图 3-7-23 所示。

图 3-7-22 "SI Model Browser"对话框　　　图 3-7-23 "DML Library Management"对话框

（3）单击对话框中的"Create New Lib"按钮，打开"另存为"对话框，如图 3-7-24 所示。

（4）在"文件名"文本框中输入"connector"，并单击"保存"按钮。

（5）在"DML Library Management"对话框中单击"OK"按钮，保存改变。

（6）在"SI Model Browser"对话框上半部分的"Library Filter"下拉列表中选择"connector.dml"，如图 3-7-25 所示。

图 3-7-24 "另存为"对话框　　　图 3-7-25 选择"connector.dml"

（7）单击"Add->"按钮，选择"ESpiceDevice"，打开"Create ESpice Device Model"

对话框，如图 3-7-26 所示。

（8）在"Model Name"后面的文本框内输入"DDR_CONN"；在"Circuit type"后面的下拉菜单中选择"Resistor"；在"Value"后面的文本框中输入"1"；在"Single Pins"后面的文本框中输入"1 2"（输入"1"→空格→"2"）；确认"Common Pin"后面的文本框为空，如图 3-7-27 所示。

图 3-7-26 "Create ESpice Device Model"对话框　图 3-7-27 "Create ESpice Device Model"对话框设置

（9）单击"OK"按钮，关闭"Create ESpice Device Model"对话框。

刚刚为电阻创建了 ESpice 模型，下一步要转换在该模型中的 SPICE 模型，并创建单线连接器模型。单线连接器模型的电路结构图如图 3-7-28 所示。

（10）在"SI Model Browser"对话框的"Library Filter"栏的下拉菜单中选择"Working Device Library"，如图 3-7-29 所示。

图 3-7-28　单线连接器模型的电路结构图　　图 3-7-29　选择"Working Device Library"

（11）在列表中双击"DDR_CONN"打开编辑窗口，如图 3-7-30 所示。

（12）更改编辑窗口的内容，如图 3-7-31 所示。

（13）执行菜单命令"File"→"Save"，保存所做的修改。

（14）关闭编辑窗口。

（15）在"SI Model Browser"对话框中单击"Close"按钮。

（16）在"SigXplorer PCB SI XL"窗口执行菜单命令"Edit"→"Delete"，单击连接器 XU1，删除该元器件。

（17）执行菜单命令"Edit"→"Add Part"，打开"Add Element Browser"对话框，在"Model Type Filter"栏的下拉菜单中选择"ESpiceDevice"，如图 3-7-32 所示。

图 3-7-30　编辑窗口　　　　　　　　　　图 3-7-31　更改编辑窗口的内容

图 3-7-32　"Add Element Browser"对话框

（18）在"Add Element Browser"对话框的列表框中选择"DDR_CONN"，在 SigXplorer 的适当位置双击鼠标左键放置该模型，单击鼠标右键，在弹出的快捷菜单中选择"End Add"，然后在该模型上单击鼠标右键，在弹出的快捷菜单中选择"Rotate Right"，如图 3-7-33 所示。

图 3-7-33　添加模型

（19）在"Add Element Browser"对话框中单击"OK"按钮，关闭该对话框。

（20）连接模型，如图 3-7-34 所示。

图 3-7-34　连接模型

（21）在"SigXplorer PCB SI XL"窗口执行菜单命令"File"→"Save As"，保存拓扑，保存名称为 DDR_TL.top（不要关闭"SigXplorer PCB SI XL"窗口）。

5）使用有损传输线模型　到目前为止，已经从 PCB 中提取了拓扑结构，并根据 PCB 的实际情况增加了驱动器/接收器对，而且创建并添加了单线连接器模型，用于仿真连接器的引脚寄生效应值。为了使仿真更加接近实际，下面使用有损传输线模型代替理想传输线模型。

（1）执行菜单命令"Edit"→"Add Element…"，打开"Add Element Browser"对话框，在"Model Type Filter"栏的下拉菜单中选择"Interconnect"，如图 3-7-35 所示。

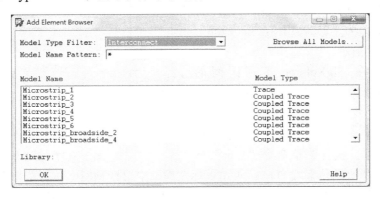

图 3-7-35　"Add Element Browser"对话框

（2）在"Add Element Browser"对话框的列表框中选择"Microstrip_1"，在 SigXplorer 窗口中的 TL1 附近适当位置双击鼠标左键放置该模型，如图 3-7-36 所示。

图 3-7-36　放置模型

（3）在"Add Element Browser"对话框中单击"OK"按钮，关闭该对话框。

接下来要设置刚刚摆放的模型 MS1 的阻抗为 50Ω，相关的属性信息可以从 PCB 的层叠设置中的 TOP 层查看。

（4）单击 SigXplorer 工作区间的文本"TL_MS1"，SigXplorer 窗口底部的"Parameters"页面会高亮显示 TL_MS1 的参数信息。在属性表格中，双击 TL_MS1 的"d1Constant"属性的显示值为"4.5"的"Value"栏，将 4.5 更改为 4，按"Tab"键；双击"d1Thickness"的显示值为"10MIL"的"Value"栏，将"10MIL"更改为"2.615MIL"，按"Tab"键；双击"traceThickness"的显示值为"0.72MIL"的"Value"栏，将"0.72MIL"更改为"0.7MIL"，按"Tab"键；双击"length"的显示值为"1000MIL"的"Value"栏，将"1000MIL"更改为"2500MIL"，按"Tab"键，如图 3-7-37 所示。

可以看到在 SigXplorer 工作区间的 TL_MS1 的阻抗已经变成 50.039Ω，接近期望的 50Ω。

（5）在传输线 TL1 模型上单击鼠标左键，选中该模型，执行菜单命令"Edit"→

	Name	Value	Count
1	⊟ CIRCUIT		0
2	autoSolve	On	1
3	tlineDelayMode	length	1
4	userRevision	1.0	1
5	⊟ DESIGN		1
6	⊟ TL_MS1		1
7	d1Constant	4	1
8	d1LossTangent	0.035	1
9	d1Thickness	2.615 MIL	1
10	d1FreqDepFile		1
11	d2Constant	1	1
12	d2LossTangent	0	1
13	d2Thickness	0.000 MIL	1
14	d2FreqDepFile		1
15	length	2500.000 MIL	1
16	traceConductivity	595900 mho/cm	1
17	traceEtchFactor	90	1
18	traceThickness	0.700 MIL	1
19	traceWidth	5.000 MIL	1
20	⊞ HIDESIGN3		0

图 3-7-37　更改属性

"Delete"，删除原来的传输线 TL1。单击鼠标左键选中 TL_MS1，执行菜单命令"Edit"→"Move"，将刚添加的 TL_MS1 移动到原来 TL1 的位置，并将 TL_MS1 连接到拓扑结构中，如图 3-7-38 所示。

（6）单击 TL_MS1 模型，执行菜单命令"Edit"→"Copy"，然后分别在原来拓扑结构中的理想传输线附近单击鼠标左键，复制 TL_MS1 模型，如图 3-7-39 所示。

图 3-7-38　更改模型

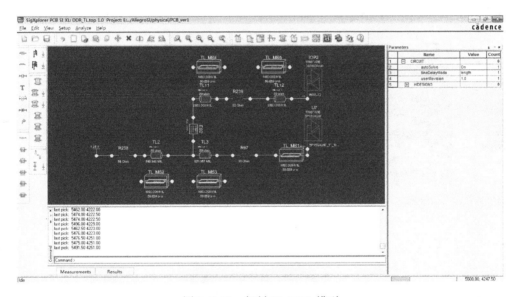

图 3-7-39　复制 TL_MS1 模型

（7）单击鼠标右键，从弹出的快捷菜单中选择"End Copy"，完成复制。

（8）在 SigXplorer 工作区间单击文本 MS2，将其 "length" 属性设置为 "300MIL"；将 MS3 的 "length" 属性设置为 "500MIL"；将 MS4 的 "length" 属性设置为 "600MIL"；将 MS5 的 "length" 属性设置为 "150MIL"，执行菜单命令"Edit"→"Delete"，删除原来的理想模型，设置完成后如图 3-7-40 所示。

（9）执行菜单命令"Edit"→"Move"，用新添加的模型替换原来拓扑中的理想传输线模型并连线，如图 3-7-41 所示。

（10）在"SigXplorer PCB SI XL"窗口执行菜单命令"File"→"Save As"，保存拓扑，

129

保存名称为"DDR_MS.top"，不要关闭"SigXplorer PCB SI XL"窗口。

图 3-7-40　设置模型参数

图 3-7-41　替换模型并连线

3．执行反射仿真

1）设置参数

（1）在"SigXplorer PCB SI XL"窗口执行菜单命令"Analyze"→"Preferences"，打开"Analysis Preferences"对话框，如图 3-7-42 所示。

☺ Pulse Stimulus。

　◇ Measurement Cycle：测量周期数，设为 2。

图 3-7-42　"Analysis Preferences"对话框

◇ Switching Frequency：开关频率，设为 133MHz。

◇ Duty Cycle：占空比，设为 0.5。

◇ Offset：补偿值，设为 0ns。

☺ Simulation Parameters。

◇ Fixed Duration：固定的仿真时间，确保前面的复选框为空。

◇ Waveform Resolution：波形分辨率，设为 10ps。

◇ Cutoff Frequency：截止频率，设为 10GHz。

◇ Buffer Delays：缓冲器延迟。

☺ Simulation Modes。

◇ FTS Mode（s）：仿真模式，设为 "Typical"。

◇ Driver Excitation：驱动器激励，设为 "Active_Driver"。

☺ Measurement Modes。

◇ Measurement Delays At：测量延迟，设为 "Input Thresholds"。

◇ Receiver Selection：选择接收器，设为 "All"。

◇ Custom Simulation：自定义仿真，设为 "Reflection"。

◇ Drvr Measurement Location：驱动器测量位置，设为 "Model Defined"。

◇ Rcvr Measurement Location：接收器测量位置，设为 "Die"。

（2）单击 "OK" 按钮，关闭 "Analysis Preferences" 对话框。仿真设置被存储在名为 "case.cfg" 和 "signoise.cfg" 的文件中。signoise.cfg 文件能够通过下面路径访问：E:\PISI-example\AllegroSI\physical\PCB_ver1\sigxp.run\case0。

注意　　　　设置了截止频率为 10GHz 而非 0GHz，其目的是告诉仿真器要计算传输线的 RLGC 矩阵，仿真器能精确计算到 50GHz。如果输入的频率大于 50GHz，则仿真器会每 10GHz 计算一次 RLGC 矩阵，直到包含所输入的数值。

（3）单击驱动元器件 U7 上面的文本文字，弹出 "IO Cell（U7）Stimulus Edit" 对话框，如图 3-7-43 所示。

☺ Stimulus State。

◇ Pulse：数据终端有 1/2 个时钟周期的高电平和 1/2 个时钟周期的低电平。

◇ Rise：数据终端从低电平到高电平并维持高电平传输。

◇ Fall：数据终端从高电平到低电平并维持低电平传输。

◇ Quiet Hi：数据终端是 1 个静止的高电平。

◇ Quiet Lo：数据终端是 1 个静止的低电平。

◇ Tristate：仿真持续时间中使能端维持在低电平，如果缓冲器是三态，促使输出浮动。

◇ Custom：使用 Clocked_IO 缓冲，但能够使用任意的 IO Cell。

☺ Terminal Info。

◇ Terminal Name：选择应用激励的输入终端（时钟、数据和使能）。

图 3-7-43 "IO Cell（U7）Stimulus Edit"对话框

◇ Stimulus Type：指定非时钟信号（异步、同步和周期）或时钟信号的激励类型。

◇ Stimulus Name：在拓扑中其他的 IO Cell 通过使用一个激励名保存激励实体。

☺ Measurement Info。

◇ Cycle（s）：设置测量时钟周期数，仿真将以最小数目最高的指定周期数运行，默认值是 1。

☺ Terminal。

◇ Offset：设置 IO Cell 的输入引脚激励到达的等待时间。

☺ Stimulus Editing。

◇ Frequency：运行频率。

◇ Init：设置激励的起始值（状态 0 或 1）。

◇ Rise：设置信号从一个低电平到高电平传输的时间。

◇ Fall：设置信号从一个高电平到低电平传输的时间。

◇ %Duty：占空比。

◇ Jitter：设置 IO Cell 引脚系统时钟周期间不同的时间周期。

（4）在"IO Cell（U7）Stimulus Edit"对话框的"Stimulus State"区域选中"Pulse"。

（5）单击"OK"按钮，关闭"IO Cell（U7）Stimulus Edit"对话框。

2）设置测量类型

（1）在"SigXplorer PCB SI XL"窗口拓扑下面的表格区域选择"Measurements"栏，表格现在显示 4 行，这些行确定在 SigXplorer PCB SI XL 中执行的仿真类型。只选中"Reflection"后面的单选按钮，这表明现在仅执行反射测量，如图 3-7-44 所示。

（2）单击"Reflection"前面的"+"号查看被报告的反射测量的不同类型，如图 3-7-45 所示。

（3）选择"Reflection"的表格单元，单击鼠标右键，从弹出的快捷菜单中选择"All On"，执行所有默认的仿真测量。

（4）单击表格区域"Reflection"前面的"−"号，收起反射测量内容。

Name		Description
⊞ EMI		
⊟ Reflection	●	
BufferDelayFall	⊠	Buffer Delay for Falling edge
BufferDelayRise	⊠	Buffer Delay for Rising edge
EyeHeight	⊠	Eye Diagram Height
EyeJitter	⊠	Eye Diagram Peak-Peak Jitter
EyeWidth	⊠	Eye Diagram Width
FirstIncidentFall	⊠	First Incident Switching check of Falling edge
FirstIncidentRise	⊠	First Incident Switching check of Rising edge
Glitch	⊠	Glitch tolerance check of Rising and Falling waveform
GlitchFall	⊠	Glitch tolerance on the falling waveform
GlitchRise	⊠	Glitch tolerance on the rising waveform
Monotonic	⊠	Monotonic switching check of Rising and Falling edge
MonotonicFall	⊠	Monotonic switching check of Falling edge
MonotonicRise	⊠	Monotonic switching check of Rising edge
NoiseMargin	⊠	MIN(NoiseMarginHigh, NoiseMarginLow)
NoiseMarginHigh	⊠	Minimum voltage in High state - Vihmin
NoiseMarginLow	⊠	Vilmax - maximum voltage in Low state
OvershootHigh	⊠	Maximum voltage in High state
OvershootLow	⊠	Minimum voltage in Low state
PropDelay	⊠	Calculated transmission line propagation delay
SettleDelay	⊠	MAX(SettleDelayRise, SettleDelayFall)
SettleDelayFall	⊠	Last time below Vilmax - driver Fall BufferDelay
SettleDelayRise	⊠	Last time above Vihmin - driver Rise BufferDelay
SwitchDelay	⊠	MIN(SwitchDelayRise, SwitchDelayFall)

Name		Description
⊞ EMI		
⊞ Reflection	●	
⊞ Crosstalk		
Custom		

图 3-7-44　执行反射测量　　　　　　　　图 3-7-45　反射测量的类型

3）执行反射仿真并建立报告和波形

（1）在"SigXplorer PCB SI XL"窗口执行菜单命令"Analyze"→"Simulate"，可以看到仿真过程中拓扑下面的表格区域"Command"栏被选择。"Command"栏显示当前仿真的信息，警告和错误都显示在这里。当仿真完成时，"Results"栏显示表格格式的仿真报告数据，仿真完成后调用 SigWave 显示仿真波形。

报告结果的表格栏的项目如下所述。

☺ SimID：仿真号码。

☺ Driver：驱动器序号。

☺ Receiver：接收器序号。

☺ Cycle：仿真周期数。

☺ GlitchTol：失灵公差。

☺ FTS Mode：Fast、Typical 和 Slow 模式仿真选择。

☺ BufferDelayFall：从高电平下降到测量电压值 Vmeas 时的延时值。

☺ BufferDelayRise：从低电平上升到测量电压值 Vmeas 时的延时值。

☺ FirstIncidentFall：第一次开关下降时间。

☺ FirstIncidentRise：第一次开关上升时间。

☺ Monotonic：波形的单调性检查，如果上升沿或下降沿中有非单调性现象，则检查结果为"False"。

☺ MonotonicFall：下降沿单调性。

☺ MonotonicRise：上升沿单调性。

☺ Noise Margin：噪声容限。NoiseMarginHigh 和 NoiseMarginLow 中的最小值。

☺ Noise MarginHigh：高电平噪声容限，即从 Vihmin 到超过 Vihmin 后振荡波形的最低点的电压差。

☺ Noise MarginLow：低电平噪声容限，即从 Vilmax 到低于 Vilmax 后振荡波形的最高点的电压差。

☺ OvershootHigh: 高电平过冲，即以 0V 为参考点，上升波形的最高点电压值。

☺ OvershootLow: 低电平过冲，即以 0V 为参考点，下降波形的最低点电压值。

☺ PropDelay: 传输线的传输延时值。

☺ SwitchDelay: SwitchDelayFall 和 SwitchDelayRise 中的最小值。

☺ SwitchDelayFall: 从 BufferDelay 下降沿的 Vmeas 点开始到接收波形下降曲线第一次穿过高电平阈值时的延时值。

☺ SwitchDelayRise: 从 BufferDelay 上升沿的 Vmeas 点开始到接收波形上升曲线第一次穿过低电平阈值时的延时值。

☺ SettleDelay: SettleDelayFall 和 SettleDelayRise 中的最大值。

☺ SettleDelayFall: 从 BufferDelay 下降沿的 Vmeas 点开始到接收波形下降曲线最后一次穿过低电平阈值时的延时值。

☺ SettleDelayRise: 从 BufferDelay 上升沿的 Vmeas 点开始到接收波形上升曲线最后一次穿过高电平阈值时的延时值。

（2）在"SigWave"窗口产生两个波形，一个代表驱动器的输出，另一个代表接收器的输入，每个波形都有一个颜色，如图 3-7-46 所示。仿真的报告数据写入 sigsimres.dat 文件中，存储在 E:\PISI-example\AllegroSI\physical\PCB_ver1\sigxp.run\case0 目录下。波形数据被写入 sim1.sim 文件中，存储在 E:\PISI\example\AllegroSI\physical\PCB_ver1\sigxp.run\case0\waveforms 目录下。

（3）在"SigXplorer PCB SI XL"窗口执行菜单命令"File"→"Export"→"Spreadsheet"→"Results..."，弹出如图 3-7-47 所示对话框，输出仿真结果。

图 3-7-46　仿真波形　　　　　　　　　　图 3-7-47　输出仿真结果

（4）在"文件名"文本框中输入"basics_rpt"，单击"保存"按钮，因为 SigXplorer 把每次仿真结果都写入 sweep_rpt_tab.txt 中，如果想要保存报告数据，需要以一个不同的名字保存这个文件。

4）仿真目录和文件

（1）仿真的目录结构如图 3-7-48 所示。

当启动 SigXplorer 时，有文件和目录写进工作目录中。

【signoise.log】SigNoise 日志包含诸如 SigNoise 使用的许可信息和加载的库信息。

【devices.dml】默认的工作器件库文件被用于存储新的器件的信号模型。它仅是一个本地库。

【interconn.iml】默认的工作互连库文件被用于存储新的互连模型。它仅是一个本地库。

【sigxp.jrl】日志文件列出 SigXplorer 所使用的所有命令。

【sigxp.run】目录内容。

【signoise.cfg】SigNoise 配置文件存储 SigNoise 的设置信息和添加的所有仿真共有的单个库文件路径。

【case】当前仿真运行的目录。

【cases.cfg】这个文件列出案例中设置的参数。

> 当从 PCB 中提取一个拓扑时，一个新的 Sigxp.dml 文件被建立在包含所有从 PCB 中提取的 IO Cell 的 dml 模型的工作目录下。

（2）仿真的 case 的文件结构如图 3-7-49 所示。

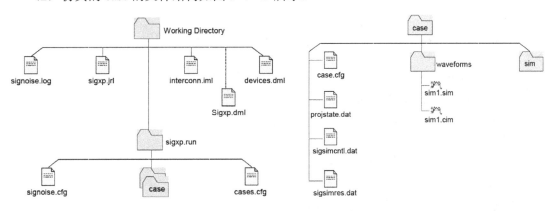

图 3-7-48　仿真的目录结构　　　　　　　　图 3-7-49　仿真的 case 的文件结构

SigXplorer 建立一个 sigxp.run 目录，在 sigxp.run 目录下可以有几个单独的仿真目录，每个事件目录下面都包含详细的目录和文件。case 目录内容如下所述。

【case.cfg】这个目录列出这个 case 的参数设置。

【projstate.dat】这个数据文件列出系统中每个 .brd 文件加上每个加载的 .dml 时间记录。这些信息用于查明这些文件被修改的时间。每个文件最后修改的时间都存储在这里，SigNoise 能够识别变化的文件，还包括 SigNoise 没有运行时的变化。

【sigsimcntl.dat】这个数据文件将每次运行的仿真列成一行，甚至没有波形或电路保存。在 sim1、sim2 等列出参数，这就是先前的仿真如何获得定位的结果。这个文件每隔 50 个仿真就自动保存，或者在程序退出时保存。

【sigsimres.dat】这个数据文件将每次运行的仿真的每个测量引脚列成一行，每行

135

列出那个引脚的测量数据。这个文件每隔 50 个仿真就自动保存，或者在程序退出时保存。

【waveforms】这个目录包含波形文件。

【sim】仿真过程中子目录 sim1 被建立。它包含当前仿真的所有 SPICE 文件。

（3）仿真文件的 sim 目录结构如图 3-7-50 所示。

图 3-7-50　仿真文件的 sim 目录结构

在 case 目录下是 sim 目录。sim 目录包含仿真拓扑必需的 SPICE 文件。sim 目录内容如下所述。

【comp_rlgc.inc】这个文件描述 Trace 模型 RLGC 矩阵的参数值。

【comp.spc】SPICE 文件描述和仿真的电源/地的值。

【cycle.msm】这个文件描述元器件 I/O 极限和当前电路的线延迟，也存储元器件的开关和稳定时间。

【delay.dl】这个文件列出延迟仿真结果。

【distortion.dst】这个文件列出失真的仿真结果。

【ibis_models.inc】这个文件记录 IbisIOCell 文件定义的参数值。

【interconn.spc】SPICE 文件记录互连模型支电路。

【main.spc】这是主要的 SPICE 文件，可以调用其他的 SPICE 支电路。

【ntl_rlgc.inc】这个文件记录传输线的分布参数值。

【stimulus.spc】这是一个记录激励输入的 SPICE 文件。

【tlsim.log】这是 Cadence 所有的 SPICE 仿真器的日志文件。

4．反射仿真测量

1）关掉驱动器波形的显示

（1）在"SigWave"窗口单击左侧列表框中"SigWave"前面的"+"号，显示两个目录"Views"和"Waveform Library"，单击"Waveform Library"前面的"+"号浏览其内容。"Waveform Library"包含一个目录，这个目录包含仿真参数和驱动器与接收器的仿真波形。

（2）单击"sim1:（HIDESIGN3 U7 AM28）HIDESIGN3 U7 AM28 Pulse Typ Reflection"前面的"+"号浏览其内容。

（3）单击"Simulation Parameters"前面的"+"号浏览其内容，设置的一些分析参数被列出，波形文件的路径也被列出；单击"Simulation Parameters"前面的"－"号关闭目录。

（4）在"HIDESIGN3 U7 AM28"、"HIDESIGN3 U7 AM28i"和"HIDESIGN3 IOP2 51i"上单击鼠标右键，在弹出的快捷菜单中选择"Display"，用这两个波形符号使驱动波形不显示。可以看到波形符号上现在有一个红色标志，驱动波形不再在"SigWave"中显示，如图 3-7-51 所示。

图 3-7-51　接收器波形

2）单调性结果　单调信号是指在高、低门限间没有逆转。测量检查信号上升沿和下降沿在高门限和低门限间不改变方向转换。单调性测量如图 3-7-52 所示。

图 3-7-52　单调性测量

（1）查看在上升沿和下降沿的低门限（940mV）和高门限（1.56V）间的接收器波形，信号从低门限到高门限的平滑转换没有改变方向，如图 3-7-53 所示。

图 3-7-53　驱动器和接收器的信号仿真波形

（2）在 SigXplorer PCB SI XL 的"Results"栏表格中按下鼠标左键，拖动指针选择"Monotonic"（单调性）、"MonotonicRise"（单调上升）和"MonotonicFall"（单调下降），单击鼠标右键选择这些栏，从弹出的快捷菜单中选择"Hide Columns"，隐藏仿真结果，如图 3-7-54 所示。

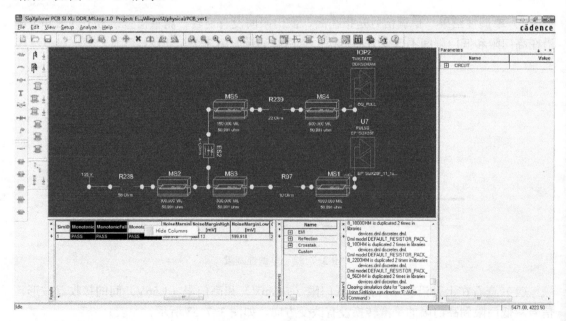

图 3-7-54　隐藏仿真结果

3）**报告噪声容限**　波形的振铃能减小噪声容限值。噪声容限测量值报告高电平和低电平间的噪声容限的最小值。但是报告的 NoiseMargin 值没有确定是发生在 High Side 还是 Low Side。测量波形的 NoiseMarginHigh 和 NoiseMarginLow 值确定开关延迟的最小值发生的地方，如图 3-7-55 所示。

图 3-7-55　测量噪声容限

（1）测量 NoiseMarginHigh。

① 单击"SigWave"窗口左侧列表框中"HIDESIGN3 IOP2 51"的接收器波形符号。

② 单击工具栏中的按钮 ♣，增加"Differential Horizontal Marker"。

③ 单击"SigWave"窗口左侧列表框中"Differential Horizontal Marker"的标志符号，从最左边的调色板中选择蓝色，"Differential Horizontal Marker"现在显示为蓝色。

④ 选择"SigWave"窗口左侧列表框中"Differential Horizontal Marker"的标志符号，单击鼠标右键，从弹出的快捷菜单中选择"Location"，弹出如图 3-7-56 所示的"Edit Location"对话框。

图 3-7-56　"Edit Location"对话框

⑤ 在"Y Secondary"栏输入"1.56V"，在"Y Primary"栏输入"2.5V"，单击"OK"按钮，关闭"Edit Location"对话框。报告的 NoiseMarginHigh 是上升波形超过逻辑高门限值最低的振铃点值减去逻辑高门限值。

⑥ 在蓝色的 2.5V 的"Differential Horizontal Marker"上单击并按住鼠标左键，滑动它到接收器上升波形的最低点，如图 3-7-57 所示。

图 3-7-57   测量 NoiseMarginHigh

注意　　电压差值为 591.517mV ，报告中"NoiseMarginHigh"值为 591.650mV。SigWave 中的测量值有 3 位小数。测量值与 SigXplorer 的表格中的结果不同。表格中"NoiseMarginHigh"值等于"NoiseMargin"值。显而易见，最坏情况的噪声容限发生在信号的高电平侧。噪声容限测量报告 NoiseMarginHigh 和 NoiseMarginLow 间的最小值。但是，不知道报告的 NoiseMargin 值是发生在 High Side 还是 Low Side。

（2）测量 NoiseMarginLow。

① 选择"SigWave"窗口的蓝色"Differential Horizontal Marker"之一，单击鼠标右键，从弹出的快捷菜单中选择"Location"，弹出如图 3-7-58 所示的"Edit Location"对话框。

② 在"Y Secondary"栏输入"940mV"，单击"OK"按钮，关闭"Edit Location"对话框。报告中的 NoiseMarginLow 是逻辑低门限值减去下降波形超过逻辑低门限的最高振铃点值。

图 3-7-58   "Edit Location"对话框

③ 单击并按住鼠标左键，使"Differential Horizontal Marker"向下滑动到接收器上升波形的最高振铃点（标志值可能是一个负数，这是因为标志的第 1 部分比第 2 部分更小。只需考虑标志间的绝对值），如图 3-7-59 所示。

sim1: (HIDESIGN3 U7 AM28) HIDESIGN3 U7 AM28 Pulse Typ Reflection

图 3-7-59　测量 NoiseMarginLow

注意　电压差值为 592.856mV，报告中"NoiseMarginLow"值是 593.983mV，报告中"NoiseMargin"值和"NoiseMarginLow"值相差较大。因此，NoiseMargin 测量报告了有最小噪声容限的信号的 High Side。

④ 在 SigXplorer PCB SI XL 中的"Results"栏表格按住鼠标左键，拖动鼠标选择 "Noise Margin"、"NoiseMarginHigh"和"NoiseMarginLow"栏，单击鼠标右键，从弹出的快捷菜单中选择"Hide Columns"，隐藏这 3 个栏。

4）报告过冲值　信号的振铃主要是由于电路中阻抗不匹配引起波形的反射。反射在波形的 High Side 和 Low Side 都产生过冲。

（1）测量 OvershootHigh 值：对于上升波形的过冲参考电压是 0V。OvershootHigh 是波形中的最大值。选择"SigWave"窗口左侧列表框的"Differential Horizontal Marker"，单击鼠标右键，从弹出的快捷菜单中选择"Location"，弹出"Edit Location"对话框。在"Y Secondary"栏输入"0V"，单击"OK"按钮。这个标志可能隐藏，是因为 X 轴是 0V，标志被 X 轴覆盖。单击并按住鼠标左键，从另一条"Differential Horizontal Marker"线滑动到接收器波形到达正峰值电压的上面，如图 3-7-60 所示。

图 3-7-60 测量过冲

 注意　峰值电压是 2.374V，报告中"OvershootHigh"值为 2396.41mV。

（2）测量 OvershootLow 值：这个接收器的波形没有值在 0V 下面。波形降至最低点开始上升到达 0V。不管波形的最低点在哪里，波形降到最低点的值都被定义为"OvershootLow"。报告中"OvershootLow"是下降波形的最大峰值。

① 在"SigWave"中执行菜单命令"Zoom"→"Specific Size"，弹出"Zoom Specific Size"对话框，具体设置如图 3-7-61 所示，单击"OK"按钮，关闭该对话框。

② 选择"SigWave"窗口左侧列表框中"Differential Horizontal Marker"标志符号，单击鼠标右键，从弹出的快捷菜单中选择"Location"，弹出"Edit Location"对话框。

图 3-7-61 "Zoom Specific Size"对话框

③ 在"Y Primary"栏输入"0.1V"，单击"OK"按钮，关闭"Edit Location"对话框。OvershootLow 参考电压为 0V，已经设置"Y Secondary"值为 0V。

④ 单击并按住鼠标左键，将蓝色的"Differential Horizontal Marker"从 0.1V 移到接收器波形的低峰值电压处，如图 3-7-62 所示。

图 3-7-62　测量下冲

注意　峰值电压是 116.825mV，报告中"OvershootLow"值是 104.512mV。

⑤ 双击"SigWave"窗口左边的"Differential Horizontal Marker"符号，不再显示这个标志，单击显示波形的任何地方。

⑥ 在"SigWave"中执行菜单命令"Zoom"→"Fit"，波形放大到合适的窗口显示。

⑦ 在 SigXplorer PCB SI XL 的"Results"栏表格中按住鼠标左键，拖动鼠标选择"OvershootHigh"和"OvershootLow"，单击鼠标右键，从弹出的快捷菜单中选择"Hide Columns"。

5）报告开关延迟（Switch Delay）　SwitchDelay 测量报告上升沿和下降沿的开关延迟的最小值，如图 3-7-63 和图 3-7-64 所示。但是报告值没有确定是发生在上升沿还是下降沿。测量波形的 SwitchDelayRise 和 SwitchDelayFall 确定开关延迟的最小值发生在哪里。

（1）测量上升沿开关延迟（Rising Switch Delay）：上升沿开关延迟是指当接收器信号达到逻辑输入低门限电压（U_{IL}）时，上升波形的开关延迟参考驱动波形周期的开始。设置的驱动输入激励是 133MHz，周期是 7.52ns。逻辑输入低门限电压信息包含在接收器 U1 的信号模型中。

图 3-7-63　上升沿测量

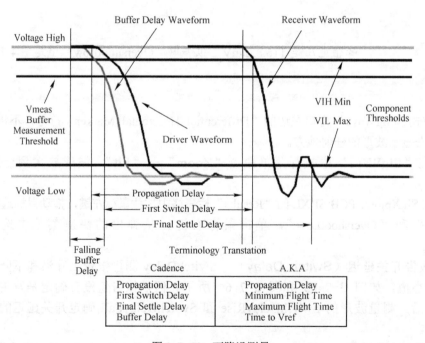

图 3-7-64　下降沿测量

① 在"SigWave"中执行菜单命令"Zoom"→"In Region"，单击并拖动指针框住第 1 个下降波形和第 2 个上升波形（这个框将框住 3～13ns、0～3V 的整个波形）。

② 在工具栏中单击按钮 ╫，增加"Differential Vertical Marker"。

③ 单击"SigWave"窗口左侧列表框的"Differential Vertical Marker"，从最左侧的调色

板中选择绿色。

④ 选择"SigWave"窗口"Differential Vertical Marker"中的一个，从弹出的菜单中选择"Location"，弹出"Edit Location"对话框。

⑤ 在"X Secondary"栏输入"7.52ns"，单击"OK"按钮。激励频率是 133MHz，所以周期是 7.52ns。

⑥ 单击并按住鼠标左键，从另一条"Differential Vertical Marker"线滑动到 940mV（U_{IL}）处，如图 3-7-65 所示。

图 3-7-65　测量 SwitchDelayRise

注意　　两个标志间的差是 1.470ns，报告中"SwitchDelayRise"值是 1.49339ns。

（2）测量下降沿开关延迟（Falling Switch Delay）：下降沿开关延迟是指接收器的信号达到它的逻辑输入高门限电压 U_{IH}，下降输入波形的驱动波形周期的 1/2。为驱动器输入激励设置的频率是 133MHz，周期是 7.52ns，1/2 个周期是 3.76ns。逻辑输入门限电压信息包含在接收器 IOP2 的信号模型中。

① 选择"SigWave"窗口的"Differential Vertical Marker"之一，单击鼠标右键，从弹出的快捷菜单中选择"Location"，弹出"Edit Location"对话框。

② 在"X Secondary"栏输入"3.76ns"，单击"OK"按钮，关闭"Edit Location"对话框。

③ 按住鼠标左键，将不是 3.76ns 的"Differential Vertical Marker"线移动到左边接收器下降波形通过 1.56V（U_{IH}）的地方，如图 3-7-66 所示。

sim1: (HIDESIGN3 U7 AM28) HIDESIGN3 U7 AM28 Pulse Typ Reflection

case0 - Tue Jun 03 17:36:51 2014

图 3-7-66　测量 SwitchDelayFall

注意　　两个标志的差是 1.493ns，而报告中"SwitchDelayFall"值是 1.52499ns，表格中的报告值近似于波形的测量值。

④ 在 SigXplorer 的"Results"栏表格中按住鼠标左键，拖动鼠标选择"SwitchDelay"、"SwitchDelayFall"和"SwitchDelayRise"栏，单击鼠标右键，从弹出的快捷菜单中选择"Hide Columns"。

6）报告稳定延迟（Settle Delay）　　SettleDelay 测量报告上升沿和下降沿的稳定延迟间的最大值。但是，报告值没有确定是发生在上升沿还是下降沿。测量波形的 SettleDelayRise 和 SettleDelayFall 确定稳定延迟最大值发生在哪里。

（1）测量上升沿稳定延迟（Rising Settle Delay）：SettleDelayRise 是指当接收器的信号达到它的逻辑输入高门限电压 U_{IH} 时，上升输入波形的稳定延迟被参考作为驱动器波形周期的开始。逻辑输入高门限电压信息包含在接收器 IOP2 的信号模型中。

① 单击波形的任意地方，在"SigWave"中执行菜单命令"Zoom"→"Fit"，选择"SigWave"窗口左侧列表框中的"Differential Vertical Marker"符号，单击鼠标右键，从弹出的快捷菜单中选择"Location"，弹出"Edit Location"对话框。

② 在"X Secondary"栏中输入"7.52ns"，在"X Primary"栏中输入"10ns"，单击

"OK"按钮，关闭"Edit Location"对话框。

③ 单击波形的任意位置，在"SigWave"中执行菜单命令"Zoom"→"In Region"，单击并拖动指针包围第 1 个下降波形和第 2 个上升波形（包围 6～12ns、0～3V 的区域）。

④ 单击并按住鼠标左键，将 10ns 的"Differential Vertical Marker"移动到上升的接收器波形（HIDESIGN3 IOP2 51）通过 1.56V（U_{IH}）的地方，如图 3-7-67 所示。

注意　　　两个标志的差值是 1.704ns，而报告中的 SettleDelayRise 值为 1.49339ns，表格中的报告值接近波形测量值。

图 3-7-67　测量 SettleDelayRise

（2）测量下降沿稳定延迟（Falling Settle Delay）：SettleDelayFall 是指接收器的信号达到它的逻辑输入的低门限电压 U_{IL}，下降输入波形参考驱动器波形周期的 1/2。逻辑输入低门限电压信息包含在接收器 U1 的信号模型中。

① 单击波形的任意地方，在"SigWave"中执行菜单命令"Zoom"→"Fit"，选择"SigWave"窗口的"Differential Vertical Marker"线之一，单击鼠标右键，从弹出的快捷菜单中选择"Location"，弹出"Edit Location"对话框。

② 在"X Secondary"栏中输入"3.76ns"，在"X Primary"栏中输入"6ns"，单击"OK"按钮，关闭"Edit Location"对话框。

③ 单击波形的任意地方，在"SigWave"中执行菜单命令"Zoom"→"In Region"，单击并拖动指针包围第 1 个下降波形和第 2 个上升波形（这个框将包围 2～8ns 的区域和整个波形）。

④ 单击并按住鼠标左键，将不是 3.76ns 的"Differential Vertical Marker"线移动到左边接收器波形通过 940mV（U_{IL}）的地方，如图 3-7-68 所示。

图 3-7-68　测量 SettleDelayFall

　两个标志间的差值是 1.763ns，而报告中 SettleDelayFall 值是 1.74234ns，表格中的报告值接近波形测量值。

7）保存拓扑并退出 PCB SI

（1）在"SigXplorer PCB SI XL"窗口执行菜单命令"File"→"Exit"，关闭"SigXplorer PCB SI XL"窗口和"SigWave"窗口。

（2）在"Allegro PCB SI XL"窗口执行菜单命令"File"→"Exit"，从弹出的菜单中选择"No"，退出 PCB SI。

3.8　前仿真时序

【本节目的】　设定的拓扑是 PC 主板连接存储器的 133MHz DATA 总线的一部分。需要确保对电路运行的目标网络和长度、阻抗、驱动器速度等最小/最大条件做一些估测，然后运行最大/最小仿真或一些扫描仿真，以便掌握电路工作原理。

【使用工具】　SigXplorer PCB SI XL。

【使用文件】　physical\PCB_ver1\ DDR_MS.top 和 physical\PCB_ver1\DDR_TL.top。

扫描变量通常分为如下两类。

【加工变量】　驱动器速度、传输线阻抗、电阻公差等必须考虑。电路必须工作在所有可能的条件下。设计者能够控制这些变量，如指定 PCB 的阻抗必须是 50±5Ω，但这些变量也必须考虑。加工变量的影响将被仿真。

【设计变量】　一旦加工变量被考虑，设计者必须寻找设计变量的最大范围（如布线长度）。产生的约束（引脚排序、最小/最大布线长度、匹配长度）需要传送到后面的物理设计过程作为设计约束。这些约束包含在拓扑文件中，通过 PCB SI 应用到设计数据库中。假定 PCB 的阻抗是 50±5Ω，传输线被布在速率期望在 5400~5800mil/ns 之间的表面层，这大约等于绝缘常数 4±0.2Ω 的变化。

1．运行参数扫描

1）设置扫描参数

（1）在程序文件夹中单击"SigXplorer"图标，弹出如图 3-8-1 所示的"Cadence 17.2 Sigxp Product Choices"对话框。

（2）选择"Allegro PCB SI XL"，单击"OK"按钮，打开"SigXplorer PCB SI XL"窗口。

（3）执行菜单命令"File"→"Open"，打开 E:\PISI_example\AllegroSI\physical 文件中的"DDR_MS.top"。

（4）在 SigXplorer 工作空间单击 MS1 文本，下面的表格栏中 MS1 表格被打开，如图 3-8-2 所示。

MS1		1
d1Constant	4	1
d1LossTangent	0.035	1
d1Thickness	2.700 MIL	1
d1FreqDepFile		1
d2Constant	1	1
d2LossTangent	0	1
d2Thickness	0.000 MIL	1
d2FreqDepFile		1
length	1000.000 MIL	1
traceConductivity	595900 mho/cm	1
traceEtchFactor	90	1
traceThickness	0.700 MIL	1
traceWidth	5.000 MIL	1

图 3-8-1　"Cadence 17.2 Sigxp Product Choices"对话框　　　图 3-8-2　MS1 表格被打开

（5）单击包含"1000.000MIL"的表格区域，在该区域的末端有一个向下的箭头显示，单击这个箭头，弹出"Set Parameter: length"对话框，如图 3-8-3 所示。

（6）选中"Linear Range"，在"Start Value"栏中输入"2000"并按"Tab"键；在"Stop Value"栏中输入"3000"并按"Tab"键；在"Count"栏中输入"3"并按"Tab"键。注意"Step Size"区域，这个值基于"Start Value"值、"Stop Value"值和"Count"值。使用这些值，仿真将以 500mil 的增量运行。

（7）单击"OK"按钮，关闭"Set Parameter：length"对话框。

（8）单击"Parameters"表格"Name"栏"MS2"前面的"+"号，单击包含"300MIL"的表格区域，在该区域的末端有一个向下的箭头显示，单击这个箭头，弹出"Set Parameter: length"对话框。

（9）在"Set Parameter: length"对话框中选中"Linear Range"，在"Start Value"栏中输入"200"并按"Tab"键；在"Stop Value"栏中输入"600"并按"Tab"键；在"Count"栏中输入"3"并按"Tab"键，如图3-8-4所示。

图 3-8-3　"Set Parameter: length"对话框　　　图 3-8-4　设置长度值

（10）单击"OK"按钮，关闭"Set Parameter: length"对话框。

（11）单击"Parameters"表格"Name"栏"MS3"前面的"+"号，单击包含"500 MIL"的表格区域，在该区域的末端有一个向下的箭头显示，单击这个箭头，弹出"Set Parameter: length"对话框。

（12）在"Set Parameter: length"对话框中选中"Linear Range"，在"Start Value"栏中输入"200"并按"Tab"键；在"Stop Value"栏中输入"600"并按"Tab"键；在"Count"栏中输入"3"并按"Tab"键，如图3-8-5所示。

图 3-8-5　设置长度值

（13）单击"OK"按钮，关闭"Set Parameter: length"对话框。

2）指定测量项目

（1）在"SigXplorer PCB SI XL"窗口拓扑下面的表格中选择"Measurements"栏，单

击"Reflection"前面的"+"号浏览能被报告的不同类型的反射测量。

（2）选择包含"Reflection"的表格单元，单击鼠标右键，从弹出的快捷菜单中选择"All Off"。

（3）选择"OvershootHigh"、"OvershootLow"、"EyeHeight"、"EyeJitter"、"EyeWidth"和"NoiseMargin"6 个测量项目，如图 3-8-6 所示。

（4）单击"SigXplorer"窗口"Measurements"表格的"Reflection"前面的"－"号。

Name		Description
Reflection		✳
BufferDelayFall	☐	Buffer Delay for Falling edge
BufferDelayRise	☐	Buffer Delay for Rising edge
EyeHeight	☒	Eye Diagram Height
EyeJitter	☒	Eye Diagram Peak-Peak Jitter
EyeWidth	☒	Eye Diagram Width
FirstIncidentFall	☐	First Incident Switching check of Falling edge
FirstIncidentRise	☐	First Incident Switching check of Rising edge
Glitch	☐	Glitch tolerance check of Rising and Falling waveform
GlitchFall	☐	Glitch tolerance on the falling waveform
GlitchRise	☐	Glitch tolerance on the rising waveform
Monotonic	☐	Monotonic switching check of Rising and Falling edges
MonotonicFall	☐	Monotonic switching check of Falling edge
MonotonicRise	☐	Monotonic swltching check of Rising edge
NoiseMargin	☒	MIN(NoiseMarginHigh, NoiseMarginLow)
NoiseMarginHigh	☐	Minimum voltage in High state - Vihmin
NoiseMarginLow	☐	Vilmax - maximum voltage in Low state
OvershootHigh	☒	Maximum voltage in High state
OvershootLow	☐	Minimum voltage in Low state
PropDelay	☐	Calculated transmission line propagation delay
SettleDelay	☐	MAX(SettleDelayRise, SettleDelayFall)
SettleDelayFall	☐	Last time below Vilmax - driver Fall BufferDelay
SettleDelayRise	☐	Last time above Vihmin - driver Rise BufferDelay
SwitchDelay	☐	MIN(SwitchDelayRise, SwitchDelayFall)
SwitchDelayFall	☐	First time falling to Vihmin - driver Fall BufferDelay
SwitchDelayRise	☐	First time rising to Vilmax - driver Rise BufferDelay
Crosstalk		

图 3-8-6　选择测量项目

3）设置仿真参数

（1）在"SigXplorer"窗口执行菜单命令"Analyze"→"Preferences"，弹出"Analysis Preferences"对话框，"Pulse Stimulus"选项卡设置如图 3-8-7 所示；"Simulation Parameters"选项卡设置如图 3-8-8 所示；"Simulation Modes"选项卡设置如图 3-8-9 所示；"Measurement Modes"选项卡设置如图 3-8-10 所示，分别进行脉冲激励参数、仿真参数、仿真模式和测量模式的设置。

图 3-8-7　"Pulse Stimulus"选项卡设置

图 3-8-8　"Simulation Parameters"选项卡设置

图 3-8-9　"Simulation Modes"选项卡设置

图 3-8-10　"Measurement Modes"选项卡设置

（2）单击"OK"按钮，关闭"Analysis Preferences"对话框。

4）执行参数扫描仿真

（1）单击驱动元件 U7 上面的文字"PULSE"，弹出"IO Cell（U7）Stimulus Edit"对话框，如图 3-8-11 所示。

图 3-8-11 "IO Cell（U7）Stimulus Edit"对话框

（2）在"IO Cell（U7）Stimulus Edit"对话框的"Stimulus State"区域选中"Custom"；在"Terminal Info"区域设置"Terminal Name"为"DATA"，"Stimulus Type"为"SYNC"，"Stimulus Name"为"NONE"；在"Stimulus Editing"区域设置"Frequency"为"133MHz"，"Init"设置为"1"，"Switch At"设置为"BOTH"，单击"Pattern"后面的"Random"按钮，弹出输入参数对话框，如图 3-8-12 所示。

图 3-8-12 输入参数对话框

（3）在输入参数对话框输入"64"，单击"OK"按钮，关闭输入参数对话框，返回"IO Cell（U7）Stimulus Edit"对话框，设置完成后如图 3-8-13 所示。

图 3-8-13 设置完成后的"IO Cell (U7) Stimulus Edit"对话框

（4）在"SigXplorer PCB SI XL"窗口执行菜单命令"Analyze"→"Simulate"，开始扫

描仿真，弹出"Sweep Sampling"对话框，如图 3-8-14 所示。

　　Sweep Sampling 允许控制扫描范围。"Sweep Sampling"对话框显示扫描的全部数目。由于仿真的复杂性，执行 27 个仿真需要花费一定的时间。所以，通过定义扫描取样为全部范围的百分比指定扫描范围。部分扫描范围从全部解空间随机取样（Monte Carlo）得到。为了改变取样点设置，SigXplorer 选择基于 Random Number Seed 的点。

　　（5）在"Sweep Sampling"对话框中单击"Continue"按钮，弹出仿真进度窗口，如图 3-8-15 所示。

图 3-8-14　"Sweep Sampling"对话框　　　　图 3-8-15　仿真进度窗口

注意　仿真结束后将自动关闭进度窗口，并且仿真后不产生波形。

　　（6）仿真结束后，回到 SigXplorer 主界面，在"Result"窗口的"OvershootHigh"栏单击鼠标右键，选择"Sort Descending"，以降序排列数据。上升沿最大过冲值发生时，MS1 长度为 2000mil，MS2 长度为 400mil，MS3 长度为 200mil，仿真 ID 号为 4，如图 3-8-16 所示。

1	HIDESIGN3.U7.AM28	HIDESIGN3.IOP2	2	0.0152	Typ	200	200	2000	1812.13	0.0439104	7.47489	589.577	2445.76	68.7744
2	HIDESIGN3.U7.AM28	HIDESIGN3.IOP2	2	0.0152	Typ	200	200	2500	1805.85	0.0440167	7.47478	589.531	2431.8	82.4999
3	HIDESIGN3.U7.AM28	HIDESIGN3.IOP2	2	0.0152	Typ	200	200	3000	1804.19	0.044519	7.47428	589.483	2421.97	93.5871
4	HIDESIGN3.U7.AM28	HIDESIGN3.IOP2	2	0.0152	Typ	200	400	2000	1812.04	0.0438755	7.4748	590.134	2444.52	69.7637
5	HIDESIGN3.U7.AM28	HIDESIGN3.IOP2	2	0.0152	Typ	200	400	2500	1806.14	0.0439953	7.4748	590.081	2430.17	83.8106
6	HIDESIGN3.U7.AM28	HIDESIGN3.IOP2	2	0.0152	Typ	200	400	3000	1805.01	0.0445098	7.47429	589.865	2420.47	94.8355
7	HIDESIGN3.U7.AM28	HIDESIGN3.IOP2	2	0.0152	Typ	200	600	2000	1812.04	0.0438494	7.47495	590.716	2442.99	71.0301
8	HIDESIGN3.U7.AM28	HIDESIGN3.IOP2	2	0.0152	Typ	200	600	2500	1806.57	0.0439831	7.47481	590.678	2428.33	85.2978
9	HIDESIGN3.U7.AM28	HIDESIGN3.IOP2	2	0.0152	Typ	200	600	3000	1805.99	0.0445059	7.47429	590.232	2418.66	96.358

图 3-8-16　仿真结果

　　（7）在"OvershootLow"栏单击鼠标右键，选择"Sort Descending"，以降序排列数据。下降沿最大过冲值发生时，MS1 长度为 3000mil，MS2 长度为 200mil，MS3 长度为 600mil，仿真 ID 号为 21，如图 3-8-17 所示。

17	HIDESIGN3.U7.AM28	HIDESIGN3.IOP2	2	0.0152	Typ	400	600	2500	1808.83	0.0442007	7.4746	592.315	2417.94	96.6905
18	HIDESIGN3.U7.AM28	HIDESIGN3.IOP2	2	0.0152	Typ	400	600	3000	1809.28	0.0446775	7.47412	590.913	2407.45	107.849
19	HIDESIGN3.U7.AM28	HIDESIGN3.IOP2	2	0.0152	Typ	600	200	2000	1812.57	0.0443379	7.47443	592.667	2419.61	96.1397
20	HIDESIGN3.U7.AM28	HIDESIGN3.IOP2	2	0.0152	Typ	600	200	2500	1811.85	0.0443622	7.47443	592.502	2411.69	104.312
21	HIDESIGN3.U7.AM28	HIDESIGN3.IOP2	2	0.0152	Typ	600	200	3000	1811.69	0.0447382	7.47406	591.288	2399.03	117.008
22	HIDESIGN3.U7.AM28	HIDESIGN3.IOP2	2	0.0152	Typ	600	400	2000	1812.85	0.0443235	7.47447	593.234	2417.83	97.6288
23	HIDESIGN3.U7.AM28	HIDESIGN3.IOP2	2	0.0152	Typ	600	400	2500	1812.58	0.0443478	7.47445	592.817	2410.1	105.66
24	HIDESIGN3.U7.AM28	HIDESIGN3.IOP2	2	0.0152	Typ	600	400	3000	1812.97	0.0447321	7.47406	591.253	2399.87	116.398

图 3-8-17　仿真结果

5）检查仿真结果是否满足设计要求 查看表格中的数据，与表 3-8-1 所示的值进行比较，确保仿真结果满足这些设计规范。

表 3-8-1 约束参数

OvershootHigh	OvershootLow	EyeHeight	EyeJitter	EyeWidth	NoiseMargin
2500mV	100mV	1800mV	0.06ns	3.6ns	590mV

（1）在"Results"表格中单击"SimID21"，按住"Ctrl"键选择"SimID4"，单击鼠标右键，从弹出的快捷菜单中选择"View Waveform"，打开"SigWave"窗口显示波形，如图 3-8-18 所示。

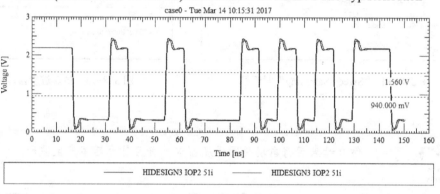

图 3-8-18 显示波形

（2）执行菜单命令"Zoom"→"In Region"，放大波形的某一段区域显示，对比两个接收器的波形，如图 3-8-19 所示。

图 3-8-19 对比两个接收器的波形

（3）在"SigWave"窗口执行菜单命令"File"→"Exit"，退出"SigWave"窗口。

（4）在"SigXplorer PCB SI XL"窗口执行菜单命令"File"→"Export"→"Spreadsheet"→"Results…"，输出仿真数据，弹出如图 3-8-20 所示的对话框。

（5）在"文件名"文本框中输入"DDR_MS_swp_rpt"，单击"保存"按钮。

2．为拓扑添加约束

1）修改拓扑模型

（1）在程序文件夹中单击"SigXplorer"图标，弹出"Cadence 17.2 Sigxp Product Choices"对话框，如图 3-8-21 所示。

图 3-8-20　输出仿真数据　　　　图 3-8-21　"Cadence 17.2 Sigxp Product Choices"对话框

（2）选择"Allegro PCB SI XL"，单击"OK"按钮，打开"SigXplorer PCB SI XL"窗口。执行菜单命令"File"→"Open"，打开 E:\physical\PCB_ver1\DDR_TL.top 文件。由于该拓扑结构为连接两个 PCB 的模型，而 PCB"ddr_module.brd"上的布局、布线都已完成，不能对其进行修改，这里只对 PCB"hidesign3.brd"上的拓扑结构进行约束，如图 3-8-22 所示。

图 3-8-22　PCB 文件

（3）删除拓扑结构中属于 PCB"ddr_module.brd"部分的拓扑模型及单线连接器模型，如图 3-8-23 所示。

图 3-8-23　删除部分拓扑模型

（4）在"SigXplorer PCB SI XL"窗口执行菜单命令"Edit"→"Add Element…"，弹出"Add Element Browser"对话框，如图 3-8-24 所示。

（5）在"Add Element Browser"对话框顶部的"Model Type Filter"下拉菜单中选择"GenericElement"，如图 3-8-25 所示。

图 3-8-24　"Add Element Browser"对话框

图 3-8-25　选择"GenericElement"

（6）在"Model Name"列表框中选择"Connector"，在工作空间双击鼠标左键添加连接器，如图 3-8-26 所示。添加的该连接器相当于 PCB 中的 XU1 元件的引脚。

图 3-8-26　添加连接器

（7）单击"OK"按钮，关闭"Add Element Browser"对话框。

（8）单击刚刚添加的 JO1 的 1 号引脚，连线到 TL2 的引脚上，如图 3-8-27 所示。

图 3-8-27　添加连线

（9）在"SigXplorer PCB SI XL"窗口执行菜单命令"File"→"Save As"，将其保存在路径"E:\physical\PCB_ver1"中，文件名称为"DDR_Template.top"。

2）为 DDR_Template 拓扑添加 Impedance 约束

（1）执行菜单命令"Setup"→"Constraints…"，在弹出的"Set Topology Constraints"对话框中选中"Impedance"选项卡，设置阻抗约束。从"Pins/Tees"列表中选择"ALL/ALL"，"From"区域现在显示"ALL"，"To"区域现在显示"ALL"，如图 3-8-28 所示。

图 3-8-28 设置阻抗约束

（2）在"Rule Editing"区域的"Target"栏中输入 50，从"Type"下拉菜单中选择"%Ohms"，在"Tolerance"栏中输入 10，如图 3-8-29 所示。

（3）单击"Add"按钮为拓扑添加阻抗约束，如图 3-8-30 所示。

图 3-8-29 设置约束 　　　　　　　　　　　图 3-8-30 添加阻抗约束

3）为 DDR_Template 拓扑添加 Prop Delay 约束

（1）在"Set Topology Constraints"对话框中选中"Prop Delay"选项卡，设置传输延时。从"Pins/Tees"列表中选择"U7.AM28"，"Rule Editing"区域的"From"栏中现在显示"U7.AM28"；从"Pins/Tees"列表中选择"R97.1"，"Rule Editing"区域的"To"栏中现在显示"R97.1"，如图 3-8-31 所示。

（2）在"Rule Editing"区域的"Rule Type"栏中选择"Length"，在"Min Length"栏中输入"2000MIL"，在"Max Length"栏中输入"3000MIL"，如图 3-8-32 所示。

图 3-8-31　设置传输延时　　　　　　　　　　　　　图 3-8-32　设置约束

（3）单击"Add"按钮添加约束设置，如图 3-8-33 所示。

（4）从"Pins/Tees"列表中选择"R97.1"，在"Rule Editing"区域的"From"栏中现在显示"R97.1"；从"Pins/Tees"列表中选择"JO1.1"，在"Rule Editing"区域的"To"栏中现在显示"JO1.1"。在"Rule Type"栏中选择"Length"，在"Min Length"栏中输入"500MIL"，在"Max Length"栏中输入"1000MIL"，如图 3-8-34 所示。

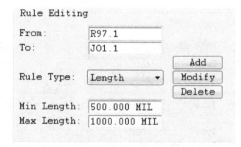

图 3-8-33　添加约束设置　　　　　　　　　　　　　图 3-8-34　设置约束

（5）单击"Add"按钮添加约束设置，如图 3-8-35 所示。

（6）从"Pins/Tees"列表中选择"JO1.1"，在"Rule Editing"区域的"From"栏中现在显示"JO1.1"；从"Pins/Tees"列表中选择"R238.1"，在"Rule Editing"区域的"To"栏中现在显示"R238.1"。在"Rule Type"栏中选择"Length"，在"Min Length"栏中输入"200MIL"，在"Max Length"栏中输入"600MIL"，如图 3-8-36 所示。

图 3-8-35　添加约束设置　　　　　　　　　　　　图 3-8-36　设置约束

（7）单击"Add"按钮添加约束设置，如图 3-8-37 所示。

4）为 DDR_Template 拓扑添加 Rel Prop Delay 约束

（1）在"Set Topology Constraints"对话框中选中"Rel Prop Delay"选项卡，设置 Rel Prop Delay 约束，如图 3-8-38 所示。

图 3-8-37　添加约束设置　　　　　　　　　　　图 3-8-38　设置 Rel Prop Delay 约束

（2）在"Rule Editing"区域的"Rule Name"栏中输入"BYTE_LANE"，从"Pins/Tees"列表中选择"U7.AM28"，在"Rule Editing"区域的"From"栏中现在显示"U7.AM28"；从"Pins/Tees"列表中选择"JO1.1"，在"Rule Editing"区域的"To"栏中现在显示"JO1.1"。在"Scope"栏中选择"Bus"，在"Delta Type"栏中选择"Length"，在"Delta"栏中输入"0MIL"，在"Tol Type"栏中选择"Length"，在"Tolerance"栏中输入"100MIL"，如图 3-8-39 所示。

图 3-8-39　设置约束

（3）单击"Add"按钮添加约束设置，如图 3-8-40 所示。

5）为 DDR_Template 拓扑添加 Wiring 约束

（1）在"Set Topology Constraints"对话框中选中"Wiring"选项卡，在"Topology"区域的"Mapping Mode"栏中选择"Pinuse and Refdes"。

（2）在"Schedule"栏中选择"Template"。

（3）在"Set Topology Constraints"对话框中单击"Apply"按钮，完成 Wiring 约束设置，如图 3-8-41 所示。

图 3-8-40　添加约束设置　　　　　　　　图 3-8-41　Wiring 约束设置

6）为 DDR_Template 拓扑添加 User-Defined 约束

（1）在"Set Topology Constraints"对话框中选中"User-Defined"选项卡，在"Rule Editing"区域的"Name"栏中输入"NET_CLASS"，在"Type"栏中选择"String"，在"Value（optional）"栏中输入"DDR_DATA_R"，如图 3-8-42 所示。

（2）单击"Add"按钮添加约束设置，如图 3-8-43 所示。

图 3-8-42　设置约束　　　　　　　　图 3-8-43　添加约束设置

（3）在"Rule Editing"区域的"Name"栏中输入"NET_CLASS_1"，在"Type"栏中选择"String"，在"Value（optional）"栏中输入"DDR_DQS_R"，如图 3-8-44 所示。

（4）单击"Add"按钮添加约束设置，如图 3-8-45 所示。

图 3-8-44　设置约束　　　　　　　　图 3-8-45　添加约束设置

（5）在"Rule Editing"区域的"Name"栏中输入"NET_CLASS_2"，在"Type"栏中选择"String"，在"Value（optional）"栏中输入"DDR_DATA_R"，如图 3-8-46 所示。

（6）单击"Add"按钮添加约束设置，如图 3-8-47 所示。

图 3-8-46　设置约束　　　　　　　　图 3-8-47　添加约束设置

（7）单击"OK"按钮，关闭"Set Topology Constraints"对话框。

（8）在 SigXplorer 中执行菜单命令"File"→"Save"，保存拓扑。

3.9　模板应用和约束驱动布局

【本节目的】　本节主要学习建立执行串扰仿真的拓扑结构，根据串扰仿真的仿真结果，以及其他的一些设计规则建立电气约束规则，完成高速 PCB 的布局。

【使用工具】 SigXplorer PCB SI XL、Allegro PCB SI XL、Allegro Constraint Manager。

【使用文件】 physical\PCB_ver1\ xtalkwork、physical\PCB_ver1\hidesign3.brd。

1. 基础知识

1）有损传输线

☺ 传输线的分布参数 R、G 不能忽略，电压、电流为减幅波，沿线能量衰减。

☺ 波速与频率有关，为色散波，引起信号失真。

☺ 特性阻抗为复数，难以实现阻抗匹配。

☺ 在兆赫兹频率上和高速背板设计时，要考虑传输线的损耗，使用有损模型进行
分析。

2）均匀传输线

☺ 若传输线的构成材料、几何尺寸、相对位置及周围介质沿线均无变化，则称为均匀
传输线。

☺ 由完全导体组成的二线均匀传输线周围的电磁波为 TEM 波。

☺ 若导线有损耗，有电磁能量从导线周围进入导线内部，其中一部分转化为热能，另
一部分转化为储存在导线内部的磁场能，电场强度弹出和场传播方向相同的分量，
二线传输线系统中的电磁波就不是 TEM 波。

☺ 导体是良导体，损耗不大，所以即使导线有损耗仍可按 TEM 波分析，但必须把传输
线吸收电磁能的效应考虑进去，使用有损传输线模型分析。

有损传输线模型和理想传输线模型如图 3-9-1 所示。

图 3-9-1 有损传输线模型和理想传输线模型

3）PCB 板级传输线 PCB 板级传输线包括微带线（Microstrip）和带状线（Stripline）。

微带线包括一条信号线，顶部和侧边在空气中，位于介电常数为 ε_r 的 PCB 的表面之
上，以电源或接地层为参考平面，如图 3-9-2 所示。微带线分为表面微带线、覆膜微带线和
嵌入微带线 3 种类型。

带状线的导线夹在两个参考面之间，如图 3-9-3 所示，分为对称带状线和偏移带状线两
种类型。

图 3-9-2 微带线结构图   图 3-9-3 带状线结构图

4）串扰

（1）串扰的定义：容性耦合即电场耦合，引发耦合电流，干扰源上的电压变化在被干扰对象上引起感应电流而导致电磁干扰。

感性耦合即磁场耦合，引发耦合电压，干扰源上的电流变化产生的磁场在被干扰对象上引起感应电压从而导致电磁干扰。

容性耦合信号和感性耦合信号统称为串扰。

（2）串扰分析：串扰分析模型如图 3-9-4 所示。

AB：驱动线路　　CD：受扰线路
A：驱动端　　　　B：接收端
C：近端（后向）　D：远端（前向）

图 3-9-4 串扰分析模型

☺ 感性串扰分析：
　◇ 相当于在受扰网络中串联电压源。
　◇ 前向串扰电压和后向串扰电压极性相反、大小相等。
　◇ 前向串扰电流和后向串扰电流同向且相等。
　◇ 前向串扰具有累积效应，持续时间短（等于驱动源的上升/下降时间）。
　◇ 后向串扰不具有累积效应，持续时间长（等于 $2T_{pd}$）。
　◇ 前向串扰和后向串扰在 $U\text{-}t$ 图上包围的面积相等。
☺ 容性串扰分析：
　◇ 相当于在受扰网络中并联电流源。
　◇ 前向串扰电压和后向串扰电压相等。
　◇ 前向串扰电流和后向串扰电流大小相等、方向相反。

◇ 前向串扰具有累积效应，持续时间短（等于驱动源的上升/下降时间）。

◇ 后向串扰不具有累积效应，持续时间长（等于 $2T_{pd}$）。

◇ 前向串扰和后向串扰在 U-t 图上包围的面积相等。

若两条信号布线具有完美的参考平面，处于均匀的介质当中（如带状线），则感性耦合和容性耦合所产生的前向串扰的大小相等、极性相反，相互抵消，而后向串扰则表现为相同极性，两种感应产生串扰电流（电压）相互叠加。

对于非理想的地平面（如参考平面开槽）或微带线，互感增大，感性耦合的影响要大于容性耦合，前向串扰不能完全抵消，感性耦合产生的串扰就比容性耦合产生的串扰大很多，前向串扰呈负极性，串扰电压的波峰值可能要比后向串扰大得多。

（3）串扰的抑制：

☺ 将传输线间的距离 S 增大到规则允许的最大值。

☺ 尽量使导体靠近平面层，增强与平面层间的耦合。

☺ 对关键网络使用差分线技术。

☺ 相邻的信号层布线彼此正交。

☺ 最小化信号间平行布线的长度。

☺ 信号线应该设计成带状线或埋式微带线，以消除传输速度的变化。

☺ 妥善布局，防止布线时出现拥挤。

☺ 在满足时序要求的前提下，尽量使用上升边沿慢的元器件。

☺ 加入保护地环。

2．为串扰仿真建立拓扑

1）添加耦合模型

（1）从程序文件夹中选择"SigXplorer"，弹出"Cadence 17.2 Sigxp Product Choices"对话框，如图 3-9-5 所示。选择"Allegro PCB SI XL"，单击"OK"按钮，打开"SigXplorer PCB SI XL"窗口。

（2）执行菜单命令"File"→"Save As"，弹出"另存为"对话框，选择路径为 E:\physical\PCB_ver1，在"文件名"栏中输入"xtalkwork"，单击"保存"按钮。

（3）执行菜单命令"Edit"→"Add Element…"，弹出"Add Element Browser"对话框，如图 3-9-6 所示。

图 3-9-5 "Cadence 17.2 Sigxp Product Choices"对话框

图 3-9-6 "Add Element Browser"对话框

（4）在"Add Element Browser"对话框中的"Model Type Filter"栏中选择"Interconnect"，在列表框中选择"Microstrip_3"，Microstrip_3 模型在"SigXplorer PCB SI XL"窗口随光标移动。

（5）移动光标指针到"SigXplorer PCB SI XL"窗口的工作空间，单击鼠标左键放置Microstrip_3 模型，如图 3-9-7 所示。

图 3-9-7　放置模型

（6）单击"OK"按钮，关闭"Add Element Browser"对话框。模型是一个 3 传输线耦合模型。它代表能平行布线的主机总线的 3 位。参考耦合模型 Trace1 将代表 DDR_DS0，Trace2 代表 DDR_D0，Trace3 代表 DDR_D1。

2）设置 3 传输线模型的参数

（1）在"SigXplorer PCB SI XL"工作空间单击 TL_MS1 的长度值（1000mil），"Parameters"表格区域"Length"表格被高亮显示，单击鼠标右键，从弹出的快捷菜单中选择"View Trace Parameters"，弹出"View Trace Model Parameters"对话框，浏览模型参数，如图 3-9-8 所示。

图 3-9-8　浏览模型参数

☺ Cross Section Legend: 一个物理参数如何定义的交叉组合显示。

☺ Parameter Values: Trace 模型的长度和用于确定分布参数的默认参数。

☺ Field Solution Results: Use Custom Frequency（现在为 0）被显示，后面有两个下拉菜单。

◇ Matrix: 显示截止频率处的 Capcitance、Impedance、Inductance、Die-Conductance、Linear Resistance、Modal Velocity、Admittance、Near-End coupling、Modal Delay 值。

◇ Frequency: 用于浏览频率相关的 AC 分布参数损失，现在没有设置截止频率。

（2）在 SigXplorer 的"Parameters"表格中显示的变量定义传输线模型 TL_MS1，如图 3-9-9 所示。

☺ d1Constant（图 3-9-8 中的 Er（D1））：平面层表面和传输线导线之间材料的介电常数。

☺ d1LossTangent（图 3-9-8 中的 Lt（D1））：电介质 D1 的损耗因数。

☺ d1Thickness（图 3-9-8 中的 T（D1））：平面层表面和传输线导线之间材料的厚度。

☺ d2Constant（图 3-9-8 中的 Er（D2））：传输线导线上面的材料的介电常数。

TL_MS1		1
d1Constant	4.5	1
d1LossTangent	0.035	1
d1Thickness	10.00 MIL	1
d1FreqDepFile		1
d2Constant	1	1
d2LossTangent	0	1
d2Thickness	0.00 MIL	1
d2FreqDepFile		1
length	1000.00 MIL	1
spacing	5.00 MIL	1
spacing2	TL_MS1.spacing	1
traceConductivity	595900 mho/cm	1
traceEtchFactor	90	1
traceThickness	0.72 MIL	1
traceWidth	5.00 MIL	1
traceWidth2	TL_MS1.traceWidth	1
traceWidth3	TL_MS1.traceWidth	1

图 3-9-9 定义传输线模型 TL_MS1

☺ d2LossTangent（图 3-9-8 中的 Lt（D2））：电介质 D2 的损耗因数。

☺ d2Thickness（图 3-9-8 中的 T（D2））：传输线导线上面的绝缘材料的厚度。

☺ length: 传输线导线的长度。

☺ spacing（图 3-9-8 中的 S）：Trace1 和 Trace2 的间距。

☺ spacing2（图 3-9-8 中的 S2）：Trace2 和 Trace3 的间距。默认情况下 spacing2 [S2]参数值与 spacing[S]参数值相同，能够根据需要改变它。

☺ traceConductivity（图 3-9-8 中的 Cond）：传输线导线的电导率。

☺ traceThickness（图 3-9-8 中的 T）：传输线导线的厚度。

☺ traceWidth（图 3-9-8 中的 W）：Trace1 导线的宽度。

☺ traceWidth2（图 3-9-8 中的 W2）：Trace2 导线的宽度。默认情况下，traceWidth2 参数值将和 traceWidth 参数值相同，能够根据需要改变它。

☺ traceWidth3（图 3-9-8 中的 W3）：Trace3 导线的宽度。默认情况下，traceWidth3 参数值将和 traceWidth 参数值相同，能够根据需要改变它。

（3）在 SigXplorer 的"Parameters"表格中，双击"d1Thickness"包含"10mil"的"Value"区域，修改为 2.7 并按"Tab"键。"View Trace Model Parameters"对话框中的 T（D1）也变为 2.7，如图 3-9-10 所示。

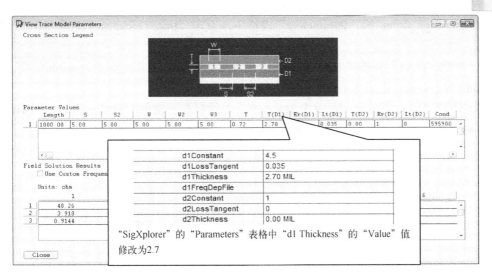

图 3-9-10 "View Trace Model Parameters"对话框

（4）在 SigXplorer 的"Parameters"表格中，单击"length"包含"1000mil"的
"Value"区域，一个向下的箭头显示在"1000mil"区域的后面，单击向下的箭头，弹出
"Set Parameter: length"对话框，如图 3-9-11 所示。

（5）选中"Set Parameter: length"对话框中的"Linear Range"单选按钮，在"Stop
Value"栏中输入"6000"并按"Tab"键；在"Start Value"栏中输入"2000"并按"Tab"
键；在"Count"区域输入"5"并按"Tab"键；注意"Step Size"区域，使用这些值，仿
真将以 1000mil 增量运行，如图 3-9-12 所示。

图 3-9-11 "Set Parameter: length"对话框

图 3-9-12 设置长度值

（6）单击"OK"按钮，关闭"Set Parameter: length"对话框。

（7）在 SigXplorer 的"Parameters"表格中，双击"traceThickness"包含"0.72mil"的区域。

（8）输入"1.44"并按"Tab"键，这个值在 SigXplorer 工作空间改为 0.7mil。半盎司铜是 0.72mil 厚，1 盎司铜是 1.44mil 厚。

（9）注意"View Trace Model Parameters"对话框左下角的阻抗值。Trace1 和 Trace3 阻抗值为 46.58Ω，Trace2 阻抗值为 46.29Ω，如图 3-9-13 所示。

Field Solution Results

	Use Custom Frequency:	0GHz	Matrix:	Impedance ▼
Units: ohm			Frequency:	0GHz ▼

	1	2	3	4
1	46.58	4.523	1.079	
2	4.523	46.29	4.523	
3	1.079	4.523	46.58	

图 3-9-13　阻抗值

"View Trace Model Parameters"对话框显示设置参数的传输线阻抗。

（10）单击"Close"按钮，关闭"View Trace Model Parameters"对话框。

3）添加单传输线模型

（1）在 SigXplorer 中执行菜单命令"Edit"→"Add Element…"，弹出"Add Element Browser"对话框，如图 3-9-14 所示。在"Add Element Browser"对话框的"Model Type Filter"栏中选择"Interconnect"并从列表"Model Name"中选择"Microstrip_1"，在 SigXplorer 窗口 Microstrip_1 模型连接指针，移动指针到 SigXplorer 工作区间，单击鼠标左键摆放 Microstrip_1 模型，如图 3-9-15 所示。

（2）单击"OK"按钮，关闭"Add Element Browser"对话框。

图 3-9-14　"Add Element Browser"对话框

图 3-9-15　摆放 Microstrip_1 模型

4）设置单传输线模型参数

（1）单击 SigXplorer 工作空间的 TL_MS2 传输线模型长度值（1000mil），在"Parameters"表格区域"length"表格被高亮显示，如图 3-9-16 所示。

（2）双击 TL_MS2 的 d1Thickness 包含"10mil"的"Value"区域，输入"2.7"并按"Tab"键。

（3）双击 TL_MS2 的 traceThickness 包含"0.72mil"的"Value"区域，输入"0.7"并按"Tab"键，如图 3-9-17 所示。

⊟	TL_MS2		1
	d1Constant	4.5	1
	d1LossTangent	0.035	1
	d1Thickness	10.00 MIL	1
	d1FreqDepFile		1
	d2Constant	1	1
	d2LossTangent	0	1
	d2Thickness	0.00 MIL	1
	d2FreqDepFile		1
	length	1000.00 MIL	1
	traceConductivity	595900 mho/cm	1
	traceEtchFactor	90	1
	traceThickness	0.72 MIL	1
	traceWidth	5.00 MIL	1

图 3-9-16　TL_MS2 参数

⊟	TL_MS2		1
	d1Constant	4.5	1
	d1LossTangent	0.035	1
	d1Thickness	2.70 MIL	1
	d1FreqDepFile		1
	d2Constant	1	1
	d2LossTangent	0	1
	d2Thickness	0.00 MIL	1
	d2FreqDepFile		1
	length	1000.00 MIL	1
	traceConductivity	595900 mho/cm	1
	traceEtchFactor	90	1
	traceThickness	0.70 MIL	1
	traceWidth	5.00 MIL	1

图 3-9-17　修改 TL_MS2 参数

（4）在 TL_MS2 下面的表格区域任意地方单击鼠标右键，从弹出的快捷菜单中选择"View Trace Parameters"，注意"View Trace Model Parameters"对话框左下方的阻抗值，传输线阻抗值是 48.5Ω，如图 3-9-18 所示。

（5）单击"Close"按钮，关闭"View Trace Model Parameters"对话框。

图 3-9-18　传输线阻抗值

5）添加终端电阻

（1）在 SigXplorer 窗口执行菜单命令"Edit"→"Add Element…"，弹出"Add Element Browser"对话框，如图 3-9-19 所示。

图 3-9-19　"Add Element Browser"对话框

（2）在"Add Element Browser"对话框的"Model Type Filter"栏中选择"Generic Element"，在"Model Name"列表框中选择"Resistor"，在工作空间中单击鼠标左键摆放电阻，如图 3-9-20 所示。

图 3-9-20　摆放电阻

（3）单击"OK"按钮，关闭"Add Element Browser"对话框。

（4）在 SigXplorer 工作空间单击 50Ω 电阻值，"resistance"表格被高亮显示，注意到电阻的阻值为 50Ω，如图 3-9-21 所示。

□ R1		1
resistance	50 Ohm	1

图 3-9-21　电阻值

（5）单击鼠标左键选中电阻，执行菜单命令"Edit"→"Rotate Right"，旋转元件到一个垂直位置，如图 3-9-22 所示（仅分立元件如电阻、电容、电导能被旋转）。

图 3-9-22　旋转元件

（6）单击电阻 R1 标有"2"的引脚，单击 TL_MS2 无连接的点，连接引脚，如图 3-9-23 所示。

6）添加电源

（1）在 SigXplorer 窗口执行菜单命令"Edit"→"Add Element..."，弹出"Add Element Browser"对话框，如图 3-9-24 所示。

图 3-9-23　连接引脚　　　　　　　　图 3-9-24　"Add Element Browser"对话框

（2）在"Model Name"列表框中选择"Source"，在工作空间单击鼠标左键摆放电源，如图 3-9-25 所示。

图 3-9-25　摆放电源

（3）单击"OK"按钮，关闭"Add Element Browser"对话框。

（4）在 SigXplorer 工作空间单击 5V 的电压值，V1 下面的"voltage"表格会被高亮显示，如图 3-9-26 所示。

（5）双击"5V"表格区域，输入"2.5"并按"Tab"键。

（6）单击电阻 R1 的标有"1"的引脚，双击电源的连接点，连接电源，如图 3-9-27 所示。

⊟ V1		1
voltage	5 V	1

图 3-9-26　电压值

图 3-9-27　连接电源

7）添加其他元件

（1）画一个选择框框住电阻 R1、2.5V 电源和 TL_MS2，在 SigXplorer 窗口执行菜单命令"Edit"→"Copy"，或者在右键快捷菜单中选择"Copy"，在工作空间单击并按住鼠标左键，框住的元件随光标移动。

（2）在工作空间移动鼠标到一个开放的区域，单击鼠标左键放置元件，重复上面的步骤 5 次，最终结果如图 3-9-28 所示。

图 3-9-28　复制元件

8）重新连接电路　注意图 3-9-28 中左边的 3 组元件与 TL_MS1 连接不方便，所以需要移动电源的电阻到传输线的另一边。

（1）单击连接 TL_MS7 和 R6、TL_MS6 和 R5、TL_MS5 和 R4 的线，删除这些导线。

（2）画一个选择框框住电阻 R6 和 2.5V 电源，选择两个元件（这两个元件被高亮显示），执行菜单命令"Edit"→"Move"，在工作空间单击并按住鼠标左键。

（3）移动鼠标到 Trace 模型 TL_MS7 的另一边，单击鼠标左键放置元件，用同样方法再移动另两组元件。

（4）单击 R6 的标有"2"的引脚，双击传输线模型 TL_MS7 的点，用同样方法连接另两组元件，如图 3-9-29 所示。

图 3-9-29　调整元件位置

9）为驱动器添加 IBIS Device 模型　测量的 Trace 是 DDR_DS0 网络，它连接 A U7.AM28 和 B U1.51。邻近的驱动器/接收器对是 DDR_D0，它连接 A U7.AM27 和 B U1.62。另一个邻近的驱动器/接收器对是 DDR_D1 网络，它连接 A U7.AL27 和 B U1.56。这些信息可以从原理图或 PCB 的网络表中提取。

（1）在"SigXplorer PCB SI XL"窗口执行菜单命令"Edit"→"Add Element…"，弹出"Add Element Browser"对话框，从"Model Type Filter"栏中选择"IbisDevice"，如图 3-9-30 所示。滚动列表，在"Model Name"列表框中选择"EP1SGX25F（sigxp.dml）"，弹出"Select IBIS Device Pin"对话框，如图 3-9-31 所示，列出组成 IBIS Device 模型的所有引脚。列表也显示信号名、IOCell 模型名和 IOCell 模型的类型。

图 3-9-30　"Add Element Browser"对话框

图 3-9-31　"Select IBIS Device Pin"对话框

（2）在"Select IBIS Device Pin"对话框中滚动列表，选择"AM27"号引脚，GTL_IO 模型连接指针，移动指针到工作空间并靠近 TL_MS5 传输线模型，双击摆放模型，如

图 3-9-32 所示。

（3）单击 IOCell 模型 IOP1 的标有"AM27"的端点，单击传输线模型 TL_MS5 的端点，单击连接模型 TL_MS1 的 TRACE1 点。

（4）滚动列表选择"AM28"号引脚（U7 的 IOCell 器件）。模型连接指针，移动指针到 SigXplorer 工作空间并双击摆放模型。

（5）单击 IOCell 模型 IOP2 的标有"AM28"的端点，单击传输线模型 TL_MS6 的端点，单击连接模型 TL_MS1 的 TRACE2 点。

图 3-9-32 摆放模型

（6）滚动列表选择"AL17"号引脚（U7 的 IOCell 器件）。模型连接指针，移动指针到 SigXplorer 工作空间并单击摆放模型。

（7）单击 IOCell 模型 IOP3 的标有"AL17"的端点，单击 Trace 模型 TL_MS7 的端点，双击连接模型 TL_MS1 的 TRACE3 点，如图 3-9-33 所示。

图 3-9-33 连接拓扑

（8）单击"Close"按钮，关闭"Select IBIS Device Pin"对话框。

10）为接收器添加 IBIS Device 模型

（1）在"Add Element Browser"对话框的"Model Name"列表框中选择"DDRSDRAM（sigxp.dml）"，弹出"Select IBIS Device Pin"对话框，如图 3-9-34 所示。

（2）滚动列表选择"62 DQ_HALF"（U1 的 IOCell 器件），模型连接指针，移动指针到工作区间并靠近 TL_MS2 传输线模型，单击摆放模型，如图 3-9-35 所示。单击 IOCell 模型 IOP4 的标有"62"的点，单击传输线模型 TL_MS2 的点，单击连接模型 TL_MS1 的

TRACE1 的无连接的点。

<table>
<tr><td colspan="4">图 3-9-34 "Select IBIS Device Pin" 对话框</td></tr>
</table>

图 3-9-34 "Select IBIS Device Pin" 对话框　　　　图 3-9-35 摆放模型

（3）滚动列表选择 "51 DQ_HALF" 号引脚，GTL_IO 模型连接指针，移动指针到工作区间并靠近 TL_MS3 传输线模型，单击摆放的 GTL_IO 模型。单击 IOCell 模型 IOP5 的标有 "51" 的点，单击传输线模型 TL_MS3 的点，单击连接模型 TL_MS1 的 TRACE2 的无连接的点。

（4）滚动列表选择 "56 DQ_HALF" 号引脚，GTL_IO 模型连接指针，移动指针到工作区间并靠近 TL_MS4 Trace 模型，单击摆放的 GTL_IO 模型。单击 IOCell 模型 IOP6 的标有 "56" 的点，单击传输线模型 TL_MS4 的点，单击连接模型 TL_MS1 的 TRACE3 的无连接的点。

（5）执行菜单命令 "Edit" → "Move"，对工作空间的元件位置进行调整，如图 3-9-36 所示。

图 3-9-36 调整元件位置

（6）单击 "Close" 按钮，关闭 "Select IBIS Device Pin" 对话框。

（7）单击 "OK" 按钮，关闭 "Add Element Browser" 对话框。

（8）在 "SigXplorer PCB SI XL" 窗口执行菜单命令 "File" → "Save"，保存拓扑。

3. 执行串扰仿真

1）设置参数

（1）在 "SigXplorer PCB SI XL" 窗口执行菜单命令 "Analyze" → "Preferences"，弹出

"Analysis Preferences"对话框，如图 3-9-37 所示。

（2）设置"Pulse Stimulus"选项卡参数，如图 3-9-38 所示。

图 3-9-37 "Analysis Preferences"对话框   图 3-9-38 设置"Pulse Stimulus"选项卡参数

（3）设置"Simulation Parameters"选项卡参数，如图 3-9-39 所示。

（4）设置"Simulation Modes"选项卡参数，如图 3-9-40 所示。

图 3-9-39 设置"Simulation Parameters"选项卡参数   图 3-9-40 设置"Simulation Modes"选项卡参数

（5）设置"Measurement Modes"选项卡参数，如图 3-9-41 所示。

（6）单击"OK"按钮，关闭"Analysis Preferences"对话框。

2）执行奇模式串扰仿真

（1）设置激励（攻击网络为 Rise，被攻击网络为 Low）。假定 IOP2 和 IOP5 间的网络为受攻击网络，其他两个网络是攻击网络。

① 在工作空间单击 IOP2 上面的文字"TRISTATE"，弹出"IO Cell（IOP2）Stimulus Edit"对话框，如图 3-9-42 所示。

② 在"Stimulus State"区域选中"Quiet Lo"单选按钮，单击"Apply"按钮。

③ 单击改变 IOP1 上面的文字"TRISTATE"，在"Stimulus State"区域选中"Rise"单选按钮，单击"Apply"按钮。

④ 单击改变 IOP3 上面的文字"TRISTATE"，在"Stimulus State"区域选中"Rise"单选按钮，单击"Apply"按钮。

图 3-9-41　设置"Measurement Modes"
选项卡参数

图 3-9-42　"IO Cell（IOP2）Stimulus Edit"
对话框

⑤ 确认 IOP4、IOP5 和 IOP6 上面的激励设置为"TRISTATE"。

⑥ 单击"OK"按钮，关闭"IO Cell（IOP2）Stimulus Edit"对话框。

（2）执行仿真。

① 在 SigXplorer 窗口"Measurements"表格选中"Crosstalk"后的单选按钮，如图 3-9-43 所示，选择串扰仿真。

执行菜单命令"Analyze"→"Simulate"，弹出"Sweep Sampling"对话框，如图 3-9-44 所示。

图 3-9-43　选择串扰仿真

图 3-9-44　"Sweep Sampling"对话框

② 单击"Continue"按钮，开始仿真，同时弹出"Simulation Progress"对话框，如图 3-9-45 所示。仿真结束后，自动打开"Results"表格，共有 5 个仿真结果，如图 3-9-46 所示。

SimID	Driver	Receiver	FTSMode	MS1.traceWidth3 [MIL]	MS1.traceWidth2 [MIL]	MS1.spacing2 [MIL]	MS1.leng [MIL]
1	DESIGN.IOP2.AM28	DESIGN.IOP8.51	Fast	5	5	5	2000
2	DESIGN.IOP2.AM28	DESIGN.IOP8.51	Fast	5	5	5	3000
3	DESIGN.IOP2.AM28	DESIGN.IOP8.51	Fast	5	5	5	4000
4	DESIGN.IOP2.AM28	DESIGN.IOP8.51	Fast	5	5	5	5000
5	DESIGN.IOP2.AM28	DESIGN.IOP8.51	Fast	5	5	5	6000

图 3-9-45　"Simulation Progress"对话框

图 3-9-46　仿真结果

③ 在"Results"表格上单击鼠标右键，在弹出的快捷菜单中选择"View Waveform"，观察仿真结果，如图 3-9-47 所示。

图 3-9-47　观察仿真结果

（3）设置激励（攻击网络为 Fall，被攻击网络为 High）。在工作空间单击 IOP2 上面的文字"Quiet Lo"，弹出"IO Cell（IOP2）Stimulus Edit"对话框。在"Stimulus State"区域选中"Quiet Hi"单选按钮，单击"Apply"按钮。单击改变 IOP1 上面的文字"Rise"，在"Stimulus State"区域选中"Fall"单选按钮，单击"Apply"按钮。单击改变 IOP3 上面的文字"Rise"，在"Stimulus State"区域选中"Fall"单选按钮，单击"Apply"按钮。

单击"OK"按钮，关闭"IO Cell（IOP2）Stimulus Edit"对话框。

（4）执行仿真。

① 执行菜单命令"Analyze"→"Simulate"，弹出提示窗口（为被攻击网络选择接收器）。

② 单击"确定"按钮，关闭提示窗口。

③ 在工作空间单击"IOP5"，IOP2 和 IOP8 被高亮显示，同时弹出"Sweep Sampling"对话框。

④ 单击"Continue"按钮，开始仿真。仿真结束后自动打开"Results"表格，共有 5 个仿真结果，如图 3-9-48 所示。

SimID	Driver	Receiver	FTSMode	MS1.traceWidth3 [MIL]	MS1.traceWidth2 [MIL]	MS1.spacing2 [MIL]	MS1.length [MIL]	Crosstalk [mV]
1	DESIGN.IOP2.AM28	DESIGN.IOP8.51	Fast	5	5	5	2000	18.71
2	DESIGN.IOP2.AM28	DESIGN.IOP8.51	Fast	5	5	5	3000	30.44
3	DESIGN.IOP2.AM28	DESIGN.IOP8.51	Fast	5	5	5	4000	25.75
4	DESIGN.IOP2.AM28	DESIGN.IOP8.51	Fast	5	5	5	5000	21.42
5	DESIGN.IOP2.AM28	DESIGN.IOP8.51	Fast	5	5	5	6000	18.79

图 3-9-48　仿真结果

⑤ 在"Results"表格上单击鼠标右键，在弹出的快捷菜单中选择"View Waveform"，观察仿真结果，如图 3-9-49 所示。

图 3-9-49　观察仿真结果

3）执行偶模式串扰仿真

（1）设置激励（攻击网络为 Fall，被攻击网络为 Low）。

① 在工作空间单击 IOP2 上面的文字"Quiet Hi"，弹出"IO Cell（IOP2）Stimulus Edit"对话框。

② 在"Stimulus State"区域选中"Quiet Lo"单选按钮，单击"Apply"按钮。

③ 单击"OK"按钮，关闭"IO Cell（IOP2）Stimulus Edit"对话框。

（2）执行仿真。

① 执行菜单命令"Analyze"→"Simulate"，弹出提示框（为被攻击网络选择接收器）。

② 单击"确定"按钮，关闭提示窗口。

③ 在工作空间单击"IOP5"，IOP2 和 IOP8 被高亮显示，同时弹出"Sweep Sampling"对话框。

④ 单击"Continue"按钮，开始仿真。仿真结束后自动打开"Results"表格，共有 5 个仿真结果，如图 3-9-50 所示。

SimID	Driver	Receiver	FTSMode	MS1.traceWidth3 [MIL]	MS1.traceWidth2 [MIL]	MS1.spacing2 [MIL]	MS1.length [MIL]	Crosstalk [mV]
1	DESIGN.IOP2.AM28	DESIGN.IOP8.51	Fast	5	5	5	2000	158.51
2	DESIGN.IOP2.AM28	DESIGN.IOP8.51	Fast	5	5	5	3000	170.418
3	DESIGN.IOP2.AM28	DESIGN.IOP8.51	Fast	5	5	5	4000	201.721
4	DESIGN.IOP2.AM28	DESIGN.IOP8.51	Fast	5	5	5	5000	233.243
5	DESIGN.IOP2.AM28	DESIGN.IOP8.51	Fast	5	5	5	6000	264.726

图 3-9-50　仿真结果

⑤ 在"Results"表格上单击鼠标右键，在弹出的快捷菜单中选择"View Waveform"，观察仿真结果，如图 3-9-51 所示。

（3）设置激励（攻击网络为 Rise，被攻击网络为 High）。 在工作空间单击 IOP2 上面的文字"Quiet Lo"，弹出"IO Cell（IOP2）Stimulus Edit"对话框。在"Stimulus State"区域选中"Quiet Hi"单选按钮，单击"Apply"按钮。单击改变 IOP1 上面的文字"Fall"，在"Stimulus State"区域选中"Rise"单选按钮，单击"Apply"按钮。单击改变 IOP3 上面的文字"Fall"，在"Stimulus State"区域选中"Rise"单选按钮，单击"Apply"按钮。

图 3-9-51　观察仿真结果

单击"OK"按钮，关闭"IO Cell（IOP2）Stimulus Edit"对话框。

（4）执行仿真。

① 执行菜单命令"Analyze"→"Simulate"，弹出提示窗口（为被攻击网络选择接收器）。

② 单击"确定"按钮，关闭提示窗口。

③ 在工作空间单击"IOP8"，IOP2 和 IOP8 被高亮显示，同时弹出"Sweep Sampling"对话框。

④ 单击"Continue"按钮，开始仿真。仿真结束后自动打开"Results"表格，共有 5 个仿真结果，如图 3-9-52 所示。

SimID	Driver	Receiver	FTSMode	MS1.traceWidth3 [MIL]	MS1.traceWidth2 [MIL]	MS1.spacing2 [MIL]	MS1.length [MIL]	Crosstalk [mV]
1	DESIGN.IOP2.AM28	DESIGN.IOP8.51	Fast	5	5	5	2000	167.58
2	DESIGN.IOP2.AM28	DESIGN.IOP8.51	Fast	5	5	5	3000	209.09
3	DESIGN.IOP2.AM28	DESIGN.IOP8.51	Fast	5	5	5	4000	249.64
4	DESIGN.IOP2.AM28	DESIGN.IOP8.51	Fast	5	5	5	5000	289.25
5	DESIGN.IOP2.AM28	DESIGN.IOP8.51	Fast	5	5	5	6000	327.44

图 3-9-52　仿真结果

⑤ 在"Results"表格上单击鼠标右键，在弹出的快捷菜单中选择"View Waveform"，观察仿真结果，如图 3-9-53 所示。

图 3-9-53　观察仿真结果

⑥ 执行菜单命令"File"→"Exit",弹出窗口询问是否保存拓扑,单击"是"按钮,保存拓扑。

4．应用电气约束规则

(1) 在程序文件夹中选择"Cadence Release 17.2-2016"→"Allegro Products"→"PCB SI",弹出"17.2 Allegro PCB SI XL Product Choices"对话框,选择"Allegro PCB SI XL",打开编辑器,如图 3-9-54 所示。

(2) 执行菜单命令"File"→"Open",打开 E:\physical\PCB_ver1\hidesign3.brd 文件,如图 3-9-55 所示。

图 3-9-54 "17.2 Allegro PCB SI XL
Product Choices"对话框

图 3-9-55 PCB 文件

(3) 单击"Constraint Manager"图标,打开"Allegro Constraint Manager"对话框,如图 3-9-56 所示。

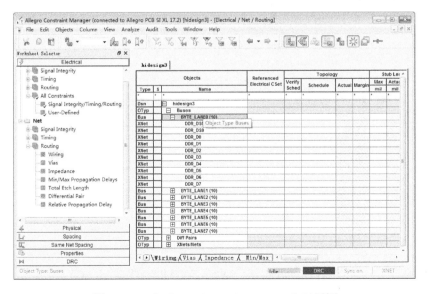

图 3-9-56 "Allegro Constraint Manager"对话框

（4）在左侧列表框中选择"Net"→"Routing"→"Wiring"表格符号。

（5）选择"Electrical Constraint Set"→"All Constraints"表格符号，表格区域如图 3-9-57 所示。"All Constraints"表格保存设计中所有的电气约束集（Electrical Constraint Set）。

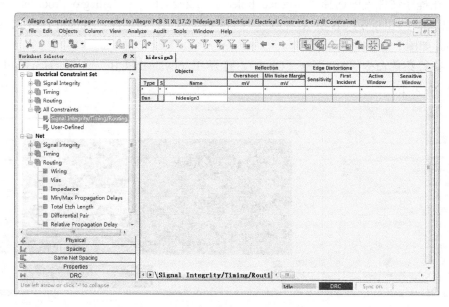

图 3-9-57　表格区域

（6）在"Allegro Constraint Manager"对话框中执行菜单命令"File"→"Import"→"Electrical Csets"，弹出"Import an electrical ECSet file（.top）"对话框，如图 3-9-58 所示。在当前目录下列出所有拓扑文件。

图 3-9-58　"Import an electrical ECSet file（.top）"对话框

（7）双击 DDR_Template.top，输入约束。

注意　在 DDR_Template.top 中已经保存约束。它能被应用到与 Electrical CSet 的 PINUSE 属性匹配的任何网络或任何网络组。ECSet 被读到 Allegro Constraint Manager 中。

（8）单击"Allegro Constraint Manager"右边的表格区域"Objects"页"hidesign3"前面的"+"号，显示该设计的电气约束 DDR_TEMPLATE。

（9）单击"Objects"页"DDR_TEMPLATE"前的"+"号，查看引脚对信息，如图 3-9-59 所示。

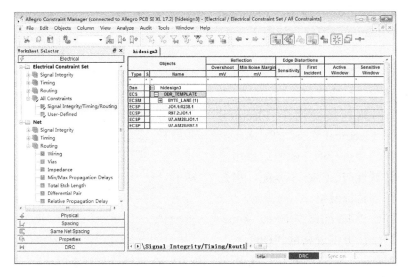

图 3-9-59　查看引脚对信息

（10）在"Allegro Constraint Manager"对话框中单击"Net"→"Routing"→"Min/Max Propagation Delays"表格符号选择约束，如图 3-9-60 所示。

（11）找到 ⊞ **BYTE_LANE0**，单击"BYTE_LANE0"前的"+"号展开总线，显示与总线有关的网络。

（12）单击"BYTE_LANE0"前的"－"号，不显示与总线有关的网络。

图 3-9-60　选择约束

注意　所有网络的"Referenced Electrical CSet"页都是空的。

（13）用鼠标右键单击靠近总线"BYTE_LANE0"处，从弹出的快捷菜单中选择"Constraint Set References..."，弹出"Add To Electrical CSet"对话框，如图 3-9-61 所示。

（14）单击显示（None）栏的下拉箭头，从参数列表中选择"DDR_TEMPLATE"，如图 3-9-62 所示。

图 3-9-61 "Add To Electrical CSet"对话框

图 3-9-62 选择"DDR_TEMPLATE"

（15）单击"OK"按钮，关闭"Add To Electrical CSet"对话框，弹出"Electrical CSet Apply Information"窗口，如图 3-9-63 所示。

认真阅读信息，确认分配给网络的约束被正确应用。PCB SI 搜索每个列出的网络以查看哪一个网络能接受这个 Electrical CSet。不能分配 Electrical CSet 的网络显示错误信息。如果一个目标网络的驱动器和接收器的 PINUSE 属性与 ECSet 不匹配，那么拓扑将不会应用到目标网络。

（16）关闭"Electrical CSet Apply Information"窗口。单击表格的"Objects"栏"BYTE_LANE0"前的"+"号展开总线，如图 3-9-64 所示。

```
Mapping Pins of Cset: DDR_TEMPLATE

*WARNING: Model DDR_DIMM_1_187_PINS_MOLEX_184_7_71243_3002 assigned to pin HI
         the pin type of connector of the pin.
Mapping Mode: Pinuse and Refdes

Cset end point      Xnet end point      mapping mode
----------------    ----------------    ------------
HIDESIGN3 R97.2     HIDESIGN3 R97.2     Refdes & Pinnumber
HIDESIGN3 R97.1     HIDESIGN3 R97.1     Refdes & Pinnumber
HIDESIGN3 R238.1    HIDESIGN3 R238.1    Refdes & Pinnumber
HIDESIGN3 J01.1     HIDESIGN3 XU1.5     Pinuse
HIDESIGN3 U7.AM28   HIDESIGN3 U7.AM28   Refdes & Pinnumber

Net Schedule: Template Defined
              HIDESIGN3 R97.2->HIDESIGN3 XU1.5
              HIDESIGN3 XU1.5->HIDESIGN3 R238.1
              HIDESIGN3 U7.AM28->HIDESIGN3 R97.1

Prop Delay: HIDESIGN3 U7.AM28 to HIDESIGN3 R97.1   min=2000 MIL  max=3000 MIL
Prop Delay: HIDESIGN3 R97.2 to HIDESIGN3 XU1.5  min=500 MIL   max=1000 MIL
Prop Delay: HIDESIGN3 XU1.5 to HIDESIGN3 R238.1  min=200 MIL   max=600 MIL
Relative Prop Delay: GLOBAL group BYTE_LANE_BYTE_LANE0  HIDESIGN3 U7.AM28 to
Impedance Rule: All Connections  impedance=50 ohm  tolerance=10 %
NET_CLASS: DDR_DATA_R
NET_CLASS_2: DDR_DATA_R
```

图 3-9-63 "Electrical CSet Apply Information"窗口

图 3-9-64 约束管理器

（17）单击表格的"Objects"栏中"DDR_DS0"前的"+"号，展开"Objects"显示引脚对。查看弹出在"Prop Delay"下面的"Min"栏和"Max"栏，这两栏的值显示为黑色文本。在"Prop Delay"下面"Actual"和"Margin"单元格也被填入值。绿色的值表示满足约束，红色的值表示不满足约束，如图 3-9-65 所示，显示红色的项目在"Allegro PCB SI XL"窗口有 DRC 标志。

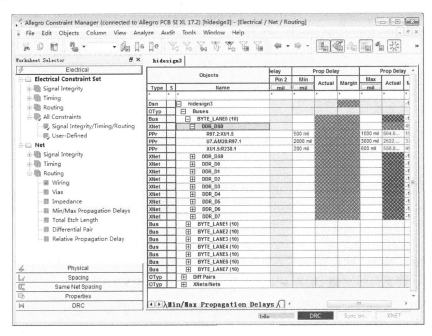

图 3-9-65　约束违背

（18）单击表格的"Objects"栏的"DDR_DS0"前的"-"号，不显示引脚对信息。

（19）关闭约束管理器。在"Allegro PCB SI XL"窗口中查看"DDR_DS0"网络，网络的连接已经改变为如图 3-9-66 所示。

（20）在"Allegro PCB SI XL"窗口执行菜单命令"File"→"Save As"，将文件保存于 D:\physical\PCB_ver1 目录，文件名为 hidesign4.brd。

5. 解决 DRC 错误

（1）重新打开约束管理器，可以看到约束管理器的"Dsn"的"Objects"属性已经变成"hidesign4"，在"Allegro Constraint Manager"对话框中，"hidesign4"行的"Max Prop Delay Margin"值显示红色，如图 3-9-67 所示。向下滚动表格，发现在"BYTE_LANE0"行的"Max Prop Delay Margin"值同样显示为红色，并且与"hidesign4"行的值相同。

图 3-9-66　网络的连接

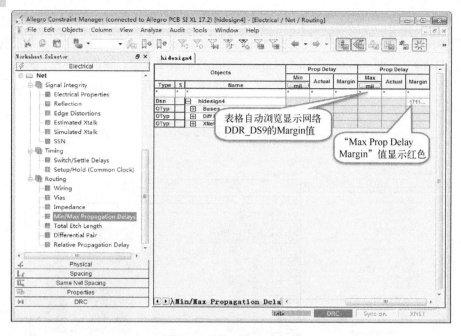

图 3-9-67　约束违背

（2）选择"hidesign4"行显示这个值的单元格，单击鼠标右键，选择"Go to source"命令，表格自动浏览显示网络 DDR_DS9 的 Margin 值，如图 3-9-68 所示。

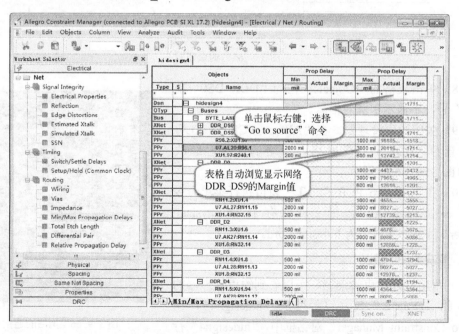

图 3-9-68　显示网络 DDR_DS9 的 Margin 值

（3）在"Allegro PCB SI XL"窗口单击按钮，不显示所有飞线。执行菜单命令

"Display" → "Ratsnest",弹出"Display - Ratsnest"对话框,如图 3-9-69 所示。

(4)在"Display - Ratsnest"对话框的顶部选择"Select By"后面的"Net"单选按钮,并在"Net Filter"栏中输入"DDR_DS9",如图 3-9-70 所示。

图 3-9-69 "Display - Ratsnest"对话框   图 3-9-70 输入"DDR_DS9"

(5)单击"Select All"按钮,显示飞线,如图 3-9-71 所示。

图 3-9-71 显示飞线

(6)单击"OK"按钮,关闭"Display - Ratsnest"对话框。

(7)在"Allegro PCB SI XL"窗口执行菜单命令"Edit" → "Move",在编辑窗口单击"R240"。

(8)在命令区域输入"x 6820 5425"并按"Enter"键,元件被放在指定的位置。由于

DDR_DS0 的元件 R238 与 R240 目前重叠，利用菜单命令"Edit"→"Spin"（旋转命令）将它们分开，如图 3-9-72 所示。

（9）在"Allegro Constraint Manager"窗口查看 DDR_DS9 网络的 XU1.97:R240.1 引脚对的 Actual 和 Margin Max Delay 值显示绿色，表明这个引脚对的 DRC 违背不再存在。表格中的 Actual 值显示为 284.035mil，有一个 315.965mil 的正差。

（10）在"Allegro PCB SI XL"窗口单击 R96，在命令区域输入"x 7725 5570"并按"Enter"键，单击鼠标右键，选择"Done"，元件被摆放在指定的位置，并使用"Spin"命令旋转元件，如图 3-9-73 所示。

图 3-9-72　分开元件

图 3-9-73　旋转元件

（11）在约束管理器右边的表格区域显示 DDR_DS9 网络，如图 3-9-74 所示，没有红色的约束违背。

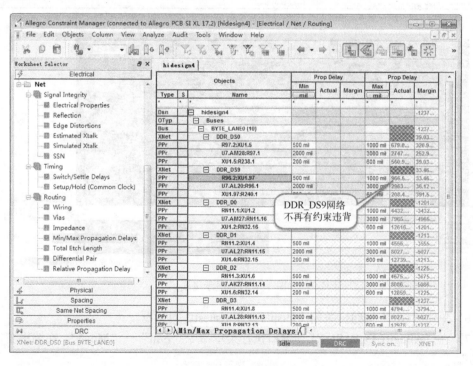

图 3-9-74　查看约束

（12）将其他元器件摆放于板框上（可参考文件 hidesign5.brd），元器件布局如图 3-9-75 所示。

图 3-9-75　元器件布局图

（13）在"Allegro PCB SI XL"窗口执行菜单命令"File"→"Save As"，弹出"Save As"对话框，在"文件名"栏中输入"hidesign5"，单击"保存"按钮，保存 PCB 文件。

 思考与练习

（1）信号反射会引起什么问题？应该如何减小反射带来的影响？

（2）串扰的定义是什么？分为几类？

（3）时序中的飞行时间（Flight Time）如何计算？

（4）如何提取拓扑结构？

（5）有损传输线和理想传输线的区别有哪些？Cadence 仿真中如何设置有损传输线？

（6）如何利用仿真结果建立电气约束规则来完成高速 PCB 布局？

第4章 约束驱动布线

学习目标

本章主要学习 PCB 约束驱动布线的方法。约束驱动布线包括手工布线和自动布线，这两种布线方法各有优缺点。通过本章的学习，应该掌握这两种基本的布线方法，并体会这两种布线方法各自的优缺点。

4.1 手工布线

【本节目的】 学习对某一网络进行手工布线的方法。

【使用工具】 Allegro PCB SI XL、Allegro Constraint Manager。

【使用文件】 physical\PCB_ver1\hidesign5.brd、physical\PCB_ver1\ hidesign_manroute.brd。

1. 手工为 DDR_DS0 网络布线

1）显示 DDR_DS0 网络的飞线

（1）启动 Allegro PCB SI XL，打开 E:\physical\PCB_ver1\hidesign5.brd 文件。

（2）执行菜单命令"Display"→"Ratsnest"，弹出"Display-Ratsnest"对话框，如图 4-1-1 所示。

（3）选中"Selection Area"区域"Select By"栏"Net"单选按钮，如图 4-1-2 所示。

图 4-1-1 "Display-Ratsnest"对话框

图 4-1-2 "Display-Ratsnest"对话框设置

（4）在"Net Filter"栏中输入"DDR_DS0"并按"Tab"键，如图 4-1-3 所示，列表框

中仅有与 DDR_DS0 相关的网络。

（5）确认选择了"Display-Ratsnest"对话框底部的"Show"单选按钮，单击"Select All"按钮，显示 DDR_DS0 网络的飞线，如图 4-1-4 所示。

图 4-1-3　选择网络

图 4-1-4　显示 DDR_DS0 网络的飞线

（6）单击"OK"按钮，关闭"Display-Ratsnest"对话框。

2）在"Allegro Constraint Manager"对话框中选择 DDR_DS0 网络

（1）执行菜单命令"Setup"→"Constraints"→"Electrical…"，弹出"Allegro Constraint Manager"对话框。在"Allegro Constraint Manager"对话框左侧列表框中单击"Net"→"Routing"→"Min/Max Propagation Delays"表格符号，如图 4-1-5 所示。

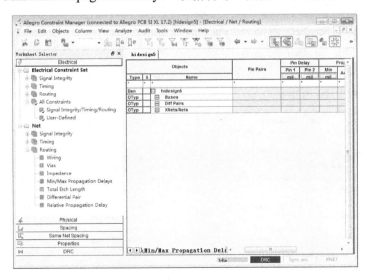

图 4-1-5　"Allegro Constraint Manager"对话框

（2）单击 Allegro Constraint Manager 表格中"Objects"栏"BYTE_LANE0"前的"+"号。

（3）单击表格中"DDR_DS0"前面的"+"号，显示引脚对，如图 4-1-6 所示。

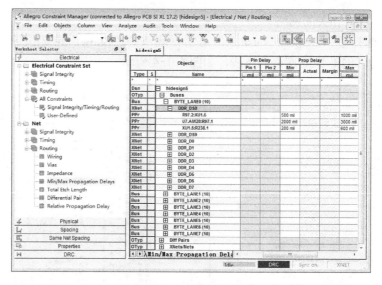

图 4-1-6　显示引脚对

3）为 DDR_DS0 网络手工布线

（1）在"Allegro PCB SI XL"窗口执行菜单命令
"Zoom Points"，单击鼠标左键并拖动鼠标，建立一个
包围 R238 的矩形区域，如图 4-1-7 所示。

（2）执行菜单命令"Route"→"Connect"，控制
面板的"Options"页面设置如图 4-1-8 所示。

（3）单击 R238 显示飞线的引脚，"Options"页
面"Net"显示 Ddr_Strobe0 网络，"Via"区域显示
"<20R10VIA>"（Ddr_Strobe0 网络是 DDR_DS0 网络

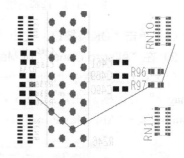

图 4-1-7　建立一个包围 R238 的矩形区域

的一部分），如图 4-1-9 所示。可以看到在界面底部出现一个条框，显示了当前网络的 Delay
约束情况，如图 4-1-10 所示。

图 4-1-8　"Options"页面设置

图 4-1-9　"Options"页面

```
Dly -172.514
```

图 4-1-10　显示当前网络的 Delay 约束情况

（4）向 XU1 显示飞线的引脚移动指针，开始布线，在空间中单击一点，可以看到 DRC 标志出现在引脚上，并且 DRC 标志有"PL"文本，如图 4-1-11 所示。这是一个引脚到线的设计规则违背。控制面板的"Bubble"选项设置为"Off"，允许完成布线。当完成布线，出现 DRC 标志表明设计规则违背。

（5）在工作空间单击鼠标右键，从弹出的快捷菜单中选择"Oops"，DRC 标志消失。

（6）在控制面板的"Options"页面，改变"Bubble"选项为"Hug preferred"，继续布线并移动指针到 XU1 的 5 号引脚。

（7）单击 XU1 的 5 号引脚，可以看到已经完成的布线没有 DRC 违背。布线将按照"Options"页面的"Bubble"选项在障碍物周围设置自动避让，如图 4-1-12 所示。

（8）在工作空间单击鼠标右键，从弹出的快捷菜单中选择"Swap Layers"（交换层面），"Options"页面显示 TOP 层是"Act"层。

（9）单击 XU1 的 5 号引脚，拖动指针继续在 TOP 层布线，单击 R97 的 2 号引脚，如图 4-1-13 所示。

图 4-1-11　DRC 标志

图 4-1-12　设置自动避让

图 4-1-13　布线

（10）单击 R97 的 1 号引脚，拖动指针继续在 TOP 层布线，沿飞线到 U7 的 AM28 引脚。单击该引脚，单击鼠标右键，从弹出的快捷菜单中选择"Done"，如图 4-1-14 所示。

2．布线后调整

1）使用"Slide"命令修改布线

（1）执行菜单命令"Route"→"Slide"，控制面板的"Options"页面设置如图 4-1-15 所示。

图 4-1-14　平行布线

图 4-1-15　"Options"页面设置

☺ Min Corner Size: 1x width。

☺ Min Arc Radius: 1x width。

☺ Vertex Action: Line corner、Arc corner、Move、Edit 或 None。

☺ Bubble: Off、Hug only、Hug preferred 或 Shove preferred。

☺ Enhanced Arc Support: 加强电弧支持。

☺ Allow DRCs: 显示 DRC 警告标志。

☺ Gridless: 是否在格点上对布线进行调整。

☺ Auto Join（hold Ctrl to toggle）: 自动推挤。

☺ Extend Selection（hold Shift to toggle）: 额外的选择。

（2）单击 R238 与 XU1 之间的布线，移动布线，调整好后单击鼠标右键，从弹出的快捷菜单中选择"Done"，如图 4-1-16 所示。

（3）调整 U7 与 R97 之间的布线，调整后如图 4-1-17 所示。

图 4-1-16　调整布线（1）

图 4-1-17　调整布线（2）

（4）使"Allegro Constraint Manager"窗口前端显示，DDR_DS0 的表格中显示绿色的值，表示没有约束违背，如图 4-1-18 所示。

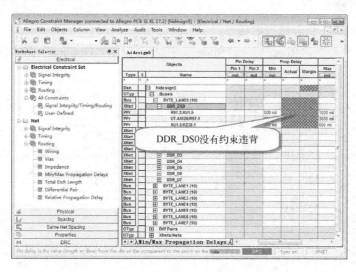

图 4-1-18　DDR_DS0 的约束

（5）在"Allegro Constraint Manager"窗口执行菜单命令"File"→"Close"，退出约束管理器。

2）改变布线的宽度和文本大小

（1）执行菜单命令"Edit"→"Change"，控制面板的"Options"页面设置如图 4-1-19 所示。

（2）单击 DDR_DS0 网络的 R238 与 XU1 的引脚间的布线，布线变宽，但是会有 DRC 标志出现，如图 4-1-20 所示。

图 4-1-19　"Options"页面设置（1）

图 4-1-20　DRC 标志

（3）单击鼠标右键，选择"Oops"，撤销线宽的改变。

（4）执行菜单命令"View"→"Zoom Points"，放大电阻排 R97 的显示，改变"Options"页面设置，如图 4-1-21 所示。

（5）单击文本"R97"，该文本变大，单击鼠标右键，从弹出的快捷菜单中选择"Cancel"，取消已做的变化。

（6）执行菜单命令"File"→"Save As"，弹出"Save_As"对话框，如图 4-1-22 所示。

图 4-1-21　"Options"页面设置（2）

图 4-1-22　"Save_As"对话框

（7）在"文件名"文本框中输入"hidesign_manroute"，单击"保存"按钮，保存文件。

4.2 自动布线

【本节目的】 学习对某一网络自动布线的方法。

【使用工具】 Allegro PCB SI XL、Allegro Constraint Manager。

【使用文件】 physical\PCB_ver1\hidesign5.brd、physical\PCB_ver1\hidesign_autoroute。

1. 为 DDR_DS0 和 DDR_DS9 网络自动布线

1）显示 DDR_DS0 和 DDR_DS9 网络的飞线

（1）在"Allegro PCB SI XL"窗口执行菜单命令"File"→"Open"，打开 D:\physical\PCB_ver1\hidesign5.brd 文件。

（2）执行菜单命令"Display"→"Ratsnest"，弹出"Display-Ratsnest"对话框，如图 4-2-1 所示。

（3）确认选中"Selection Area"区域"Select By"栏的"Net"单选按钮。

（4）在"Net Filter"栏中输入"DDR_DS"并按"Tab"键选择网络，如图 4-2-2 所示。

图 4-2-1 "Display-Ratsnest"对话框　　　　图 4-2-2 选择网络

（5）选中"Display-Ratsnest"对话框底部的"Show"单选按钮。

（6）单击列表框中的"DDR_DS0（Xnet）"、"DDR_DS0"、"DDR_DS9（Xnet）"和"DDR_DS9"，显示 DDR_DS0 和 DDR_DS9 飞线，如图 4-2-3 所示。

（7）单击"OK"按钮，关闭"Display-Ratsnest"对话框。

2）为 DDR_DS0 和 DDR_DS9 网络自动布线

（1）执行菜单命令"Route"→"PCB Router"→"Route Net（s）by Pick"，在工作空间内任意地方单击鼠标右键，从弹出的快捷菜单中选择"Setup"，弹出"Automatic Router"对话框，如图 4-2-4 所示。

（2）在"Router Setup"选项卡中选中"Use smart router"单选按钮，如图 4-2-5 所示。

（3）单击"Close"按钮，关闭"Automatic Router"对话框。

（4）单击并按住鼠标左键，在任意显示两个飞线的部分画一个选择框，弹出布线进度窗口，如图 4-2-6 所示，当进度窗口不显示时说明布线完成。

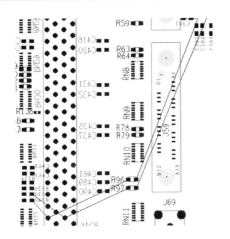

图 4-2-3 显示 DDR_DS0 和 DDR_DS9 飞线

图 4-2-4 "Automatic Router"对话框

图 4-2-5 "Router Setup"选项卡

图 4-2-6 布线进度窗口

（5）在工作空间的任意地方单击鼠标右键，从弹出的快捷菜单中选择"Done"，结束自动布线，如图 4-2-7 所示。

（6）执行菜单命令"File"→"Save As"，将文件保存于 E:\physical\PCB_ver1 目录，文件名为"hidesign_autoroute"。

2. 检查已布线延时约束

（1）执行菜单命令"Setup"→"Constraints"→"Electrical…"，打开"Allegro Constraint Manager"对话框，如图 4-2-8 所示。

（2）单击 Allegro Constraint Manager 表格中"Objects"栏"BYTE_LANE0"前的"+"号，显示"BYTE_LANE0"总线，如图 4-2-9 所示。

图 4-2-7 结束自动布线

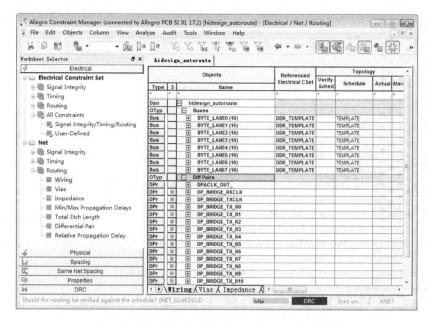

图 4-2-8 "Allegro Constraint Manager" 对话框

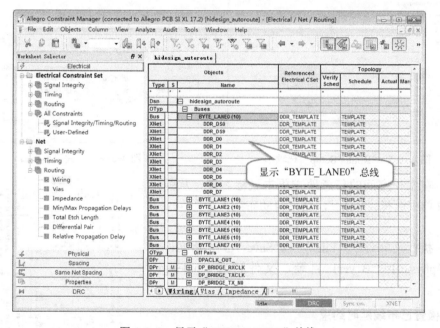

图 4-2-9 显示 "BYTE_LANE0" 总线

（3）选择 "DDR_DS0"，按住 "Ctrl" 键，选择 "DDR_DS9"，在选择的 "Objects" 单元格单击鼠标右键，从弹出的快捷菜单中选择 "Analyze"，"Margin" 栏有绿色的值显示，如图 4-2-10 所示。

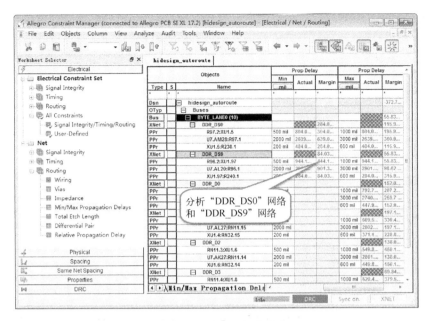

图 4-2-10　分析网络的约束

（4）选择"Prop Delay"的"Max Delay"栏的"Margin"单元格，从鼠标右键快捷菜单中选择"Sort"。Margin 单元格的值会按升序排列，如图 4-2-11 所示。

图 4-2-11　Margin 单元格的值按升序排列

3．使用 Automatic Router 自动布线

（1）执行菜单命令"Edit"→"Delete"，控制面板的"Find"页面设置如图 4-2-12 所示。

（2）控制面板的"Options"页面设置如图 4-2-13 所示。

图 4-2-12 "Find" 页面设置

图 4-2-13 "Options" 页面设置

（3）单击并按住鼠标左键，框住两条已布的线（部分），两个网络的所有部分都高亮显示。

（4）单击鼠标右键，从弹出的快捷菜单中选择"Done"，删除布线，如图 4-2-14 所示。

（5）执行菜单命令"Route"→"PCB Router"→"Route Automatic"，弹出"Automatic Router"对话框，如图 4-2-15 所示，仍然选中"Use smart router"单选按钮。

图 4-2-14 删除布线

图 4-2-15 "Automatic Router"对话框

（6）在"Automatic Router"对话框中选择"Selections"选项卡，选中"All selected"单选按钮，在"Available objects"区域的"Filter"栏中输入"DDR_DS?"并按"Tab"键，显示 DDR_DS0～DDR_DS9 的网络，如图 4-2-16 所示。

（7）在"Available objects"列表框中选择"DDR_DS0"和"DDR_DS9"，这两个网络被移到右边的"Selected Objects"列表框中，如图 4-2-17 所示。

图 4-2-16 "Selections"选项卡参数设置

图 4-2-17 选择网络

（8）在"Automatic Router"对话框中单击"Route"按钮，弹出布线进度窗口，如图 4-2-18 所示。当布线进度窗口消失时，布线完成，"Automatic Router"对话框重新显示。

（9）单击"Automatic Router"对话框中的"Close"按钮，关闭对话框。布完线的图如图 4-2-19 所示。

图 4-2-18 布线进度窗口

图 4-2-19 布完线的图

（10）执行菜单命令"File"→"Save As"，将文件保存于 E:\physical\PCB_ver1 目录，文件名为"hidesign_autorouter"。

 思考与练习

（1）手工布线、自动布线应该注意什么问题？

（2）手工布线和自动布线有什么区别？

第5章 差分对设计

学习目标

　　本章主要学习对差分对进行仿真的方法，首先需要建立差分对并对其进行设置，然后提取差分对的拓扑并对其进行仿真和分析，根据分析结果建立差分对约束并对其进行差分对布线，最后对差分对进行后布线分析检验是否满足设计要求。

5.1　建立差分对

　　【本节目的】　主要学习建立差分对的方法，包括手工建立差分对和自动建立差分对，注意比较这两种方法的不同。

　　【使用工具】　Allegro PCB SI XL。

　　【使用文件】　physical\diffPair\PCI1.brd。

1. 手工建立差分对

　　（1）启动 Allegro PCB SI XL，打开 PCB 文件 E:\physical\diffPair\PCI1.brd，如图 5-1-1 所示。

图 5-1-1　PCB 文件

　　（2）执行菜单命令"Logic"→"Assign Differential Pair..."，弹出"Assign Differential Pair"对话框，如图 5-1-2 所示。

（3）在"Assign Differential Pair"对话框的"Nets"区域的"Net filter"栏中输入"RING*"并按"Tab"键，在"Net"列表框中仅列出 4 个网络，如图 5-1-3 所示。

图 5-1-2 "Assign Differential Pair"对话框

图 5-1-3 指定网络

（4）在"Assign Differential Pair"对话框的"Diff Pair information"区域的"Diff Pair name"栏中输入"DIFFRING1"。

（5）单击"Nets"区域的"Net"列表框中的"RINGIN_P"，"Diff Pair information"区域"Net 1"栏后的文本区域现在显示选择的网络"RINGIN_P"。

（6）单击"Nets"区域的"Net"列表框中的"RINGIN_N"，"Diff Pair information"区域"Net 2"栏后的文本区域现在显示选择的网络"RINGIN_N"。

（7）单击"Diff Pair information"区域的"Add"按钮，"Nets"区域的列表框"Diff Pair"栏显示建立的差分对，如图 5-1-4 所示，RINGIN_N 和 RINGIN_P 是这个差分对 DIFFRING1 的成员网络。"Diff Pairs"区域的列表框"User Defined"栏显示"YES"，表示指定差分对在 SigNoise 模型中已经建立，并为器件分配了差分信号模型。

（8）重复上面的步骤，为 RINGOUT_N 和 RINGOUT_P 分配差分对 DIFFRING2，如图 5-1-5 所示。

图 5-1-4 分配差分对 DIFFRING1

图 5-1-5 分配差分对 DIFFRING2

2．自动建立差分对

（1）在"Assign Differential Pair"对话框的"Diff Pairs"区域的"Diff Pair name"列表框中选择"DIFFRING1"，"Diff Pair information"区域显示 DIFFNET1 信息。

（2）单击"Assign Differential Pair"对话框的"Diff Pair information"区域的"Delete"按钮，差分对 DIFFRING1 从列表框中删除。

（3）在"Assign Differential Pair"对话框的"Diff Pairs"区域的"Diff Pair name"列表框中选择"DIFFRING2"，"Diff Pair information"区域显示 DIFFNET2 信息。

（4）单击"Assign Differential Pair"对话框的"Diff Pair information"区域的"Delete"按钮，差分对 DIFFRING2 从列表框中删除。

（5）单击"Auto Generate…"按钮，弹出"Auto Differential Pair Generator"对话框，如图 5-1-6 所示。在"DiffPair name prefix（optional）："栏输入"DIFF"，产生的差分对名字将有 DIFF 前缀。在"+polarity"栏输入"_P"，在"−polarity"栏输入"_N"，单击"Generate"按钮产生差分对。观察 4 个差分对列在"Assign Differential Pair"对话框的"Diff Pairs"区域，如图 5-1-7 所示。

 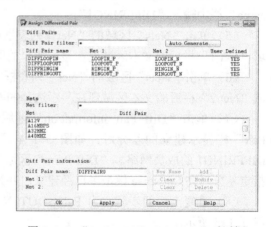

图 5-1-6 "Auto Differential Pair Generator"对话框   图 5-1-7 "Assign Differential Pair"对话框

（6）关闭"Auto Differential Pair Generator"对话框。

（7）单击"OK"按钮，关闭"Assign Differential Pair"对话框。

（8）执行菜单命令"File"→"Save As"，将文件保存于 E:\physical\diffPair 目录，文件名为"PCI2.brd"。

5.2 仿真前的准备工作

【本节目的】 主要学习差分对仿真前需要进行的一些准备工作，包括对 PCB 传输线阻抗的控制和分配 SI 仿真模型。

【使用工具】 Allegro PCB SI XL。

【使用文件】 physical\diffPair\PCI2.brd、physical\diffPair\PCI3.brd。

1.阻抗控制

印制电路板 Trace 的关键参数之一就是特性阻抗，即波沿信号传输线路传送时电压与电流的比值，这是一个有关 Trace 物理尺寸（如 Trace 的宽度和厚度）和 PCB 底板材质的绝缘材料厚度的函数。Trace 的阻抗由其电感、电容和电阻决定。

实际情况中，PCB 传输线路通常由一个导线 Trace、一个或多个参考层及绝缘材质组成。传输线路即迹线和板材构成了控制阻抗。PCB 通常采用多层结构，并且控制阻抗也可以采用多层方式来构建。但是，无论使用什么方式，阻抗值都将由其物理结构和绝缘材料的电子特性决定，包括：

☺ Trace 的宽度和厚度。

☺ Trace 两侧的内核和预填充材质的高度。

☺ Trace 和层的配置。

☺ 内核和预填充材质的绝缘常数。

阻抗控制技术在高速 PCB 设计中显得尤为重要。阻抗控制技术包括如下两个含义。

☺ 阻抗控制的 PCB 信号线是指沿高速 PCB 信号线各处阻抗连续，也就是说同一个网络上阻抗是一个常数。

☺ 阻抗控制的 PCB 是指 PCB 上所有网络的阻抗都控制在一定的范围内，如 $20\sim75\Omega$。

PCB 成为“可控阻抗 PCB”的关键是使所有线路的特性阻抗满足一个规定值，通常在 $25\sim70\Omega$ 之间。在多层 PCB 中，传输线性能良好的关键是使它的特性阻抗在整条线路中保持恒定。

当今的快速切换速度或高速时钟速率的 Trace 必须被视为传输线。传输线可分为单端（非平衡式）传输线和差分（平衡式）传输线，其中单端应用较多，如图 5-2-1 所示。

图 5-2-1　单端传输线

1）单端传输线　这是连接两个设备的最为常见的方法。在图 5-2-1 中，一条导线连接了一个设备的源和另一个设备的负载，参考（接地）层提供了信号回路。当信号跃变时，电流回路中的电流也是变化的，它将产生地线回路的电压降，构成地线回路噪声，这也成为系统中其他单端传输线接收器的噪声源，从而降低系统噪声容限。这是一个非平衡线路，信号线路和返回线路在几何尺寸上不同。

单端传输线特性阻抗与传输线尺寸、介质层厚度、介电常数的关系如下所述。

☺ 与迹线到参考平面的距离（介质层厚度）成正比。

☺ 与迹线的线宽成反比。

☺ 与迹线的高度成反比。

☺ 与介电常数的平方根成反比。

通常情况下单端传输线特性阻抗的范围为 25～120Ω，几个较常用的值是 28Ω、33Ω、50Ω、52.5Ω、58Ω、65Ω和 75Ω。

2）差分传输线 如图 5-2-2 所示，差分传输线适用于对噪声隔离和改善时钟频率要求较高的情况。在差分模式中，传输线路是成对布放的，两条线路上传输的信号电压和电流值均相等，但相位（极性）相反。由于信号在一对 Trace 中传输，在其中一条 Trace 上出现的任何噪声与另一条 Trace 上出现的噪声完全相同（并非反向），两条线路之间生成的场将相互抵消，因此与单端非平衡式传输线相比，只产生极小的地线回路噪声，并且减少了外部噪声的问题。这是一个平衡线路，信号线和回路线的几何尺寸相同。平衡式传输线不会对其他线路产生噪声，同时也不易受系统其他线路产生的噪声干扰。

图 5-2-2　差分传输线

差分传输线的特性阻抗（也就是通常所说的差分阻抗）指的是差分传输线中两条导线之间的阻抗，它与差分传输线中每条导线对地的特性阻抗是有区别的，主要表现为：

☺ 间距较远的差分对信号，其特性阻抗是单个信号线对地特性阻抗的 2 倍。

☺ 间距较近的差分对信号，其特性阻抗比单个信号线对地特性阻抗的 2 倍小。

☺ 当其他因素保持不变时，差分对信号之间的间距越小，其特性阻抗越低（差分阻抗与差分线对之间的间距成反比）。

☺ 通常情况下差分传输线特性阻抗为 100Ω，有时也用到 75Ω。

Layout cross-section 包含 PCB 的全部层面，包括不同的参数，有两种模式。对于普通网络（如 HA 总线）使用的是非差分模式，对于差分网络使用的是差分模式（Differential Mode）。设置 Layout cross-section 获取期望的差分阻抗，可以设置边沿耦合 Trace 或全耦合 Trace 的差分阻抗。边沿耦合 Trace 是指 Trace 在同样的布线层。本设计使用边沿耦合 Trace。全耦合 Trace 是指 Trace 在用介质分开的两个邻近的层。本设计没有用介质层分开两个信号层，所以没有使用全耦合 Trace。在 Layout cross-section 中设置正在使用的差分对的差分阻抗为 100Ω。

（1）执行菜单命令 "Setup" → "Cross-Section..."，弹出 "Cross Section Editor" 对话框，如图 5-2-3 所示。执行菜单命令 "View" → "Show All Columns"，TOP 层的阻抗为 65.762Ω。

（2）单击 "TOP" 前面的数字 "1"，单击鼠标右键，从弹出的快捷菜单中选择 "Add Layer Above"，一个新 DIELECTRIC 层被加到 TOP 层上，如图 5-2-4 所示。这个层的 "Dielectric Constant" 值为 4.5，"Loss Tangent" 值为 0.035，这是 FR-4 材料，TOP 层的阻抗变为 59.049Ω。

图 5-2-3　"Cross Section Editor" 对话框

	Objects		led <<						Signal Integrity <<		
			Attach Method	Conductivity mho/cm	Dielectric Constant	Width mil	Impedanc Ohm	Loss Tangent	Shield	Freq. Dep. File	Etch Fact
Type	#	Name									
Lyr					1			0			
Lyr					4.5			0.035			
Lyr	1	TOP		595900	1	5.0	59.049000	0			90
Lyr					4.5			0.035			
Lyr	2	GND		595900	4.5			0.035	√		90
Lyr					4.5			0.035			
Lyr	3	VCC		595900	4.5			0.035	√		90
Lyr					4.5			0.035			
Lyr	4	BOTTOM		595900	1	5.0	65.762000	0			90
Lyr					1			0			

图 5-2-4　添加层面

（3）选择新添加层的"Material"栏，改变"FR-4"为"Conformal Coat"。Conformal Coat 的"Dielectric Constant"值为 3，"Loss Tangent"值为 0，"Thickness"值默认为 0.787402mil，TOP 层的 Trace 阻抗现在改为 64.256Ω，如图 5-2-5 所示。

	Objects			Embedded <<		Conductivity mho/cm	Dielectric Constant	Width mil	Impedanc Ohm	Loss Tangent	SI
			Unused Via Suppressio	Embedded Status	Attach Method						
Type	#	Name									
Lyr							1			0	
Lyr							3			0	
Lyr	1	TOP		Not embedded		595900	1	5.0	64.256000	0	
Lyr							4.6			0.036	
Lyr	2	GND		Not embedded		595900	4.6			0.036	
Lyr							4.6			0.036	
Lyr	3	VCC		Not embedded		595900	4.6			0.036	
Lyr							4.6			0.036	
Lyr	4	BOTTOM		Not embedded		595900	1	5.0	65.762000	0	
Lyr							1			0	

图 5-2-5　更改材料

（4）右击新建层（Dielectric-Conformal Coat），从弹出的快捷菜单中选择"Remove Layer"，删除该层，阻抗又变为最初的 65.762Ω。

（5）在"Cross Section Editor"对话框中执行菜单命令"View"→"Show All Columns"，如图 5-2-6 所示，现在激活了差分模式，TOP 的 Trace 阻抗设置为 65.762Ω，耦合类型也设置为"None"。"Diff Z0"栏没有显示任何值。

图 5-2-6　差分模式

（6）从 TOP 层的"Diff Coupling Type"下拉菜单中选择"Edge"，设置耦合类型，如图 5-2-7 所示，"Diff Spacing"栏现在显示 5.0mil，这就是从设计中设置的间距规则约束得到的默认间距值，"Diff Z0"栏现在显示 107.33Ω。

	Objects		Width	Impedanc	Loss	Signal Integrity <<						
					Tangent	Shield	Freq. Dep. File	Etch Factor	Diff Coupling Type	Diff Spacing	Diff Z0	SI Ig
Type	#	Name	mil	Ohm						mil	Ohm	
*	*	*										
Lyr					0							
Lyr	1	TOP	5.0	65.762000	0			90	Edge　▼	5.0	107.330000	
Lyr					0.035							
Lyr	2	GND			0.035	✓		90				
Lyr					0.035							
Lyr	3	VCC			0.035	✓		90				
Lyr					0.035							
Lyr	4	BOTTOM	5.0	65.762000	0			90	None			
Lyr					0							

图 5-2-7　设置耦合类型

（7）单击"TOP"的"Diff Z0"栏，弹出"Recalculate for Layer"窗口，在此窗口输入"100"，并按"Tab"键，如图 5-2-8 所示，显示两个选项，即"Line Spacing"和"Line Width"，将选择这两项重新计算以获得100Ω的输入差分阻抗。

（8）选择"Line Width"，单击"OK"按钮，TOP 层的"Diff Spacing"栏改变为新值，目标差分阻抗为 100Ω。差分阻抗值可能改变为一个很接近的

图 5-2-8　"Recalculate for Layer"窗口

值，同时改变"Diff Spacing"值，"Width"值改变为 5.0mil，对于 5.0mil 间距的差分阻抗是 99.6Ω，如图 5-2-9 所示。还可以从"Recalculate for Layer"窗口选择"Line Width"作为目标重新计算，以获得100Ω目标差分阻抗。

Type	#	Name	Impedanc Ohm	Loss Tangent	Shield	Freq. Dep. File	Etch Factor	Diff Coupling Type	Diff Spacing mil	Diff Z0 Ohm	SI Ignore
		Objects				Signal Integrity <<					
							*				
Lyr				0							
Lyr	1	TOP	65.762000	0			90	Edge	3.6	99.600000	
Lyr				0.035							
Lyr	2	GND		0.035	✓		90				
Lyr				0.035							
Lyr	3	VCC		0.035	✓		90				
Lyr				0.035							
Lyr	4	BOTTOM	65.762000	0			90	None			
Lyr				0							

图 5-2-9　设置差分阻抗

（9）单击"TOP"层的"Width"栏，输入"6.0"并按"Tab"键，则自动按照更改"Differential Impedance"值进行计算，此时 TOP 层的差分阻抗为 93.051Ω，阻抗值为 60.636Ω，如图 5-2-10 所示。

Type	#	Name	Impedanc Ohm	Loss Tangent	Shield	Freq. Dep. File	Etch Factor	Diff Coupling Type	Diff Spacing mil	Diff Z0 Ohm	SI Ignore
		Objects				Signal Integrity <<					
							*				
Lyr				0							
Lyr	1	TOP	60.636000	0			90	Edge	3.6	93.051000	
Lyr				0.035							
Lyr	2	GND		0.035	✓		90				
Lyr				0.035							
Lyr	3	VCC		0.035	✓		90				
Lyr				0.035							
Lyr	4	BOTTOM	65.762000	0			90	None			
Lyr				0							

图 5-2-10　更改线宽

（10）编辑 BOTTOM 层参数获得 100Ω 差分阻抗，设置"Diff Coupling Type"为"Edge"，"Width"值为 6.0mil，"Diff Spacing"值为 5.0mil。现在差分阻抗值是 99.814Ω，阻抗值是 60.636Ω，如图 5-2-11 所示。

图 5-2-11　编辑 BOTTOM 层参数

（11）单击"OK"按钮，关闭"Cross Section Editor"对话框。

（12）执行菜单命令"File"→"Save As"，将文件保存于 E:\physical\diffpair 目录，文件名为"PCI3.brd"。

2．分配器件模型

1）测量差分缓冲延迟

（1）在"Allegro PCB SI XL"窗口执行菜单命令"Analyze"→"Model Browser…"，弹出"SI Model Browser"对话框，如图5-2-12所示。

（2）在"SI Model Browser"对话框列表框下面的"Library"区域显示sunspot.dml库，在对话框中选择"sunspot"，单击"Edit"按钮，弹出"IBIS Device Model Editor"对话框，如图5-2-13所示。

图5-2-12 "SI Model Browser"对话框

图5-2-13 "IBIS Device Model Editor"对话框

（3）在"IBIS Pin Data"列表框单击"Pin 1"（第一行），弹出"IBIS Device Pin Data"对话框，如图5-2-14所示。在"Diff Pair Data"区域，将"Type"栏设置为"Non-Inverting"，将"Mate Pin"栏设置为2。

（4）单击"IBIS Device Pin Data"对话框底部的"Buffer Delays"按钮，弹出"Buffer Delays"对话框，如图5-2-15所示。

图5-2-14 "IBIS Device Pin Data"对话框

图5-2-15 "Buffer Delays"对话框

（5）在"Differential Buffer Delay"区域的"ESpice Model"栏中选择"C5P"，在"Diff Ref Voltage"的"Min"、"Typical"和"Max"区域输入 0V，将假定一个默认的差分参考电压 0V，如图 5-2-16 所示。

（6）单击"Buffer Delays"对话框的"Differential Buffer Delay"区域的"Measure Differential Buffer Delays"按钮，测量这个驱动器的差分 Rise 和 Fall 延迟。"Diff Rise Delay"和"Diff Fall Delay"区域填入了测量的缓冲延迟值，如图 5-2-17 所示。

图 5-2-16　设置差分参考电压

图 5-2-17　测量缓冲延迟

（7）单击"OK"按钮，关闭"Buffer Delays"对话框。

（8）单击"OK"按钮，关闭"IBIS Device Pin Data"对话框。

（9）对于第 15 引脚和第 16 引脚，重复上面步骤，测量缓冲差分延迟。

（10）单击"OK"按钮，关闭"IBIS Device Model Editor"对话框，弹出"dmlcheck messages"窗口，如 5-2-18 所示。

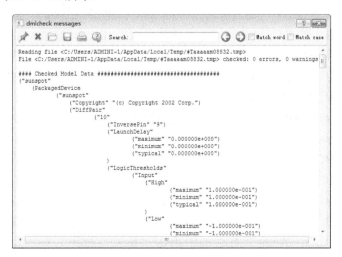

图 5-2-18　"dmlcheck messages"窗口

（11）分析 dmlcheck 信息，Differential Buffer Delays 结果现在包含在 dml 模型中。

（12）关闭"dmlcheck messages"窗口。

（13）单击"Close"按钮，关闭"SI Model Browser"对话框。

2）分配 SI 模型

（1）在"Allegro PCB SI XL"窗口执行菜单命令"Analyze"→"Model Assignment..."，弹出"Signal Model Assignment"对话框，如图 5-2-19 所示。单击"Auto Setup"按钮，滚动列表，可以看到一些器件分配了 SI 模型。

（2）滚动列表并从列表中选择"SUNSPOT-1"，单击"Signal Model Assignment"对话框中的"Find Model..."按钮，弹出"SI Model Browser"对话框。在"Model Name Pattern"栏输入"SUN*"，显示 sunspot，浏览模型，如图 5-2-20 所示。

图 5-2-19 "Signal Model Assignment"对话框

图 5-2-20 浏览模型

（3）在"Model Name"列表框中选择"sunspot"，单击"Assign"按钮，"Signal Model Assignment"对话框中的"SUNSPOT-1"器件被分配了 sunspot 模型，如图 5-2-21 所示。

（4）重复前面的步骤，为 ATOMIC_TRAC-1 和 CMCHOKE-5 分配模型。

（5）单击"OK"按钮，关闭"Signal Model Assignment"对话框，弹出"Signal Model Assignment Changes"对话框，如图 5-2-22 所示。

（6）关闭"Signal Model Assignment Changes"对话框。

（7）在"Allegro PCB SI XL"窗口执行菜单命令"File"→"Save As"，保存文件 E:\physical\diffPair\PCI4.brd。

3）检查网络（Net Audit）

（1）在"Allegro PCB SI XL"窗口执行菜单命令"Setup"→"SI Design Audit..."，弹出"SI Design Audit"对话框，如图 5-2-23 所示。

（2）在"SI Design Audit"对话框中单击"Next"按钮，在"Xnet Filter"栏输入"LOOP*"并按"Tab"键，以 LOOP 开头的网络显示在列表中，如图 5-2-24 所示。

图 5-2-21　分配模型

图 5-2-22　"Signal Model Assignment Changes"对话框

图 5-2-23　"SI Design Audit"对话框

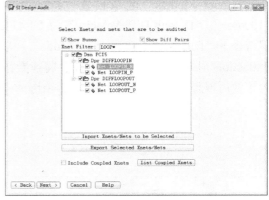

图 5-2-24　显示网络

（3）从列表中选择"Net LOOPIN_P"，单击"Next"按钮，在新对话框中单击"Report"按钮，得到诊断报告，如图 5-2-25 所示。

```
****************************************************************
INFO >>  The victim net(s) checked are :
         PCI4 LOOPIN_P
****************************************************************
INFO >>  Geometry window = 10mil
****************************************************************
INFO >>  No neighbor nets were found.
****************************************************************
INFO >>  List of assigned buffer models:
         Model Name            Net Name     Pin Name    Component      Design
         ---------------       ---------    --------    ---------      ------
         ATOMIC_ATOMIC_DIN     LOOPIN_P     39          U37            PCI4
         SUNSPOT_SUNSPOT_DOUTP LOOPIN_P     15          U27            PCI
****************************************************************
INFO >>  List of components:
         Component       DeviceType    Class       Design        Signal Model
```

图 5-2-25　诊断报告

（4）仔细阅读报告并注意网络名、元器件名、器件类型、CLASS和分配的信号模型。

（5）关闭诊断报告。

（6）重复前面步骤，检查其余网络报告，显示没有问题。

（7）关闭"SI Design Audit"对话框。

5.3 仿真差分对

【本节目的】 主要学习对差分对仿真的方法，首先需要提取差分对的拓扑，然后对其进行仿真并对仿真结果进行分析。

【使用工具】 Allegro PCB SI XL、SigXplorer PCB SI XL。

【使用文件】 physical\diffPair\PCI4.brd、physical\diffPair\diff_sim.top。

1．提取差分对拓扑

1）设置互连模型参数

（1）在"Allegro PCB SI XL"窗口执行菜单命令"Analyze"→"Preferences..."，弹出"Analysis Preferences"对话框，如图5-3-1所示。

（2）在"Analysis Preferences"对话框中选择"InterconnectModels"选项卡，在"Unrouted Interconnect Models"区域设置"Percent Manhattan"为100，"Default Impedance"为"100ohm"，"Default Diff-Velocity"为"1.4142e+008M/s"；在"Topology Extraction"区域确保选择了"Differential Extraction Mode"选项，如图5-3-2所示。若没有选择"Differential Extraction Mode"选项，差分对拓扑将被看作Xnet，提取的拓扑将仅使用理想传输线模型。为了使用理想的耦合传输线模型，必须选择"Differential Extraction Mode"选项。

图 5-3-1 "Analysis Preferences"对话框

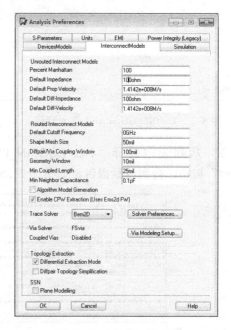

图 5-3-2 设置互连参数

（3）单击"OK"按钮，关闭"Analysis Preferences"对话框。

2）提取拓扑

（1）在"Allegro PCB SI XL"窗口执行菜单命令"Setup"→"Constraints"→"Electrical..."，弹出"Allegro Constraint Manager"对话框。

（2）在"Allegro Constraint Manager"对话框中选择"Net"→"Routing"→"Differential Pair"表格，约束管理器如图 5-3-3 所示。

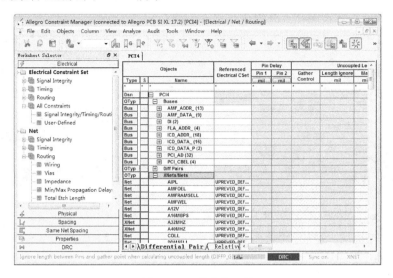

图 5-3-3　约束管理器

（3）在表格的"Objects"栏选择"DP_LOOPIN"，单击鼠标右键，从弹出的快捷菜单中选择"SigXplorer...."，弹出"SigXplorer PCB SI XL"窗口，如图 5-3-4 所示。提取选择差分对的拓扑，在"SigXplorer PCB SI XL"窗口显示了理想耦合传输线模型的差分对拓扑。

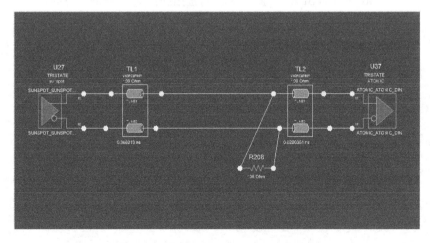

图 5-3-4　"SigXplorer PCB SI XL"窗口

（4）选择"SigXplorer PCB SI XL"窗口的"Parameters"表格，在"Name"栏显示"CIRCUIT"。

（5）单击"CIRCUIT"前面的"+"号展开表格，查看电路信息，如图 5-3-5 所示。

Name	Value	Count
⊟ CIRCUIT		1
autoSolve	Off	1
tlineDelayMode	time	1
userRevision	1.0	1
⊞ PCI4		1

图 5-3-5　查看电路信息

（6）单击"CIRCUIT"下面"tlineDelayMode"表格"Value"区域的"time"，从下拉菜单中选择"length"并按"Tab"键，拓扑参数改变为长度单位，差分对拓扑如图 5-3-6 所示。

图 5-3-6　差分对拓扑

（7）在"SigXplorer PCB SI XL"窗口执行菜单命令"File"→"Save"，将拓扑保存于当前目录下。

2．分析差分对网络

1）设置仿真参数

（1）在"SigXplorer PCB SI XL"窗口重新调整拓扑，如图 5-3-7 所示。

图 5-3-7　调整拓扑

（2）在"SigXplorer PCB SI XL"窗口执行菜单命令"Analyze"→"Preferences..."，弹出"Analysis Preferences"对话框，选中"Pulse Stimulus"选项卡，设置激励参数，如图 5-3-8 所示。

（3）选中"Simulation Parameters"选项卡，设置仿真参数，如图 5-3-9 所示。

图 5-3-8 设置激励参数

图 5-3-9 设置仿真参数

（4）选中"Simulation Modes"选项卡，设置仿真模式，如图 5-3-10 所示。

（5）选中"Measurement Modes"选项卡，设置测量模式，如图 5-3-11 所示。

图 5-3-10 设置仿真模式

图 5-3-11 设置测量模式

（6）单击"OK"按钮，关闭"Analysis Preferences"对话框。

2）设置差分驱动器激励

（1）单击差分驱动器 U27 上面的文本"TRISTATE"，弹出"IO Cell (U27) Stimulus Edit"对话框，如图 5-3-12 所示。选中"IO Cell (U27) Stimulus Edit"对话框"Stimulus State"区域的"Custom"单选按钮，选择"Terminal Info"区域"Stimulus Type"为"SYNC"，设置激励类型，如图 5-3-13 所示。

（2）设置"IO Cell (U27) Stimulus Edit"对话框"Stimulus Editing"区域中的"Frequency"为"400MHz"，"Init"为 0，"Switch At"为"BOTH"，单击"Random"按钮，弹出"SigXplorer PCB SI XL"窗口，如图 5-3-14 所示。在"Enter pattern length"栏输入 1024，单击"OK"按钮，"IO Cell (U27) Stimulus Edit"对话框如图 5-3-15 所示。

图 5-3-12 "IO Cell (U27) Stimulus Edit" 对话框

图 5-3-13 设置激励类型

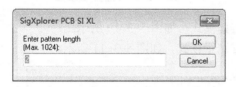

图 5-3-14 "SigXplorer PCB SI XL" 窗口

图 5-3-15 "IO Cell (U27) Stimulus Edit" 对话框

（3）单击 "OK" 按钮，关闭 "IO Cell (U27) Stimulus Edit" 对话框。

3）使用无损互连分析

（1）在 "SigXplorer PCB SI XL" 窗口执行菜单命令 "Analyze" → "Simulate"，开始仿真。仿真将花费一些时间，因为设置 "Pattern" 长度为 1024。当仿真完成时，"Results" 栏被选择并显示一些测量为 "NA"，弹出 "SigWave" 窗口，显示仿真波形，如图 5-3-16 所示。

图 5-3-16 显示仿真波形

（2）在"SigWave"窗口执行菜单命令"Graph"→"Eye Diagram Preferences"，弹出
"Eye Diagram Preferences"对话框，"Clock Freq"栏设置为
400MHz，"No. of Eyes"栏为 1，设置"Clock Offset"值为
1/2 时钟周期值（即 1.25ns），"Clock Start"栏为 0s，设置的
眼图参数如图 5-3-17 所示。单击"OK"按钮，关闭"Eye
Diagram Preferences"对话框。在"SigWave"窗口执行菜单
命令"Graph"→"Eye Diagram Mode"，波形的眼图显示在
波形窗口，如图 5-3-18 所示。

图 5-3-17　设置的眼图参数

图 5-3-18　波形的眼图

（3）选择"SigWave"窗口左边列表框的波形库符号"Sim1: (PCI4 U27 15) PCI4 U27 15
Pulse Typ Reflection"，单击鼠标右键，从弹出的快捷菜单中选择"Hide All Subitems"，所有
波形都不显示。单击"Sim1: (PCI4 U27 15) PCI4 U27 15 Pulse Typ Reflection"前面的"+"
号，显示所有子项。双击"PCI4 U37 39_PCI4 U37 38_diff"前的波形符号，仅显示差分接收
器波形，如图 5-3-19 所示。

图 5-3-19　差分接收器波形

（4）在"SigWave"窗口执行菜单命令"Zoom"→"In Region"，放大眼孔图区域显示在 0～2ns 之间，如图 5-3-20 所示。

图 5-3-20　显示指定区域

（5）单击"SigWave"窗口的 ≑ 图标，添加"Differential Horizontal Marker"标志线。选中标志线，单击鼠标右键，从弹出的快捷菜单中选择"Line Style"，使标志线为实线，调整标志线位置，如图 5-3-21 所示。在"SigWave"窗口单击 ⊹ 图标，单击"Differential Vertical Marker"标志线，从最左边的颜色块中选择红色。

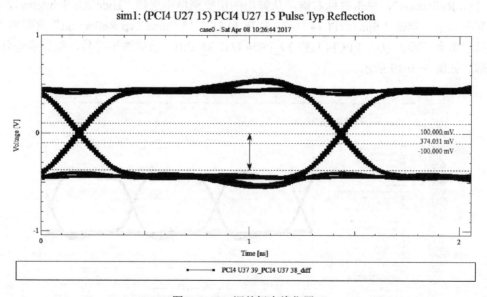

图 5-3-21　调整标志线位置

（6）调整"Differential Vertical Marker"标志线的位置，如图 5-3-22 所示。

图 5-3-22　调整"Differential Vertical Marker"标志线的位置

（7）在"SigXplorer PCB SI XL"窗口执行菜单命令"File"→"Save As"，将拓扑保存于当前目录，文件名为"diff_sim.top"。

4）使用有损互连分析

（1）在"SigXplorer PCB SI XL"窗口执行菜单命令"Edit"→"Add Element…"，弹出"Add Element Browser"对话框，如图 5-3-23 所示。

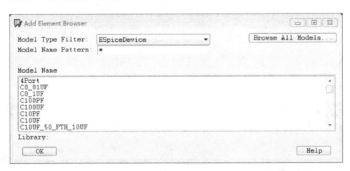

图 5-3-23　"Add Element Browser"对话框

（2）在"Add Element Browser"对话框的"Model Type Filter"栏选择"Interconnect"，从列出的互连模型中选择"Microstrip_2"，在工作空间任意地方双击摆放"Microstrip_2"。

（3）单击"OK"按钮，关闭"Add Element Browser"对话框。

（4）单击 Trace 模型 TL_MS1 的长度参数值 1000mil，TL_MS1 长度参数显示在"Parameters"表格栏，在"Length"表格单击鼠标右键，选择"View Trace Parameters"，弹出"View Trace Model Parameters"对话框，如图 5-3-24 所示。

图 5-3-24 "View Trace Model Parameters" 对话框

（5）设置 TL_MS1 的参数，如图 5-3-25 所示。

（6）在 "View Trace Model Parameters" 对话框显示差分阻抗，如图 5-3-26 所示。

图 5-3-25 设置 TL_MS1 的参数   图 5-3-26 显示差分阻抗

（7）在 "SigXplorer PCB SI XL" 窗口单击 TL_MS1 模型，执行菜单命令 "Edit" →
"Copy"，在新的位置单击添加模型 TL_MS2，如图 5-3-27 所示。

图 5-3-27 添加模型 TL_MS2

（8）改变 Trace 模型 TL_MS2 的长度为 200mil，不改变其他参数。

（9）单击"Close"按钮，关闭"View Trace Model Parameters"对话框。

（10）在"SigXplorer PCB SI XL"窗口单击 TL1 和 TL2，执行菜单命令"Edit"→"Delete"，删除理想耦合传输线模型。

（11）在"SigXplorer PCB SI XL"窗口单击 TL_MS1 和 TL_MS2，执行菜单命令"Edit"→"Move"，移动 TL_MS1 和 TL_MS2 到原来 TL1 和 TL2 的位置，重新连接拓扑，如图 5-3-28 所示。

图 5-3-28　重新连接拓扑

（12）在"SigXplorer PCB SI XL"窗口执行菜单命令"File"→"Save As"，将文件保存于当前目录，文件名为"Diffloopin_trace.top"。

（13）在"SigXplorer PCB SI XL"窗口执行菜单命令"Analyze"→"Preferences..."，弹出"Analysis Preferences"对话框，如图 5-3-29 所示。

（14）在"Analysis Preferences"对话框中选择"Simulation Parameters"选项卡，在"Default Cutoff Frequency"栏输入 3GHz（开关频率设置为 800MHz，需要考虑 3 次谐波对 Trace 模型的影响，3 次谐波频率值是 2400MHz，即仿真的截止频率），设置仿真参数，如图 5-3-30 所示。

图 5-3-29　"Analysis Preferences"对话框

图 5-3-30　设置仿真参数

223

（15）单击"OK"按钮，关闭"Analysis Preferences"对话框。

（16）单击差分驱动器 U27 上面的文字"CUSTOM"，弹出"IO Cell (U27) Stimulus Edit"对话框，如图 5-3-31 所示。

（17）选择"IO Cell (U27) Stimulus Edit"对话框"Stimulus Editing"区域"Pattern"栏的数字，单击鼠标右键，从弹出的快捷菜单中选择"Copy"；从"Terminal Info"区域的"Stimulus Type"下拉菜单中选择"PERIODIC"，清除"Pattern"栏的值，在"Pattern"栏单击鼠标右键，从弹出的快捷菜单中选择"Paste"，粘贴随机值，如图 5-3-32 所示。

图 5-3-31 "IO Cell (U27) Stimulus Edit"对话框　　　图 5-3-32 复制并粘贴"Pattern"栏的值

（18）确认"Frequency"栏为"800MHz"，在 "Stimulus Editing"区域的"Jitter"栏输入"250ps"。

（19）单击"OK"按钮，关闭"IO Cell (U27) Stimulus Edit"对话框。

（20）在"SigXplorer PCB SI XL"窗口执行菜单命令"Analyze"→"Simulate"，开始仿真（仿真将花费一些时间）。当仿真完成时，弹出"SigWave"窗口，显示仿真波形，如图 5-3-33 所示。

图 5-3-33 显示仿真波形

前面仿真产生的波形没有显示，但仍然在波形库中。目前仿真的波形在波形库的第 2 个目录并显示在 "SigWave" 窗口中。

（21）选择 "SigWave" 波形库窗口的波形库符号 "Sim1: (PCI4 U27 15) PCI4 U27 15 Pulse Typ Reflection"（新产生的波形），从弹出的菜单中选择 "Hide All Subitems"，现在没有任何波形显示在 "SigWave" 窗口。

（22）单击 "Sim1: (PCI4 U27 15) PCI4 U27 15 Pulse Typ Reflection"（新产生的波形）前面的 "+" 号，展开项目，双击 "PCI4 U37 39_PCI4 U37 38_diff" 的波形符号，仅 PCI4 U37 39_PCI4 U37 38_diff 波形显示在 "SigWave" 窗口，差分接收器波形如图 5-3-34 所示。

图 5-3-34　差分接收器波形

（23）在 "SigWave" 窗口执行菜单命令 "Zoom" → "In Region"，放大眼孔图区域显示在 0～2ns 之间，如图 5-3-35 所示。

图 5-3-35　显示指定区域

（24）单击 "SigWave" 窗口的 ⊥ 图标，添加 "Differential Horizontal Marker" 标志线。

选中标志线，单击鼠标右键，从弹出的快捷菜单中选择"Line Style"，使标志线为实线，调整标志线位置，如图 5-3-36 所示。

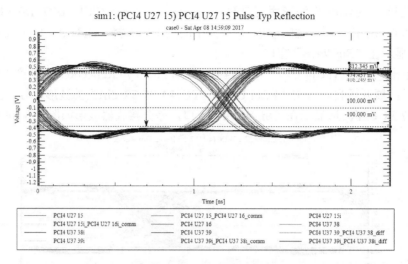

图 5-3-36　调整标志线位置

（25）在"SigWave"窗口单击 ╬ 图标，单击"Differential Vertical Marker"标志线，从最左边的颜色块中选择黑色。

（26）调整"Differential Vertical Marker"标志线的位置，如图 5-3-37 所示。

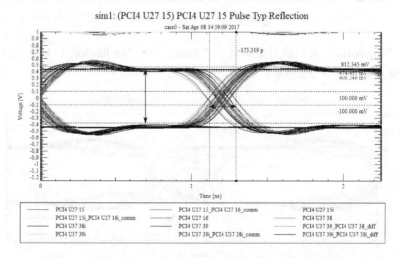

图 5-3-37　调整"Differential Vertical Marker"标志线的位置

（27）在"SigWave"窗口执行菜单命令"File"→"Exit"，退出。

5.4　差分对约束

【本节目的】　学习建立差分对约束的方法。

【使用工具】 SigXplorer PCB SI XL、Allegro Constraint Manager。

【使用文件】 physical\diffPair\diff_sim.top。

1. 设置差分对约束

（1）在"SigXplorer PCB SI XL"窗口执行菜单命令"File"→"Open"，打开 diff_sim. top 拓扑，其结构如图 5-4-1 所示。

图 5-4-1 拓扑结构

（2）在"SigXplorer PCB SI XL"窗口执行菜单命令"Setup"→"Constraints…"，弹出"Set Topology Constraints"对话框，如图 5-4-2 所示。

（3）在"Set Topology Constraints"对话框中选择"Diff Pair"选项卡，设置差分约束，具体如图 5-4-3 所示。

图 5-4-2 "Set Topology Constraints"对话框

图 5-4-3 设置差分约束

（4）单击"OK"按钮，关闭"Set Topology Constraints"对话框。

（5）在"SigXplorer PCB SI XL"窗口执行菜单命令"File"→"Save"，保存拓扑。

（6）在"SigXplorer PCB SI XL"窗口执行菜单命令"File"→"Exit"，退出。

2. 应用差分对约束

（1）在"Allegro PCB SI XL"窗口打开"Allegro Constraint Manager"窗口，执行菜单命令"File"→"Import"→"Electrical CSets..."，弹出"Import an electrical ECSet file（.top）"对话框，如图5-4-4所示，双击diff_sim.top输入约束。

图5-4-4 "Import an electrical ECSet file（.top）"对话框

（2）在"Allegro Constraint Manager"窗口双击"Electrical Constraint Set"→"All Constraints"前的表格符号，"All Constraints"表格的"Objects"栏列出的"DIFF_ SIM"，拖动工具条到右边，可以查看在ECSet中定义的所有约束，如图5-4-5所示。

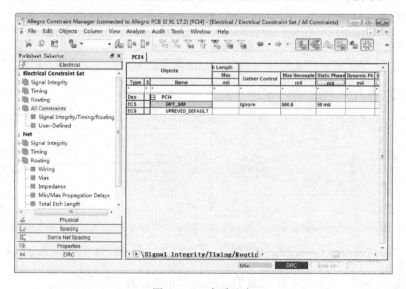

图5-4-5 查看约束

（3）在"Allegro Constraint Manager"窗口双击"Net"→"Routing"→"Differential Pair"前的表格符号，显示差分对，如图 5-4-6 所示。

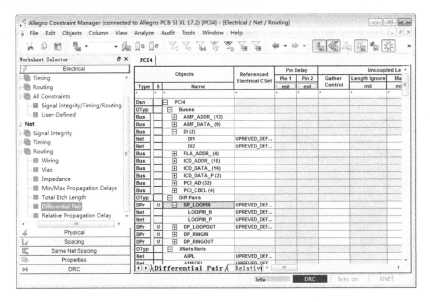

图 5-4-6　显示差分对

（4）用鼠标右键单击"DP_LOOPIN"后面的"Referenced Electrical CSet"表格，在弹出的快捷菜单中选择"Change..."，弹出"Add To Electrical CSet"对话框，从下拉菜单中选择"DIFF_SIM"，分配约束，如图 5-4-7 所示。

图 5-4-7　分配约束

（5）单击"OK"按钮，关闭"Add To Electrical CSet"对话框。

（6）在"Allegro PCB SI XL"窗口执行菜单命令"File"→"Save As"，将文件保存于当前目录，文件名为"PCI5.brd"。

5.5　差分对布线

【本节目的】　学习在差分对约束的情况下进行差分对布线的方法。

【使用工具】　Allegro PCB SI XL、Allegro Constraint Manager。

【使用文件】 physical\diffPair\PCI5.brd。

（1）在"Allegro PCB SI XL"窗口执行菜单命令"Display"→"Ratsnest...",弹出"Display-Ratsnest"对话框,如图 5-5-1 所示。

（2）选择"Selection Area"区域"Select By"栏的"Net"单选按钮,在"Net Filter"栏中输入"LOOP*"选择网络,如图 5-5-2 所示。

图 5-5-1 "Display-Ratsnest"对话框

图 5-5-2 选择网络

（3）确保选中对话框底部的"Show"单选按钮,单击"LOOPIN_P"和"LOOPIN_N",显示飞线,如图 5-5-3 所示。

（4）单击"OK"按钮,关闭"Display-Ratsnest"对话框。

（5）在"Allegro PCB SI XL"窗口执行菜单命令"Route"→"Connect",控制面板的"Options"页面设置如图 5-5-4 所示。

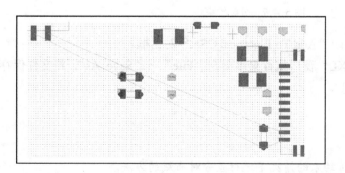

图 5-5-3 显示飞线

图 5-5-4 "Options"页面设置

（6）单击 U27 的引脚，从指针到目标引脚有两条飞线，如图 5-5-5 所示。一条飞线是 LOOPIN_P，另一条是 LOOPIN_N，网络名 Loopin_P 现在显示在"Options"页面，"<V016C030>"显示在"Options"页面的"Via"栏中。

（7）继续移动鼠标，靠近 R208 附近单击一点布线，如图 5-5-6 所示。

图 5-5-5　两条飞线

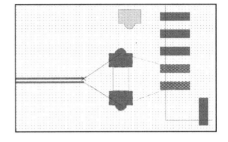

图 5-5-6　布线

（8）单击 R208 的引脚，布线将自动完成。

（9）单击 U37 的一个引脚向 R208 布线，靠近 R208 附近单击一点，单击 R208 的引脚，单击鼠标右键，从弹出的快捷菜单中选择"Done"，完成布线，如图 5-5-7 所示。

（10）查看"Allegro Constraint Manager"窗口的约束，如图 5-5-8 所示，没有约束违背。

图 5-5-7　完成布线

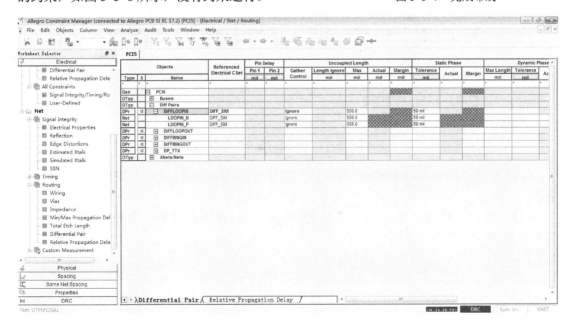

图 5-5-8　查看约束

（11）在"Allegro PCB SI XL"窗口执行菜单命令"Route"→"Slide"，控制面板的"Options"页面设置如图 5-5-9 所示。

（12）调整差分对布线，如图 5-5-10 所示。

图 5-5-9 "Options"页面设置

图 5-5-10 调整差分对布线

（13）查看"Allegro Constraint Manager"窗口的"Static Phase"表格，如图 5-5-11 所示。其中，"Tolerance"值为允许的差分对两个成员网络的长度差。

	Objects		Referenced Electrical C Set	Pin Dela	Static Phase		
				Pin 2	Tolerance	Actual	Margin
Type	S	Name		mil	mil		
	*	*	*	*	*	*	*
Dsn		⊟ PCI5					
OTyp		⊞ Buses					
OTyp		⊟ Diff Pairs					
DPr	M	⊟ DIFFLOOPIN	DIFF_SIM		50 mil		
Net		LOOPIN_N	DIFF_SIM		50 mil		
Net		LOOPIN_P	DIFF_SIM		50 mil		

图 5-5-11 "Static Phase"表格

（14）查看"Allegro Constraint Manager"窗口的"Uncoupled Length"表格，如图 5-5-12 所示。

（15）单击"Gather Control"表格的"Ignore"，在下拉菜单中选择"Include"，如图 5-6-13 所示。

图 5-5-12 "Uncoupled Length"表格

图 5-5-13 "Gather Control"表格

当两个成员网络的间距超过"Primary Gap"约束值 5.0mil 时，报告为不耦合的长度值。"Gather Control"为"Ignore"时，不考虑成员网络的引脚的不耦合长度；"Gather Control"为"Include"时，完全考虑成员网络的引脚的不耦合长度。

（16）在"Allegro PCB SI XL"窗口执行菜单命令"File"→"Save"，将文件保存于当前目录下。

5.6 后布线分析

【本节目的】 主要学习对完成布线的差分对进行分析的方法。

【使用工具】 Allegro PCB SI XL、Allegro Constraint Manager、SigXplorer PCB SI XL。

【使用文件】 physical\diffPair\PCI5.brd。

（1）在"Allegro PCB SI XL"窗口执行菜单命令"Analyze"→"Preferences…"，弹出"Analysis Preferences"对话框，选择"InterconnectModels"选项卡，设置互连参数，如图 5-6-1所示。

（2）单击"OK"按钮，关闭"Analysis Preferences"对话框。

（3）在"Allegro Constraint Manager"窗口执行菜单命令"Tools"→"Options..."，弹出"Options"窗口，按图 5-6-2 所示进行设置。

图 5-6-1 设置互连参数

图 5-6-2 "Options"窗口

（4）单击"OK"按钮，关闭"Options"窗口。

（5）在"Allegro Constraint Manager"窗口执行菜单命令"Objects"→"Filter..."，弹出"Filter"窗口，具体设置如图 5-6-3 所示。

图 5-6-3 "Filter"窗口

（6）单击"OK"按钮，关闭"Filter"窗口。

（7）在"Allegro Constraint Manager"窗口双击"Net"→"Routing"→"Differential Pair"前的表格符号，如图 5-6-4 所示。

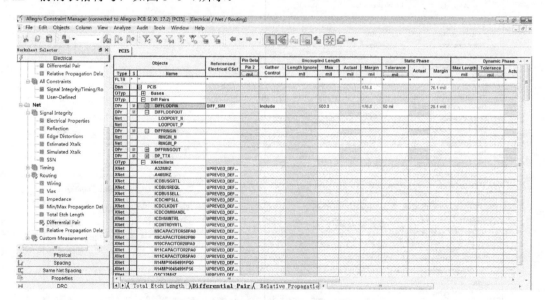

图 5-6-4 "Allegro Constraint Manager"窗口

（8）选择"Objects"表格中的"DIFFLOOPIN"，单击鼠标右键，从弹出的快捷菜单中选择"SigXplorer..."，弹出"SigXplorer PCB SI XL"窗口，提取布线的拓扑，如图 5-6-5 所示。由图 5-6-5 可见，有单 Trace 也有耦合 Trace，单 Trace 是在弯曲处的额外的 Trace 长度且引脚的 Trace 没有按 5.0mil 间距耦合，驱动器 IO Cell 设置为 CUSTOM 激励。这与预布线分析过程中的 CUSTOM 激励相同。

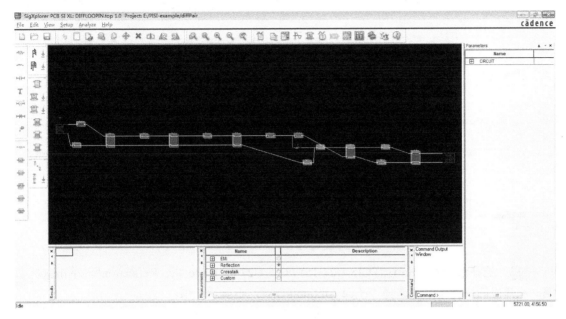

图 5-6-5　提取布线的拓扑

（9）在"SigXplorer PCB SI XL"窗口执行菜单命令"Analyze"→"Preferences..."，弹出"Analysis Preferences"对话框，选中"Pulse Stimulus"选项卡，设置激励参数，如图 5-6-6 所示。

（10）选中"Simulation Parameters"选项卡，设置仿真参数，如图 5-6-7 所示。

图 5-6-6　设置激励参数

图 5-6-7　设置仿真参数

（11）"Simulation Modes"选项卡和"Measurement Modes"选项卡保持不变，单击"OK"按钮，关闭"Analysis Preferences"对话框。

（12）在"SigXplorer PCB SI XL"窗口执行菜单命令"Analyze"→"Simulate"进行仿真，仿真完成后，弹出"SigWave"窗口显示仿真波形，如图 5-6-8 所示。

图 5-6-8　显示仿真波形

（13）选择波形库"Sim1:(PCI5 U27 15) PCI5 U27 15 Pulse Typ Reflection"，单击鼠标右键，从弹出的快捷菜单中选择"Hide All Subitems"，不显示子项。

（14）单击"Sim1:(PCI5 U27 15) PCI5 U27 15 Pulse Typ Reflection"前的"+"号展开项目，双击"PCI5 U37 39_ PCI5 U37 38_diff"前的波形符号，差分接收器波形如图 5-6-9 所示。

图 5-6-9　差分接收器波形

（15）在"SigWave"窗口执行菜单命令"Graph"→"Eye Diagram Mode"，显示眼图，如图 5-6-10 所示。

图 5-6-10　显示眼图

（16）在"SigWave"窗口执行菜单命令"Zoom"→"In Region"，放大波形（0～1.7ns），如图 5-6-11 所示。

图 5-6-11　放大波形

（17）单击"SigWave"窗口的 ⊣⊢ 图标，添加"Differential Horizontal Marker"标志线。选中标志线，单击鼠标右键，从弹出的快捷菜单中选择"Line Style"，使标志线为实线，调整标志线位置，如图 5-6-12 所示。

（18）在"SigWave"窗口单击 ⊣⊪ 图标，单击"Differential Vertical Marker"标志线，从最左边的颜色块中选择红色。

（19）调整"Differential Vertical Marker"标志线的位置，如图 5-6-13 所示。

图 5-6-12　调整标志线位置

图 5-6-13　调整"Differential Vertical Marker"标志线的位置

（20）在"SigWave"窗口执行菜单命令"File"→"Exit"，退出。

（21）在"SigXplorer PCB SI XL"窗口执行菜单命令"File"→"Exit"，弹出提示信息，单击"是"按钮，保存拓扑。

（22）在"Allegro Constraint Manager"窗口执行菜单命令"File"→"Close"，退出。

（23）在"Allegro PCB SI XL"窗口执行菜单命令"File"→"Exit"，弹出提示信息，单击"否"按钮，退出。

 思考与练习

（1）如何建立差分对并对其进行设置？

（2）如何对建立的差分对进行仿真与分析，并建立差分对约束？

（3）如何对布线后的差分对进行分析，检验是否满足设计要求？

第6章 模型与拓扑

学习目标

本章将讲解直接对元器件建模和提取拓扑的方法。通过本章的学习，应该掌握以下内容："自上而下"的建模方法；基本建模功能；IBIS 模型如何生效；如何从约束管理器中提取拓扑；采用拓扑的方式创建约束集。

6.1 设置建模环境

【使用工具】 Allegro Signal Integrity。

【使用文件】 E:\SI_Base_lab_data\my_ddr3_mod1.brd。

【操作系统】 Windows 7 旗舰版。

（1）依次单击"开始"→"所有程序"→"Cadence Release 17.2‑2016"→"Allegro Sigrity Products"→"Signal Integrity"，如图 6-1-1 所示（由于操作系统不同，快捷方式位置可能会略有变化），启动 Allegro Signal Integrity 软件，弹出"Allegro Sigrity SI Product Choices"对话框，如图 6-1-2 所示。

（2）在"Allegro Sigrity SI Product Choices"对话框"Select a Product"栏中选择"Allegro Sigrity SI（for board）"，"Available Product Options"一栏中出现两个子菜单，分别是"Power-Aware SI"和"Serial Link SI"，如图 6-1-3 所示。

图 6-1-1 启动 Allegro Signal Integrity 软件

图 6-1-2 "Allegro Sigrity SI Product Choices"对话框

图 6-1-3 选择产品类型后

（3）单击"Allegro Sigrity SI Product Choices"对话框中的"OK"按钮，进入 Allegro Signal Integrity 软件的主窗口。执行菜单命令"File"→"Open..."，打开本章所使用的文件 my_ddr3_mod1.brd，如图 6-1-4 所示。

图 6-1-4　打开文件 my_ddr3_mod1.brd

（4）执行菜单命令"Analyze"→"Model Browser..."，弹出"SI Model Browser"对话框，其中包含 6 种模型选项卡，分别是"HSPICE Models"、"SPECTRE Models"、"IML Models"、"DML Models"、"IBIS Models"和"SPICE Models"，如图 6-1-5 所示。

（5）单击"SI Model Browser"对话框中的"Set Search Path"按钮，弹出"Set Model Search Path"对话框。单击"Set Model Search Path"对话框中的"Reset To Default"按钮，将目录列表重置为默认状态，所有模型可以被直接搜索，并以文件扩展名的形式存在于目录中。单击"Add Directory..."按钮，将本章使用文件的路径加入其中，如图 6-1-6 所示。

图 6-1-5　"SI Model Browser"对话框

图 6-1-6　"Set Model Search Path"对话框

（6）单击"Set Model Search Path"对话框中的"OK"按钮，返回"SI Model Browser"对话框。单击"SI Model Browser"对话框中的"IBIS Models"选项卡，可见两个模型已经加入资源数据中，如图 6-1-7 所示。

（7）关闭"SI Model Browser"对话框，返回 Allegro Sigrity SI（for board）软件的主窗口。在主菜单栏中，执行菜单命令"Analyze"→"Model Assignment..."，弹出"Signal Model Assignment"对话框，并显示出 3 个文件夹，如图 6-1-8 所示。

图 6-1-7　加入模型后的"SI Model Browser"对话框

图 6-1-8　"Signal Model Assignment"对话框

（8）单击"Signal Model Assignment"对话框中的"Auto Setup"按钮，为现有元件分配信号模型，并自动生成一个模型。单击"RES_PACK_8_RES_PACK_8_56 56"文件夹前的"+"号，可以看到这个文件夹包含 3 个元件和刚刚生成的信号模型，如图 6-1-9 所示。

（9）返回"SI Model Browser"对话框，选择"IBIS Models"选项卡，在"File Name Filter"一栏中输入"*"并按"Tab"键，出现两个 IBIS 模型，分别是"in882lvgs02_135_v1p0_nopkg.ibs"和"v70sr1p2_1p35_nopkg.ibs"。选中"v70sr1p2_1p35_nopkg.ibs"模型，单击"SI Model Browser"对话框中的"Translate"按钮，将其转化为 DML 模型，弹出"IBIS Model Translation"对话框，如图 6-1-10 所示。

图 6-1-9　"RES_PACK_8_RES_PACK_8_56 56"文件夹

图 6-1-10　"IBIS Model Translation"对话框

（10）选择"IBIS Model Translation"对话框中的"Do not make model names unique to file"选项，单击"OK"按钮，此时"v70sr1p2_1p35_nopkg.ibs"模型包含一系列子模型，如图 6-1-11 所示。选中子模型中的"MT41K256M16RE"，单击"SI Model Browser"对话框中的"Assign"按钮，将"MT41K256M16RE"模型分配到"DDR3 DEVICE"所包含的元件中，模型分配完毕后如图 6-1-12 所示。

图 6-1-11　显示出的子模型　　　　　　　　　图 6-1-12　模型分配完毕后

（11）尝试以同样的方法，将"v70sr1p2_1p35_nopkg.ibs"模型转换为 DML 模型，将"INSSTE32882LV_135_MIRROR_HIGH_QCSEN_HIGH"模型分配到"S17_XC6VLX240TFF1156"所包含的元件中，当单击"SI Model Browser"对话框中的"Assign"按钮时，弹出"Allegro Sigrity SI（PCB）"对话框，出现警告信息，如图 6-1-13 所示。由于模型和元件不匹配，大多数引脚不能在模型中找到，此方法未顺利完成模型分配。

（12）单击"Allegro Sigrity SI（PCB）"对话框中的"No"按钮，并返回"Signal Model Assignment"对话框。采用另一种方法完成模型分配，选中"Signal Model Assignment"对话框中的"S17_XC6VLX240TFF1156"，并单击"Create Model..."按钮，弹出"Create Device Model"对话框，如图 6-1-14 所示。

图 6-1-13　"Allegro Sigrity SI（PCB）"对话框　　　　图 6-1-14　"Create Device Model"对话框

（13）确认选中"Create Device Model"对话框中的"Create IbisDevice model"选项，单击"OK"按钮，弹出"IBIS Device Model Editor"对话框，根据元件的引脚信息等创建出信号模型，如图 6-1-15 所示。

图 6-1-15 "IBIS Device Model Editor"对话框

（14）单击"IBIS Device Model Editor"对话框中的"OK"按钮，返回"Signal Model Assignment"对话框。单击"Signal Model Assignment"对话框中的"OK"按钮，弹出"Signal Model Assignment Changes"对话框，显示出已经发生变动的模型分配情况，如图 6-1-16 所示。

图 6-1-16 "Signal Model Assignment Changes"对话框

（15）关闭"Signal Model Assignment Changes"对话框，返回主窗口。在创建模型后编辑该模型将无法从设计中看到引脚和网络信息，因此需要返回"Signal Model Assignment"对话框，对信号模型进行编辑。执行菜单命令"Analyze"→"Model Assignment..."，重新打开"Signal Model Assignment"对话框，选中"S17_XC6VLX240TFF1156"，并单击"Edit Model..."按钮，再次弹出"IBIS Device Model Editor"对话框，选中"Assign Signal Pins"选项卡，如图 6-1-17 所示。拖动中间列表框右边的滚动条，可以观察各个引脚的网络连接情况，如图 6-1-18 所示。

图 6-1-17 "Assign Signal Pins"选项卡

Pin#	IOCell	Pwr Bus	Gnd Bus	Pinuse	Net Name
*	*	*	*	*	*
AM20	CDSDefaultIO_2p5v			BI	
AM19	POWER			POWER	
AM18	CDSDefaultIO_2p5v			BI	DDR3_DQ34
AM17	CDSDefaultIO_2p5v			BI	DDR3_DQ25
AM16	CDSDefaultIO_2p5v			BI	
AM15	CDSDefaultIO_2p5v			BI	
AM14	POWER			POWER	
AM13	CDSDefaultIO_2p5v			BI	DDR3_DQ1
AM12	CDSDefaultIO_2p5v			BI	DDR3_DQ23
AM11	CDSDefaultIO_2p5v			BI	DDR3_DQ32
AM10	CDSDefaultIO_2p5v			BI	
AM9	POWER			POWER	

图 6-1-18 观察各个引脚的网络连接情况

（16）在"Net Name"栏输入"*a*"并按"Tab"键，将网络名含"a"的网络过滤出来，如图 6-1-19 所示。

Pin#	IOCell	Pwr Bus	Gnd Bus	Pinuse	Net Name
*	*	*	*	*	*a*
E31	CDSDefaultIO_2p5v			BI	DDR3_A11
D30	CDSDefaultIO_2p5v			BI	DDR3_A6
AP15	CDSDefaultIO_2p5v			BI	DDR3_A7
AP2	CDSDefaultOutput_2p5v			OUT	DDR3_A3
AN15	CDSDefaultIO_2p5v			BI	DDR3_A13
AL15	CDSDefaultIO_2p5v			BI	DDR3_A5
AK14	CDSDefaultIO_2p5v			BI	DDR3_A9
AK13	CDSDefaultIO_2p5v			BI	DDR3_A0
AJ14	CDSDefaultIO_2p5v			BI	DDR3_A14
AH14	CDSDefaultIO_2p5v			BI	DDR3_A2
AH13	CDSDefaultIO_2p5v			BI	DDR3_A8
AG15	CDSDefaultIO_2p5v			BI	DDR3_A1

图 6-1-19 网络名含"a"的网络

（17）单击"IBIS Device Model Editor"对话框中部的"Select All"按钮，刚刚过滤出的

网络均出现在"Selected Pins"栏中,如图 6-1-20 所示。

图 6-1-20 "Selected Pins"栏

(18)单击"IBIS Device Model Editor"对话框中"IOCell"栏后面的"Browse"按钮,弹出"SI Model Browser"对话框,选中"OUTBUF_MD"模型,如图 6-1-21 所示。单击"SI Model Browser"对话框中的"Assign"按钮,"IBIS Device Model Editor"对话框的右下部显示出"OUTBUF_MD",如图 6-1-22 所示。

图 6-1-21 "SI Model Browser"对话框   图 6-1-22 显示出"OUTBUF_MD"

(19)返回"IBIS Device Model Editor"对话框,单击对话框右下部的"Assign"按钮,可见"Selected Pins"栏中的 IOCell 模型均改为"OUTBUF_MD",如图 6-1-23 所示。

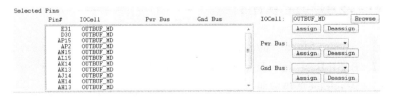

图 6-1-23 IOCell 模型修改后

(20)单击"IBIS Device Model Editor"对话框中的"Deselect All"按钮,清空

"Selected Pins"栏中所有的引脚信息。重复之前的操作，在"Net Name"栏输入"*dq*"，过滤出所有包含"dq"字符的网络，将这些网络和引脚全选到"Selected Pins"栏中，单击"Browse"按钮，将"DQ_40_ODT40_1600"加载到所有选中的引脚上，加载完毕后，如图 6-1-24 所示。

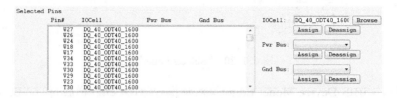

图 6-1-24　加载"DQ_40_ODT40_1600"后

（21）单击"IBIS Device Model Editor"对话框中的"OK"按钮，返回"Signal Model Assignment"对话框，单击"OK"按钮，弹出"Signal Model Assignment Changes"对话框，如图 6-1-25 所示。

图 6-1-25　"Signal Model Assignment Changes"对话框

（22）关闭"Signal Model Assignment"对话框。至此，设计模型已完成。本章主要讲解了如何自动生成模型及利用引脚和网络信息创建模型。

6.2　调整飞线显示与提取拓扑

【使用工具】　Allegro Signal Integrity。

【使用文件】　E:\SI_Base_lab_data\my_ddr3_mod2.brd。

【操作系统】　Windows 7 旗舰版。

（1）启动 Allegro Signal Integrity 软件，选择"Allegro Sigrity SI（for board）"模式，执行菜单命令"File"→"Open..."，打开 E:\SI_Base_lab_data\my_ddr3_mod2.brd 文件。执行完毕后，Allegro Signal Integrity 主窗口如图 6-2-1 所示。

图 6-2-1　Allegro Signal Integrity 主窗口

（2）单击命令栏中的"Unrats All"命令，如图 6-2-2 所示，将 my_ddr3_mod2.brd 文件中的所有飞线隐藏起来，如图 6-2-3 所示。

图 6-2-2　"Unrats All"命令　　　　　　　　　图 6-2-3　隐藏飞线

（3）执行菜单命令"Display"→"Ratsnest..."，弹出"Display‐Ratsnest"对话框，如图 6-2-4 所示。选中"Select By"栏中的"Net"单选按钮，并在"Net Filter"栏中输入文本"*_A*"，输入完毕后，按"Tab"键，将含有文本"*_A*"的所有网络过滤出来，如图 6-2-5 所示。

图 6-2-4 "Display‐Ratsnest"对话框　　　　图 6-2-5　过滤出的网络

（4）单击"Display‐Ratsnest"对话框中的"Select All"按钮，显示出地址总线的飞线，如图 6-2-6 所示。单击"Display‐Ratsnest"对话框中的"OK"按钮，退出该对话框。地址总线的连接线是以飞线形式进行连接的，默认模式是连线的距离最短，但这样布线不符合设计要求。

图 6-2-6　显示出地址总线的飞线

（5）执行菜单命令"Setup"→"Constraints"→"Constraint Manager..."，弹出"Allegro Constraint Manager"对话框，如图 6-2-7 所示。

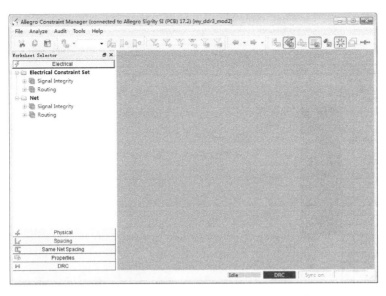

图 6-2-7 "Allegro Constraint Manager"对话框

（6）单击"Allegro Constraint Manager"对话框 "Electrical"子菜单"Net"文件夹中"Routing"前的"+"号，将所有选项显示出来，如图 6-2-8 所示。

（7）单击图 6-2-8 中的"Wiring"选项，"Allegro Constraint Manager"对话框的主窗口中将出现两组对象，分别是"Diff Pairs"和"XNets/Nets"。

（8）单击"XNets/Nets"前的"+"号，展开所有网络，如图 6-2-9 所示。

图 6-2-8 "Routing"子菜单   图 6-2-9 展开所有网络

（9）用鼠标左键同时选中 DDR3_A0、DDR3_A1、DDR3_A2、DDR3_A3、DDR3_A4、DDR3_A5、DDR3_A6、DDR3_A7、DDR3_A8、DDR3_A9、DDR3_A10、DDR3_A11、DDR3_A12、DDR3_A13 和 DDR3_A14，然后右击已选中的对象，弹出快捷菜单，如图 6-2-10

所示。

图 6-2-10　快捷菜单

（10）执行菜单命令"Create"→"Class..."，弹出"Create Net Class"对话框，在"Net Class"栏输入文本"DDR3_ADDR"，如图 6-2-11 所示。文本输入完毕后，单击"Create Net Class"对话框中的"OK"按钮，成功创建网络组。

图 6-2-11　"Create Net Class"对话框

（11）在"Allegro Constraint Manager"对话框中，执行菜单命令"Tools"→"Options..."，弹出"Options"对话框，确保"Electrical CSet Extraction"栏中两个子选项是未被选中的状态，如图 6-2-12 所示。

（12）设置完毕后，单击"Options"对话框中的"OK"按钮，退出"Options"对话框。

（13）返回"Allegro Constraint Manager"对话框，选中新创建的"DDR3_ADDR"网络组，然后单击鼠标右键，弹出快捷菜单，如图 6-2-13 所示。单击快捷菜单中的"SigXplorer..."命令，弹出"SigXplorer"窗口，提取出的拓扑如图 6-2-14 所示。

图 6-2-12 "Options"对话框

图 6-2-13 弹出的快捷菜单

图 6-2-14 提取出的拓扑

（14）图中白色线条代表元件之间的理想连接，可以删除。通过单击和移动，可适当调节元件位置，调整后的拓扑如图 6-2-15 所示。

图 6-2-15 调整后的拓扑

（15）在 SigXplorer 窗口执行菜单命令"Setup"→"Constraints...",弹出"Set Topology Constraints"对话框。单击"Wiring"选项卡,如图 6-2-16 所示。

（16）修改"Wiring"选项卡中"Verify Schedule"和"Stub Length"等参数,修改完毕后如图 6-2-17 所示。

图 6-2-16 "Wiring"选项卡　　　　图 6-2-17 修改"Wiring"选项卡参数

（17）单击"Set Topology Constraints"对话框中的"Signal Integrity"选项卡,修改"Signal Integrity"选项卡中的"Max Xtalk"和"Max Peak Xtalk"等参数,修改完毕后如图 6-2-18 所示。

（18）单击"Set Topology Constraints"对话框中的"OK"按钮,关闭对话框,返回 SigXplorer 主窗口。

（19）在 SigXplorer 主菜单中执行"Update Cm"命令,弹出"Warning"对话框,如图 6-2-19 所示。

图 6-2-18　修改"Signal Integrity"选项卡参数

图 6-2-19　"Warning"对话框

（20）单击"Warning"对话框中的"是"按钮，再次弹出询问信息，如图 6-2-20 所示。单击"Yes"按钮，将约束应用到所有的类成员中。

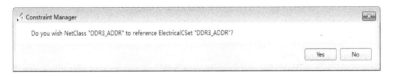

图 6-2-20　询问信息

（21）关闭 SigXplorer 界面，返回 Allegro Signal Integrity 主窗口。

（22）在 Allegro Signal Integrity 主窗口观察 my_ddr3_mod6-3-brd 中飞线的改变，如图 6-2-21 所示。

图 6-2-21　观察飞线的改变

（23）如图 6-2-22 所示，在"Allegro Constraint Manager"对话框中黄色列表头表明 DRC 对该特定检查禁用。工作表中的黄色单元格表示无法通过或失败。

Objects			Referenced Electrical CSet	Topology				Stub Length		
Type	S	Name		Verify Sched	Schedule	Actual	Margin	Max mil	Actual mil	Margin mil
*		*	*	*	*	*	*	*	*	*
Dsn	⊟	my_ddr3_mod2								
OTyp	⊟	Net Classes								
NCls		⊟ DDR3_ADDR (15)	DDR3_ADDR	Yes	TEMPLATE			100.0		
Net		DDR3_A0	DDR3_ADDR	Yes	TEMPLATE			100.0		
Net		DDR3_A1	DDR3_ADDR	Yes	TEMPLATE			100.0		
Net		DDR3_A2	DDR3_ADDR	Yes	TEMPLATE			100.0		
Net		DDR3_A3	DDR3_ADDR	Yes	TEMPLATE			100.0		
Net		DDR3_A4	DDR3_ADDR	Yes	TEMPLATE			100.0		
Net		DDR3_A5	DDR3_ADDR	Yes	TEMPLATE			100.0		
Net		DDR3_A6	DDR3_ADDR	Yes	TEMPLATE			100.0		
Net		DDR3_A7	DDR3_ADDR	Yes	TEMPLATE			100.0		
Net		DDR3_A8	DDR3_ADDR	Yes	TEMPLATE			100.0		
Net		DDR3_A9	DDR3_ADDR	Yes	TEMPLATE			100.0		
Net		DDR3_A10	DDR3_ADDR	Yes	TEMPLATE			100.0		
Net		DDR3_A11	DDR3_ADDR	Yes	TEMPLATE			100.0		
Net		DDR3_A12	DDR3_ADDR	Yes	TEMPLATE			100.0		
Net		DDR3_A13	DDR3_ADDR	Yes	TEMPLATE			100.0		
Net		DDR3_A14	DDR3_ADDR	Yes	TEMPLATE			100.0		
OTyp	⊞	Diff Pairs								
OTyp	⊞	XNets/Nets								

图 6-2-22　"Allegro Constraint Manager"对话框

（24）关闭"Allegro Constraint Manager"对话框。

思考与练习

（1）如何建立 IBIS 模型？

（2）什么是"自上而下"的建模？

（3）如何提取 DDR3_DM0~DDR3_DM7 网络相关的拓扑？

第7章 板级仿真

 学习目标

　　板级仿真可以在整个布局过程中执行，可以验证设计意图和屏蔽潜在的电气问题。基础 SI 分析可以直接在布局参数数据库中操作，不需进行任何转换，非常适合板级仿真。

　　通过本章的学习，应该掌握以下内容：仿真未布线的网络；基础 SI 的分析；基础 SI 中的 DRC 功能；如何利用 SigXplorer 作为调试工具；基础 SI 中的 ERC 功能；tabbed 布线；背钻；SPDIF 中的改变。

7.1　预布局

　　【使用工具】　Allegro Signal Integrity。

　　【使用文件】　E:\SI_Base_lab_data\my_ddr3_mod3_1st.brd。

　　【操作系统】　Windows 7 旗舰版。

　　（1）启动 Allegro Signal Integrity 软件，选择"Allegro Sigrity SI（for board）"模式，执行菜单命令"File"→"Open..."，打开 E:\SI_Base_lab_data\my_ddr3_mod3_1st.brd 文件。执行完毕后，Allegro Signal Integrity 主窗口如图 7-1-1 所示。

图 7-1-1　Allegro Signal Integrity 主窗口

（2）在主命令栏中执行菜单命令"Analyze"→"Probe..."，弹出"Signal Analysis"对话框，如图 7-1-2 所示。

图 7-1-2　"Signal Analysis"对话框

（3）用鼠标左键框选地址总线，如图 7-1-3 所示，即可自动获取所框选地址总线的网络名称等参数，并显示在"Signal Analysis"对话框中，如图 7-1-4 所示。

图 7-1-3　框选地址总线

（4）单击"Signal Analysis"对话框中的"Waveforms..."按钮，弹出"Analysis Waveform Generator"对话框，如图 7-1-5 所示。

图 7-1-4　显示参数

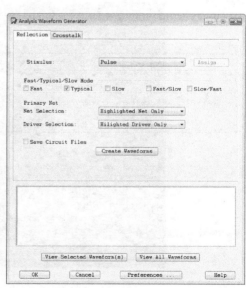

图 7-1-5　"Analysis Waveform Generator"对话框

（5）单击"Analysis Waveform Generator"对话框中的"Preferences..."按钮，弹出"Analysis Preferences"对话框，在"Simulation"选项卡中，将"Pulse cycle count"设为"4"，将"Pulse Clock Frequency"设为"266.75MHz"，如图 7-1-6 所示。单击"InterconnectModels"选项卡，具体参数如图 7-1-7 所示。

图 7-1-6 "Simulation"选项卡　　　　　图 7-1-7 "InterconnectModels"选项卡

（6）设置好参数后，单击"Analysis Preferences"对话框中的"OK"按钮，返回"Analysis Waveform Generator"对话框。将该对话框中的"Net Selection"设置为"All Selected Nets"，如图 7-1-8 所示。

（7）单击"Analysis Waveform Generator"对话框中的"Create Waveforms"按钮，弹出"Simulation for Waveforms..."对话框，仿真个数为 15 个，如图 7-1-9 所示。

图 7-1-8 设置"Net Selection"　　　　图 7-1-9 "Simulation for Waveforms..."对话框

（8）仿真完毕后，返回"Analysis Waveform Generator"对话框，单击"View All Waveforms"按钮，即可观察到 15 条二维曲线，如图 7-1-10 所示。

图 7-1-10　二维曲线

（9）关闭二维曲线显示和"Analysis Waveform Generator"对话框。

7.2　规划线束

【使用工具】　Allegro Signal Integrity。

【使用文件】　E:\SI_Base_lab_data\my_ddr3_mod3_fp.brd。

【操作系统】　Windows 7 旗舰版。

（1）启动 Allegro Signal Integrity 软件，选择"Allegro Sigrity SI（for board）"模式，执行菜单命令"File"→"Open..."，打开 E:\SI_Base_lab_data\my_ddr3_mod3_fp.brd 文件。执行完毕后，Allegro Signal Integrity 主窗口如图 7-2-1 所示。

图 7-2-1　Allegro Signal Integrity 主窗口

（2）执行菜单命令"Setup"→"Application Mode"→"Flow Planning"，如图 7-2-2 所示，进入"Flow Planning"模式。

（3）用鼠标左键框选与 U2 元件相关的飞线，右击所选择的飞线，在弹出的快捷菜单中选择"Create Bundle"，创建 1 路线束，执行完毕后如图 7-2-3 所示。

图 7-2-2 "Flow Planning"命令   图 7-2-3 创建 1 路线束

（4）仿照此方法，创建另外 3 路线束，4 路线束规划完毕后如图 7-2-4 所示。

（5）用鼠标左键直接拖动第 1 条线束和第 4 条线束，拖动完毕后如图 7-2-5 所示。

图 7-2-4 4 路线束规划完毕后   图 7-2-5 线束拖动完毕后

（6）在主命令栏中执行菜单命令"Analyze"→"Probe..."，弹出"Signal Analysis"对话框，单击"Net Browser..."按钮，弹出"Signal Select Browser"对话框。首次打开该对话框，其中列表框应为空白，在"Net Filter"栏中输入"*dq??"，并单击"Apply"按钮，即可搜索到相关网络。单击"All→"按钮，将搜索到的网络添加到"Selected Nets"栏中。

（7）在"Signal Select Browser"对话框中的"Net Filter"栏中输入"*dq?"，将相关网络添加到"Selected Nets"栏中，添加完毕后如图 7-2-6 所示。

图 7-2-6　相关网络添加完毕后

（8）单击"Signal Select Browser"对话框中的"OK"按钮，返回"Signal Analysis"对话框，如图 7-2-7 所示。

（9）单击"Signal Analysis"对话框中的"Reports..."按钮，弹出"Analysis Report Generator"对话框，在"Report Types"栏中选择"Waveform Quality"，"Net Selection"栏中选择"All Selected Nets"，"Driver Selection"栏中选择"All Xnet Drivers"，"Stimulus"栏中选择"Custom Stimulus"，如图 7-2-8 所示。

图 7-2-7　"Signal Analysis"对话框　　　图 7-2-8　"Analysis Report Generator"对话框

（10）单击"Analysis Report Generator"对话框中的"Assign..."按钮，弹出"Stimulus Setup"对话框，如图 7-2-9 所示。

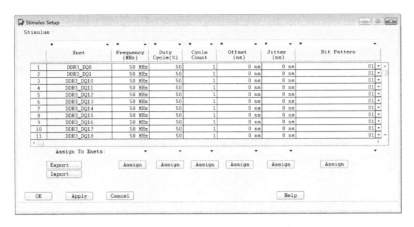

图 7-2-9　"Stimulus Setup"对话框

（11）将"Stimulus Setup"对话框"Frequency"栏中参数设为"800 MHz"，将"Bit Pattern"栏中参数设为"1001 0101"，如图 7-2-10 所示。

图 7-2-10　修改参数后

（12）单击"Stimulus Setup"对话框中的"OK"按钮，保存修改后的参数，返回"Analysis Report Generator"对话框。单击"Create Report"按钮，弹出"Simulating Report 'Ringing'..."对话框，仿真数量为 128 个，如图 7-2-11 所示。

图 7-2-11　"Simulating Report 'Ringing'..."对话框

（13）仿真进程结束后，弹出"Analysis Result"窗口，显示出分析报告，如图 7-2-12 所示。向下滚动鼠标滑轮，可查看"Waveform Quality"，如图 7-2-13 所示。

图 7-2-12 "Analysis Result"窗口

4 Results

4.1 Waveform Quality

| | | | Distortion (mV) (Typ FTSMode), Preferred Measurement Location: Model | | | | | | | |
| XNet | Receiver | Driver | Ring Back Margin High | | Ring Back Margin Low | | Static Overshoot High | | Static Overshoot Low | |
			Result	Threshold	Result	Threshold	Result	Threshold	Result	Threshold
DDR3_DQ9	U2 C3	U1 D26	539.8	NA	922.6	NA	NA	NA	-384.2	NA
DDR3_DQ9	U1 D26	U2 C3	539.8	NA	918.4	NA	NA	NA	-378.9	NA
DDR3_DQ8	U2 D7	U1 AG28	539.8	NA	922.6	NA	NA	NA	-384	NA
DDR3_DQ8	U1 AG28	U2 D7	539.8	NA	918.4	NA	NA	NA	-378.9	NA
DDR3_DQ7	U2 H7	U1 AP27	539.8	NA	922.6	NA	NA	NA	-383.9	NA
DDR3_DQ7	U1 AP27	U2 H7	539.8	NA	918.4	NA	NA	NA	-378.9	NA
DDR3_DQ0	U1 AM25	U2 E3	539.8	NA	918.4	NA	NA	NA	-378.9	NA
DDR3_DQ0	U2 E3	U1 AM25	539.8	NA	922.6	NA	NA	NA	-384.3	NA
DDR3_DQ14	U1 B30	U2 B8	539.8	NA	918.4	NA	NA	NA	-378.9	NA
DDR3_DQ1	U1 AM13	U2 F7	539.8	NA	918.4	NA	NA	NA	-378.9	NA
DDR3_DQ1	U2 F7	U1 AM13	539.8	NA	922.6	NA	NA	NA	-383.9	NA

图 7-2-13 "Waveform Quality"

（14）单击"DDR3_DQ0"中的"U1 AM25"和"DDR3_DQ26"中的"U3 C8"，查看相关波形，可以适当改变曲线的线宽和颜色，调整后的波形如图 7-2-14 所示。

图 7-2-14 调整后的波形

（15）返回 "Signal Analysis" 对话框，单击 "View Topology" 按钮，弹出 "SigXplorer" 窗口，如图 7-2-15 所示。

图 7-2-15　"SigXplorer" 窗口

（16）打开 SigXplorer 窗口右侧的 "CIRCUIT"，将 "tlineDelayMode" 栏中的参数设置为 "length"，如图 7-2-16 所示。

Name	Value	Count
⊟　CIRCUIT		1
autoSolve	Off	1
tlineDelayMode	length	1
userRevision	1.0	1
⊞　MY_DDR3_MOD3_FP		1

图 7-2-16　设置 "tlineDelayMode" 栏

（17）参数修改后，所提取的拓扑如图 7-2-17 所示。

图 7-2-17　提取的拓扑

7.3　后布局

【使用工具】　Allegro Signal Integrity。

【使用文件】　E:\SI_Base_lab_data\my_ddr3_mod3_rte.brd。

【操作系统】　Windows 7 旗舰版。

（1）启动 Allegro Signal Integrity 软件，选择"Allegro Sigrity SI（for board）"模式，执行菜单命令"File"→"Open..."，打开 E:\SI_Base_lab_data\my_ddr3_mod3_rte.brd 文件。执行完毕后，Allegro Signal Integrity 主窗口如图 7-3-1 所示。

图 7-3-1　Allegro Signal Integrity 主窗口

（2）在主命令栏中执行菜单命令"Analyze"→"Probe..."，弹出"Signal Analysis"对话框，框选 U1 与 U2 之间的布线，共 15 个网络，框选完毕后如图 7-3-2 所示。

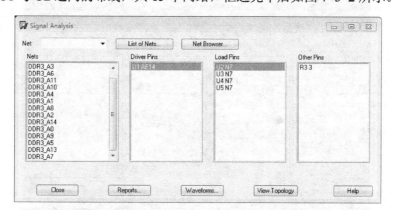

图 7-3-2　"Signal Analysis"对话框

（3）单击"Signal Analysis"对话框中的"Reports..."按钮，弹出"Analysis Report

Generator"对话框,在"Report Types"栏中选择"Simulated Crosstalk","Net Selection"栏中选择"All Selected Nets","Driver Selection"栏中选择"Fastest Driver","Stimulus"栏中选择"Custom Stimulus",如图 7-3-3 所示。

图 7-3-3 "Analysis Report Generator"对话框

(4)单击"Analysis Report Generator"对话框中的"Create Report"按钮,仿真数量为 30 个,仿真完毕后,弹出"Analysis Result"窗口,如图 7-3-4 所示,超过 100 的数值皆是违规的。

图 7-3-4 "Analysis Result"窗口

(5)关闭"Analysis Result"窗口,单击"Analysis Report Generator"对话框中的

"Cancel"按钮，返回"Signal Analysis"对话框，单击"Close"按钮，返回 Allegro Signal Integrity 主窗口。

（6）在主命令栏中执行菜单命令"Setup"→"Constraints"→"Constraints Manager..."，弹出"Allegro Constraint Manager"对话框，选择"Net"栏中的"Simulated Xtalk"，如图 7-3-5 所示。

图 7-3-5 "Allegro Constraint Manager"对话框

（7）以 DDR3_A6 为例，右击"Xtalk"栏中的"Actual"，弹出如图 7-3-6 所示的快捷菜单。

图 7-3-6 快捷菜单

（8）单击"Analyze"选项，分析结果如图 7-3-7 所示。

Type	S	Name	Referenced Electrical CSet	Active Window	Sensitive Window	Ignore Nets	Xtalk Max mV	Xtalk Actual mV	Xtalk Margin mV	Peak Xtalk Max mV	Peak Xtalk Actual mV	Peak Xtalk Margin mV
Dsn		⊟ my_ddr3_mod3_rte										-66.181
OTyp		⊟ Net Classes										
NCls		⊟ DDR3_ADDR (15)	DDR3_ADDR				100:100			60:60		-66.181
Net		⊟ DDR3_A0	DDR3_ADDR				100:100			60:60		
Rslt		All (Odd)					100:100			60:60		
Net		⊟ DDR3_A1	DDR3_ADDR				100:100			60:60		
Rslt		All (Odd)					100:100			60:60		
Net		⊟ DDR3_A2	DDR3_ADDR				100:100			60:60		
Rslt		All (Odd)					100:100			60:60		
Net		⊟ DDR3_A3	DDR3_ADDR				100:100			60:60		
Rslt		All (Odd)					100:100			60:60		
Net		⊟ DDR3_A4	DDR3_ADDR				100:100			60:60		
Rslt		All (Odd)					100:100			60:60		
Net		⊟ DDR3_A5	DDR3_ADDR				100:100			60:60		
Rslt		All (Odd)					100:100			60:60		
Net		⊟ DDR3_A6	DDR3_ADDR				100:100			60:60		-66.181
Rslt		All (Odd)					100:100			60:60		
Rslt		U1.AE14 (DDR3)					100:100			60:60	7.907	52.093
Rslt		U1.AH13 (DDR3)					100:100			60:60	126.181	-66.181
Rslt		U1.AP15 (DDR3)					100:100			60:60	97.983	-37.983
Net		⊟ DDR3_A7	DDR3_ADDR				100:100			60:60		

图 7-3-7　分析结果

（9）在主命令栏中执行菜单命令"Setup"→"Constraints"→"Constraints Manager..."，弹出"Allegro Constraint Manager"对话框。

（10）在"Allegro Constraint Manager"对话框中单击"Electrical"栏"Net"选项卡中的"Routing"，如图 7-3-8 所示。

Type	S	Name	Referenced Electrical CSet	Verify Sched	Schedule	Actual	Margin	Stub Length Max mil	Stub Length Actual mil	Stub Length Margin mil	Exposed Length Max mil	Exposed Length Actual mil	Exposed Length Margin mil
Dsn		⊟ my_ddr3_mod3_rte											
OTyp		⊟ Net Classes											
NCls		⊟ DDR3_ADDR (15)	DDR3_ADDR	Yes	TEMPLATE			100.0					
Net		DDR3_A0	DDR3_ADDR	Yes	TEMPLATE	PASS		100.0					
Net		DDR3_A1	DDR3_ADDR	Yes	TEMPLATE	PASS		100.0					
Net		DDR3_A2	DDR3_ADDR	Yes	TEMPLATE	PASS		100.0					
Net		DDR3_A3	DDR3_ADDR	Yes	TEMPLATE	PASS		100.0					
Net		DDR3_A4	DDR3_ADDR	Yes	TEMPLATE	PASS		100.0					
Net		DDR3_A5	DDR3_ADDR	Yes	TEMPLATE	PASS		100.0					
Net		DDR3_A6	DDR3_ADDR	Yes	TEMPLATE	PASS		100.0					
Net		DDR3_A7	DDR3_ADDR	Yes	TEMPLATE	PASS		100.0					
Net		DDR3_A8	DDR3_ADDR	Yes	TEMPLATE	PASS		100.0					
Net		DDR3_A9	DDR3_ADDR	Yes	TEMPLATE	PASS		100.0					
Net		DDR3_A10	DDR3_ADDR	Yes	TEMPLATE	PASS		100.0					
Net		DDR3_A11	DDR3_ADDR	Yes	TEMPLATE	PASS		100.0					
Net		DDR3_A12	DDR3_ADDR	Yes	TEMPLATE	PASS		100.0					
Net		DDR3_A13	DDR3_ADDR	Yes	TEMPLATE	PASS		100.0					
Net		DDR3_A14	DDR3_ADDR	Yes	TEMPLATE	PASS		100.0					
OTyp		⊞ Diff Pairs											
OTyp		⊞ XNets/Nets											

图 7-3-8　选择"Routing"

（11）右击"DDR3_ADDR"，弹出快捷菜单，如图 7-3-9 所示。

Type	S	Name	Referenced Electrical CSet	Verify Sched	Schedule	Actual	Margin	Stub Length Max mil	Stub Length Actual mil	Stub Length Margin mil
Dsn		⊟ my_ddr3_mod3_rte								
OTyp		⊟ Net Classes								
NCls		⊟ DDR3_ADDR (15)	DDR3_ADDR	Yes	TEMPLATE			100.0		
Net		DDR3_A0	DDR3_	Go to source		SS		100.0		
Net		DDR3_A1	DDR3_	Change...		SS		100.0		
Net		DDR3_A2	DDR3_	Clear		SS		100.0		
Net		DDR3_A3	DDR3_			SS		100.0		
Net		DDR3_A4	DDR3_	Goto Electrical CSet		SS		100.0		
Net		DDR3_A5	DDR3_	Audit Electrical CSet		SS		100.0		
Net		DDR3_A6	DDR3_			SS		100.0		
Net		DDR3_A7	DDR3_	SigXplorer...		SS		100.0		
Net		DDR3_A8	DDR3_ADDR		TEMPLATE	PASS		100.0		
Net		DDR3_A9	DDR3_ADDR	Yes	TEMPLATE	PASS		100.0		
Net		DDR3_A10	DDR3_ADDR	Yes	TEMPLATE	PASS		100.0		
Net		DDR3_A11	DDR3_ADDR	Yes	TEMPLATE	PASS		100.0		
Net		DDR3_A12	DDR3_ADDR	Yes	TEMPLATE	PASS		100.0		
Net		DDR3_A13	DDR3_ADDR	Yes	TEMPLATE	PASS		100.0		
Net		DDR3_A14	DDR3_ADDR	Yes	TEMPLATE	PASS		100.0		
OTyp		⊞ Diff Pairs								
OTyp		⊞ XNets/Nets								

图 7-3-9　快捷菜单

（12）选择"Goto Electrical CSet"选项，弹出"ECSet"窗口，将"Stub Length"栏中的参数设为 50mil，如图 7-3-10 所示。

Objects		Topology			Stub Length mil	Max Exposed mil	Max Parallel mil	Layer Sets
Type	S	Name	Mapping Mode	Verify Schedule	Schedule				
*		*	*	*	*	*	*	*	*
Dsn	⊟	my_ddr3_mod3_rte							
ECS		DDR3_ADDR		Yes	TEMPLATE	50.0			

图 7-3-10 "ECSet"窗口

（13）关闭"ECSet"窗口，返回"Allegro Constraint Manager"对话框，如图 7-3-11 所示，可见"DDR3_A12"网络中存在长度违规。

（14）在"Allegro Constraint Manager"对话框中执行菜单命令"Tools"→"Options..."，弹出"Options"对话框，勾选"Electrical CSet Extraction"栏中的全部选项，如图 7-3-12 所示。

Objects			Referenced Electrical CSet	Topology				Stub Length		
				Verify Sched	Schedule	Actual	Margin	Max mil	Actual mil	Margin mil
Type	S	Name								
*	*	*	*	*	*	*	*	*	*	*
Dsn	⊟	my_ddr3_mod3_rte								-13.0
OTyp	⊟	Net Classes								
NCls	⊟	DDR3_ADDR (15)	DDR3_ADDR	Yes	TEMPLATE			50.0		-13.0
Net		DDR3_A0	DDR3_ADDR	Yes	TEMPLATE	PASS		50.0	18.3	31.7
Net		DDR3_A1	DDR3_ADDR	Yes	TEMPLATE	PASS		50.0	42.2	7.8
Net		DDR3_A2	DDR3_ADDR	Yes	TEMPLATE	PASS		50.0	42.2	7.8
Net		DDR3_A3	DDR3_ADDR	Yes	TEMPLATE	PASS		50.0	22.2	27.8
Net		DDR3_A4	DDR3_ADDR	Yes	TEMPLATE	PASS		50.0	22.3	27.7
Net		DDR3_A5	DDR3_ADDR	Yes	TEMPLATE	PASS		50.0	22.3	27.7
Net		DDR3_A6	DDR3_ADDR	Yes	TEMPLATE	PASS		50.0	22.2	27.8
Net		DDR3_A7	DDR3_ADDR	Yes	TEMPLATE	PASS		50.0	22.3	27.7
Net		DDR3_A8	DDR3_ADDR	Yes	TEMPLATE	PASS		50.0	22.3	27.7
Net		DDR3_A9	DDR3_ADDR	Yes	TEMPLATE	PASS		50.0	18.3	31.7
Net		DDR3_A10	DDR3_ADDR	Yes	TEMPLATE	PASS		50.0	18.3	31.7
Net		DDR3_A11	DDR3_ADDR	Yes	TEMPLATE	PASS		50.0	18.3	31.7
Net		DDR3_A12	DDR3_ADDR	Yes	TEMPLATE	FAIL		50.0	63.0	-13.0
Net		DDR3_A13	DDR3_ADDR	Yes	TEMPLATE	PASS		50.0	42.2	7.8
Net		DDR3_A14	DDR3_ADDR	Yes	TEMPLATE	PASS		50.0	42.2	7.8
OTyp	⊞	Diff Pairs								
OTyp	⊞	XNets/Nets								

图 7-3-11 "Allegro Constraint Manager"对话框

图 7-3-12 "Options"对话框

（15）单击"Options"对话框中的"OK"按钮，返回"Allegro Constraint Manager"对话框，右击"DDR_A12"，弹出快捷菜单，选择"SigXplorer..."选项，所提取的网络如图 7-3-13 所示。

图 7-3-13 所提取的网络

（16）放大与 U4 引脚相关的网络，如图 7-3-14 所示，可见长度为 63mil。

（17）关闭"SigXplorer"窗口和"Allegro Constraint Manager"对话框。

（18）放大"Allegro Constraint Manager"对话框中的 PCB 版图，可见元件 U4 之中的 DRC 标记，如图 7-3-15 所示。

图 7-3-14　与 U4 引脚相关的网络

图 7-3-15　DRC 标记

7.4　tabbed 布线及背钻

【使用工具】　Allegro Signal Integrity。

【使用文件】　E:\SI_Base_lab_data\my_ddr3_mod4_tab.brd、E:\SI_Base_lab_data\my_ddr3_mod4_no_tab.brd。

【操作系统】　Windows 7 旗舰版。

（1）启动 Allegro Signal Integrity 软件，选择"Allegro Sigrity SI（for board）"模式，执行菜单命令"File"→"Open..."，打开 E:\SI_Base_lab_data\my_ddr4_mod4_tab.brd 文件。执行完毕后，Allegro Signal Integrity 主窗口如图 7-4-1 所示。

图 7-4-1　Allegro Signal Integrity 主窗口

（2）放大绿色总线，观察视图，如图 7-4-2 所示。

图 7-4-2　局部放大

（3）在主命令栏中执行菜单命令"Analyze"→"Probe..."，弹出"Signal Analysis"对话框，单击"DDR3_DQ38"网络，如图 7-4-3 所示。

图 7-4-3　"Signal Analysis"对话框

（4）单击"Signal Analysis"对话框中的"View Topology"按钮，弹出"SigXplorer"窗口，调整窗口显示，"DDR3_DQ38"网络拓扑如图 7-4-4 所示。

图 7-4-4　"DDR3_DQ38"网络拓扑

（5）右击元件 U1，弹出快捷菜单，选择"Stimulus"中的"Pulse"，如图 7-4-5 所示。

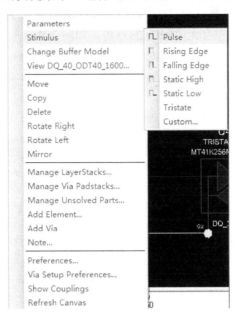

图 7-4-5　弹出快捷菜单

（6）在"SigXplorer"窗口执行菜单命令"Analyze"→"Simulate"，显示出的波形如图 7-4-6 所示。

图 7-4-6　显示出的波形

（7）仿照此方法，提取"my_ddr3_mod4_no_tab.brd"文件中的"DDR3_DQ38"网络，并显示出其仿真波形。同时显示出"my_ddr3_mod4_tab.brd"文件中"DDR3_DQ38"网络的仿真波形，用以对比布线中有无"tab"的差别，如图 7-4-7 所示。

图 7-4-7　有无"tab"的布线

（8）调整主窗口视图，如图 7-4-8 所示。

图 7-4-8　调整主窗口视图

（9）单击"Show Element"图标，如图 7-4-9 所示，在右侧"Find"选项卡中选择"Vias"，如图 7-4-10 所示。

图 7-4-9 "Show Element"图标　　　　图 7-4-10 "Find"选项卡

（10）在主窗口中选择红色网络中的过孔，弹出"Show Element"对话框，如图 7-4-11 所示，可见此过孔没有背钻。

（11）用同样的方式选择蓝色网络中的过孔，弹出"Show Element"对话框，如图 7-4-12 所示，可见此过孔有背钻。

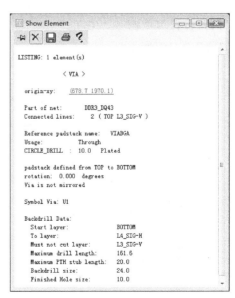

图 7-4-11 "Show Element"对话框（1）　　图 7-4-12 "Show Element"对话框（2）

（12）打开 Sigrity 软件，进入主窗口。

（13）在"PowerSI"窗口中执行菜单命令"File"→"New"→"Layout"，主窗口如图 7-4-13 所示。

图 7-4-13　主窗口

（14）执行菜单命令"Tools"→"Options"→"Edit Options"，弹出"Options"对话框，如图 7-4-14 所示。

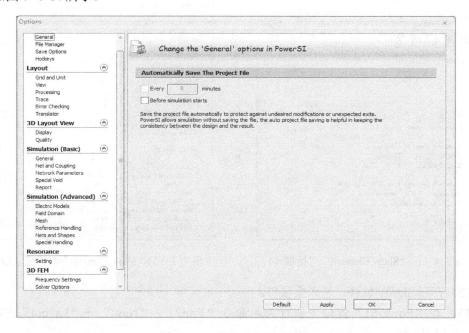

图 7-4-14　"Options"对话框

（15）单击"Layout"栏中的"Translator"，勾选"Use Board Geometry > Design Outline for outline"选项，如图 7-4-15 所示。

图 7-4-15　勾选"Use Board Geometry > Design Outline for outline"选项

（16）单击"Options"对话框中的"OK"按钮，返回主窗口。

（17）执行菜单命令"File"→"Open"，打开"my_ddr3_mod4_tab.brd"文件，如图 7-4-16 所示。

图 7-4-16　打开"my_ddr3_mod4_tab.brd"文件

（18）调节合适的窗口显示，可以显示出布线的细节，如图 7-4-17 所示。

图 7-4-17　布线的细节

（19）执行菜单命令"View"→"3D View"→"Partial 3D View"，可观察出背钻的三维显示，如图 7-4-18 所示。

图 7-4-18　背钻的三维显示

 思考与练习

（1）如何规划线束？

（2）如何利用 SigXplorer 作为调试工具？

（3）有"tab"的布线与无"tab"的布线相比，具有什么特点？

（4）如何调用 Sigrity 软件观察背钻？

第8章　AMI 生成器

学习目标

这一章将介绍 AMI 生成器的功能，并创建一个典型的 AMI 模型。通过本章的学习，应该掌握以下内容：配置编译器；创建一个典型的 AMI 发送模型；创建一个典型的 AMI 接收模型。

8.1　配置编译器

【使用工具】　SystemSI、Visual Studio 2013。

【使用文件】　E:\Signal Integrity Signoff\lab_AMI_Builder.ssix。

【操作系统】　Windows 7 旗舰版。

（1）登录微软官方网站，下载 Visual Studio 2013 安装文件，将 Visual Studio 2013 安装到计算机 C 盘中（其他版本的 Visual Studio 未必可以与 SystemSI 链接成功）。

（2）依次单击"开始"→"所有程序"→"Cadence"→"Sigrity 2016"→"SystemSI"，如图 8-1-1 所示（由于操作系统不同，快捷方式位置可能会略有变化），启动 SystemSI 软件，单击"Load Workspace"，打开 E:\Signal Integrity Signoff\lab_AMI_Builder.ssix 文件，SystemSI 主窗口如图 8-1-2 所示。

图 8-1-1　单击"SystemSI"　　　　　　　　图 8-1-2　SystemSI 主窗口

（3）在主菜单栏中执行菜单命令"Tools"→"Options"→"Edit Options"，弹出"Options"对话框，如图 8-1-3 所示。

图 8-1-3 "Options"对话框

（4）单击"AMI Builder"栏中的"General"，加载 Visual Studio 2013 的启动项"devenv.exe"，路径为"C:\Program Files (x86)\Microsoft Visual Studio 12.0\Common7\IDE\devenv.exe"，加载完毕后如图 8-1-4 所示。

图 8-1-4 加载启动项"devenv.exe"

（5）单击"Options"对话框中的"OK"按钮，退出对话框，即可完成编译器的链接。

8.2 Tx AMI 模型

【使用工具】 SystemSI。
【使用文件】 E:\Signal Integrity Signoff\lab_AMI_Builder.ssix。
【操作系统】 Windows 7 旗舰版。

（1）使用 SystemSI 软件打开 E:\Signal Integrity Signoff\lab_AMI_Builder.ssix 文件。
（2）在主菜单栏中执行菜单命令"Workspace"→"Save as...", 将要保存的文件命名为"lab_AMI_Builder_tx.ssix"，执行完毕即可。

（3）单击"Serial Link Analysis"选项卡中的"Run Channel Simulation"，开始进行仿真。仿真结果如图 8-2-1 所示。保存仿真结果。

图 8-2-1　仿真结果

（4）保存并关闭所有仿真结果，返回主窗口。

（5）右击主窗口中的"Tx1"模块，弹出如图 8-2-2 所示的快捷菜单。

（6）单击菜单中的"Build AMI"命令，弹出"AMI Builder Wizard"对话框，如图 8-2-3 所示。

（7）单击"AMI Builder Wizard"对话框中的"Next"按钮，进入"Feed Forward Eq（FFE）"对话框，如图 8-2-4 所示。

图 8-2-2　弹出的快捷菜单

图 8-2-3　"AMI Builder Wizard"对话框

图 8-2-4　"Feed Forward Eq（FFE）"对话框

（8）单击"Next"按钮，进入参数设置界面，选择默认设置，如图 8-2-5 所示。

（9）继续单击"Feed Forward Eq（FFE）"对话框中的"Next"按钮，进入下一界面，选择"Assign preset taps"选项，如图 8-2-6 所示。

图 8-2-5　参数设置

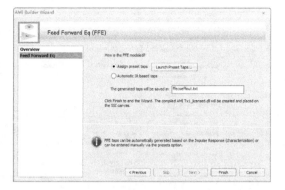

图 8-2-6　选择"Assign preset taps"选项

（10）单击"Launch Preset Taps…"按钮，弹出"AMI Builder Block Parameter Editor"对话框，如图 8-2-7 所示。

（11）单击对话框中的"Add"按钮，可以增加一行"P10　0,1,0"，如图 8-2-8 所示。

图 8-2-7　"AMI Builder Block Parameter Editor"对话框

图 8-2-8　增加一行"P10　0,1,0"

（12）单击"AMI Builder Block Parameter Editor"对话框中的"OK"按钮，退出该对话框。

（13）单击"AMI Builder Wizard"对话框中的"Finish"按钮，退出"AMI Builder Wizard"对话框，完成 AMI 模块的创建，如图 8-2-9 所示。

图 8-2-9　AMI 模块的创建

（14）双击 AMI 模块，弹出"Property"对话框，显示出 AMI 模块的具体参数，如图 8-2-10 所示。

图 8-2-10　"Property"对话框

（15）单击"Property"对话框中的"nil"，弹出"AMI Parameter Editor"对话框，如图 8-2-11 所示。单击下拉按钮，显示隐藏项，如图 8-2-12 所示。

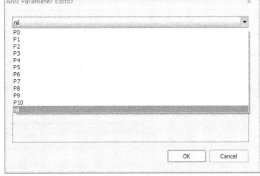

图 8-2-11　"AMI Parameter Editor"对话框　　　　图 8-2-12　显示隐藏项

（16）选择隐藏项中的"P7"，单击"AMI Parameter Editor"对话框中的"OK"按钮，关闭该对话框；单击"Property"对话框中的"确定"按钮，关闭"Property"对话框，返回主窗口。

（17）单击"Serial Link Analysis"选项卡中的"Run Channel Simulation"，开始进行仿真。P7 仿真结果如图 8-2-13 所示，保存仿真结果。

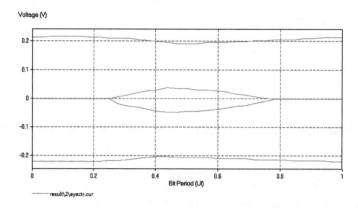

图 8-2-13　P7 仿真结果

（18）重复以上步骤，建立新通道的仿真，与 P7 仿真结果进行对比。将"Property"对话框中的"Default_Preset_Value"设置为"nil"，如图 8-2-14 所示。

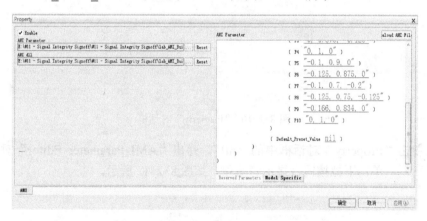

图 8-2-14　将"Default_Preset_Value"设置为"nil"

（19）单击"Serial Link Analysis"选项卡中的"Run Channel Simulation"，开始进行仿真。nil 仿真结果如图 8-2-15 所示，保存仿真结果。

图 8-2-15　nil 仿真结果

（20）同时勾选两次仿真结果，可见 nil 的仿真结果比 P7 的仿真结果略好，即眼图的开度大，如图 8-2-16 所示。

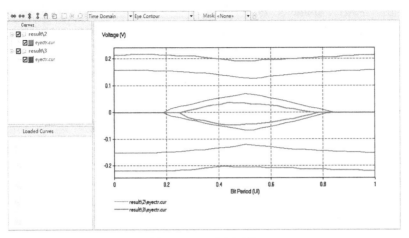

图 8-2-16　眼图对比

（21）再次双击 AMI 模块，弹出" Property "对话框，在右侧有一个名为
"ffecoeffout.txt"的文件，如图 8-2-17 所示。

（22）双击"ffecoeffout.txt"，弹出"AMI Parameter Editor"对话框，查看相关信息，如图 8-2-18 所示。

图 8-2-17　"ffecoeffout.txt"文件　　　　　图 8-2-18　查看相关信息

（23）在保存路径中找到这个文件，并用记事本程序打开，如图 8-2-19 所示。

图 8-2-19　用记事本程序打开

（24）以相同的方法修改 P10 相关参数。双击 P10 后的"0,1,0"，弹出"AMI Parameter Editor"对话框，输入"-0.1，0.6，-0.3"，如图 8-2-20 所示。

（25）单击"AMI Parameter Editor"对话框中的"OK"按钮，关闭该对话框；在"Property"对话框中将"Default_Preset_Value"设为"P10"，如图 8-2-21 所示。

图 8-2-20　修改 P10 相关参数　　　图 8-2-21　将"Default_Preset_Value"设为"P10"

（26）单击"Property"对话框中的"确定"按钮，关闭"Property"对话框，返回主窗口。

（27）单击"Serial Link Analysis"选项卡中的"Run Channel Simulation"，开始进行仿真。P10 仿真结果如图 8-2-22 所示，保存仿真结果。

图 8-2-22　P10 仿真结果

8.3　Rx AMI 模型

【使用工具】　SystemSI。

【使用文件】　E:\Signal Integrity Signoff\lab_AMI_Builder.ssix。

【操作系统】　Windows 7 旗舰版。

（1）使用 SystemSI 软件打开 E:\Signal Integrity Signoff\lab_AMI_Builder.ssix 文件。

（2）在主菜单栏中执行菜单命令"Workspace"→"Save as..."，将要保存的文件命名为"lab_AMI_Builder_rx.ssix"，执行完毕即可。

（3）单击"Serial Link Analysis"选项卡中的"Set Analysis Options"，弹出"Analysis Options"对话框，将"Ignore Time"设为 1ns，如图 8-3-1 所示。

图 8-3-1　"Analysis Options"对话框

（4）单击"Analysis Options"对话框中的"OK"按钮，关闭该对话框，返回主窗口。

（5）右击主窗口中的"Rx1"模块，弹出如图 8-3-2 所示的快捷菜单。

（6）单击菜单中的"Build AMI"命令，弹出"AMI Builder Wizard"对话框，如图 8-3-3 所示。

（7）单击"AMI Builder Wizard"对话框中的"Next"按钮，进入"Automatic Gain Control（AGC）"界面，如图 8-3-4 所示。

图 8-3-2　弹出的快捷菜单

图 8-3-3　"AMI Builder Wizard"对话框

图 8-3-4　"Automatic Gain Control（AGC）"界面

（8）单击"Automatic Gain Control（AGC）"界面中的"Next"按钮，在打开界面中选择"Simple Gain Amplifier"单选按钮，如图 8-3-5 所示。

（9）继续单击界面中的"Next"按钮，在打开界面中选择"Yes"单选按钮，如图 8-3-6 所示。

图 8-3-5　选择"Simple Gain Amplifier"单选按钮　　　　图 8-3-6　选择"Yes"单选按钮

（10）再次单击"Next"按钮，将电压值设为 0.1V，如图 8-3-7 所示。

（11）单击"Next"按钮，进入"Continuous Time Eq（CTE）"界面，如图 8-3-8 所示。

图 8-3-7　电压值设为 0.1V　　　　图 8-3-8　"Continuous Time Eq（CTE）"界面

（12）单击"Continuous Time Eq（CTE）"界面中的"Next"按钮，在打开界面中选择"Built-In 2 pole"单选按钮，如图 8-3-9 所示。

（13）再次单击界面中的"Next"按钮，在打开界面中选择"Yes"单选按钮，如图 8-3-10 所示。

（14）继续单击界面中的"Next"按钮，进入"Decision Feedback Eq（DFE）"界面，如图 8-3-11 所示。

（15）单击"Decision Feedback Eq（DFE）"界面中的"Next"按钮，在打开界面中将空白处设为"5"，如图 8-3-12 所示。

（16）再次单击界面中的"Next"按钮，在打开界面中选择"Digital"单选按钮，如图 8-3-13 所示。

图 8-3-9　选择"Built-In 2 pole"单选按钮

图 8-3-10　选择"Yes"单选按钮

图 8-3-11　"Decision Feedback Eq（DFE）"界面

图 8-3-12　空白处设为"5"

（17）继续单击"Next"按钮，"AMI Builder Wizard"对话框如图 8-3-14 所示。

图 8-3-13　选择"Digital"单选按钮

图 8-3-14　"AMI Builder Wizard"对话框

（18）单击"AMI Builder Wizard"对话框中的"Finish"按钮，关闭该对话框。AMI 模型创建完毕后如图 8-3-15 所示。

图 8-3-15　AMI 模型创建完毕后

（19）双击新建的 AMI 模型，弹出"Property"对话框，可查看相关参数，如图 8-3-16 所示。

（20）单击"Property"对话框中的"取消"按钮，关闭"Property"对话框，返回主窗口。

（21）右击 AMI 模块，弹出如图 8-3-17 所示的快捷菜单。

图 8-3-16 "Property"对话框   图 8-3-17 弹出的快捷菜单

（22）单击"Edit"命令，主窗口模型如图 8-3-18 所示。

（23）使用鼠标拖曳，适当调节 AGC 模块、CTE 模块和 DFE 模块的顺序，从左到右依次为 CTE 模块、AGC 模块、DFE 模块，如图 8-3-19 所示。

图 8-3-18 主窗口模型   图 8-3-19 调节顺序后

（24）双击 CTE 模块，弹出"Property"对话框，可以查看或编辑 CTE 模块的具体参数，如图 8-3-20 所示。

（25）单击"adapt_size"中的"2048"，弹出"AMI Builder Block Parameter Editor"对话框，如图 8-3-21 所示。

（26）将"Format"栏中的参数设为"4096 16 8192"，将"Default"栏中的参数设为"4096"，如图 8-3-22 所示。

（27）单击"AMI Builder Block Parameter Editor"对话框中的"OK"按钮，关闭该对话框。单击"Property"对话框中的"确定"按钮，关闭"Property"对话框。

（28）双击 AGC 模块，弹出"Property"对话框，可以查看或编辑 AGC 模块的具体参数，如图 8-3-23 所示。

图 8-3-20　"Property" 对话框

图 8-3-21　"AMI Builder Block Parameter Editor" 对话框

图 8-3-22　设置参数

图 8-3-23　"Property" 对话框

（29）单击"adapt_size"中的"32"，弹出"AMI Builder Block Parameter Editor"对话框，如图 8-3-24 所示。

（30）将"Format"栏中的参数设为"2048 16 8192"，将"Default"栏中的参数设为"2048"，如图 8-3-25 所示。

图 8-3-24　"AMI Builder Block Parameter Editor"对话框　　　　图 8-3-25　设置参数

（31）单击"AMI Builder Block Parameter Editor"对话框中的"OK"按钮，关闭该对话框。单击"Property"对话框中的"确定"按钮，关闭"Property"对话框。

（32）双击 DFE 模块，弹出"Property"对话框，可以查看或编辑 DFE 模块的具体参数，如图 8-3-26 所示。

图 8-3-26　"Property"对话框

（33）单击"dfe_tapcntrl_votercnt"中的"16"，弹出"AMI Builder Block Parameter Editor"对话框，如图 8-3-27 所示。

（34）勾选"Display in the .ami file"选项，如图 8-3-28 所示。

图 8-3-27　"AMI Builder Block Parameter Editor"对话框

图 8-3-28　勾选"Display in the .ami file"选项

（35）单击"AMI Builder Block Parameter Editor"对话框中的"OK"按钮，关闭该对话框，返回"Property"对话框。

（36）单击"dfe_scaler"中的"64"，弹出"AMI Builder Block Parameter Editor"对话框，如图 8-3-29 所示。

（37）勾选"Display in the .ami file"选项，如图 8-3-30 所示。

图 8-3-29　"AMI Builder Block Parameter Editor"对话框

图 8-3-30　勾选"Display in the .ami file"选项

（38）单击"AMI Builder Block Parameter Editor"对话框中的"OK"按钮，关闭该对话框。单击"Property"对话框中的"确定"按钮，关闭"Property"对话框。

（39）单击主菜单栏中的 ▶ 按钮，即可新建 AMI 模型，如图 8-3-31 所示。

（40）双击新建的 AMI 模型，弹出"Property"对话框，可见 CTE 参数在 AGC 参数之前，如图 8-3-32 所示。

图 8-3-31　新建 AMI 模型

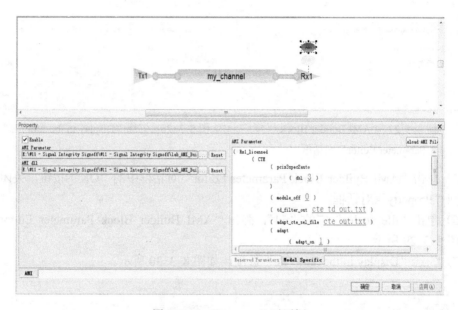

图 8-3-32　"Property" 对话框

（41）将 CTE 栏中的 "adapt_size" 参数设置为 "32"，将 AGC 栏中的 "adapt_size" 参数设置为 "8192"，如图 8-3-33 所示。

图 8-3-33　设置参数

（42）单击"Property"对话框中的"确定"按钮，关闭"Property"对话框，返回主窗口。

（43）单击左侧"Serial Link Analysis"栏中的"Set Analysis Options"，弹出"Analysis Options"对话框，将"Simulation Name"设置为"Custom"，具体参数设置如图 8-3-34 所示。

图 8-3-34　"Analysis Options"对话框

（44）单击"Analysis Options"对话框中的"OK"按钮，关闭该对话框，返回主窗口。

（45）单击左侧"Serial Link Analysis"栏中的"Run Channel Simulation"，弹出"Simulation Name"对话框，将其命名为"cte32_agc8192"，如图 8-3-35 所示。

（46）单击"Simulation Name"对话框中的"OK"按钮，关闭对话框，弹出的仿真结果如图 8-3-36 所示。

图 8-3-35　"Simulation Name"对话框　　　　图 8-3-36　仿真结果

（47）再次双击 AMI 模型，弹出"Property"对话框，将 CTE 栏中的"adapt_size"参数设置为"4096"，将 AGC 栏中的"adapt_size"参数设置为"2048"。

（48）设置完毕后，单击"Property"对话框中的"确定"按钮，关闭"Property"对话框，返回主窗口。

（49）单击左侧"Serial Link Analysis"栏中的"Run Channel Simulation"，弹出 "Simulation Name"对话框，将其命名为"cte4096_agc2048"，如图 8-3-37 所示。

（50）单击"Simulation Name"对话框中的"OK"按钮，关闭该对话框，弹出的仿真结果如图 8-3-38 所示。

图 8-3-37 "Simulation Name"对话框   图 8-3-38 仿真结果

（51）右击仿真结果，弹出如图 8-3-39 所示的快捷菜单。

（52）选择"Bits"，仿真结果如图 8-3-40 所示。

图 8-3-39 弹出的快捷菜单   图 8-3-40 仿真结果

（53）再次双击 AMI 模型，弹出"Property"对话框，单击"Reserved Parameters"选项卡，如图 8-3-41 所示。

图 8-3-41　"Reserved Parameters"选项卡

（54）将"Ignore_Bits"中的参数设置为"250000"，如图 8-3-42 所示。

（55）单击"Property"对话框中的"确定"按钮，关闭"Property"对话框，返回主窗口。

（56）单击左侧"Serial Link Analysis"栏中的"Run Channel Simulation"，弹出"Simulation Name"对话框，将其命名为"cte4096_agc2048_ib250k"。命名完毕后，单击"Simulation Name"对话框中的"OK"按钮，仿真结果如图 8-3-43 所示。

图 8-3-42　设置"Ignore_Bits"中的参数

图 8-3-43　仿真结果

（57）分别查看"cte4096_agc2048"和"cte4096_agc2048_ib250k"的三维眼图，如图 8-3-44 和图 8-3-45 所示。

图 8-3-44 "cte4096_agc2048"的三维眼图

图 8-3-45 "cte4096_agc2048_ib250k"的三维眼图

 思考与练习

（1）如何链接编译器？

（2）如何创建一个典型的 AMI 发送模型，并编辑 AMI 模型的参数？

（3）如何创建一个典型的 AMI 接收模型，并编辑 AMI 模型的参数？

第9章 仿真 DDR4

 学习目标

　　SystemSI 2016 增强了并行总线仿真功能。通过本章的学习，应该掌握以下内容：从 SystemSI 中生成 PCB 封装模型；提取或打开 Speed 2000 所生成的模型；DDR4 的设计和分析；使用 SPEED2000 提取子电路。

9.1 使用 SPEED2000 提取模型

　　【使用工具】 SPEED2000 Generator。

　　【使用文件】 E:\Signal Integrity Signoff\spreadtrum_ref.spd。

　　【操作系统】 Windows 7 旗舰版。

　　（1）依次单击"开始"→"所有程序"→"Cadence"→"Sigrity 2016"→"SPEED2000"→"Generator"，如图 9-1-1 所示。由于操作系统不同，SPEED2000 Generator 快捷方式位置可能会略有变化。

图 9-1-1　单击"Generator"

（2）启动 SPEED2000 Generator 软件，弹出"Choose License Suites"对话框，勾选"SPDGEN"选项，如图 9-1-2 所示。

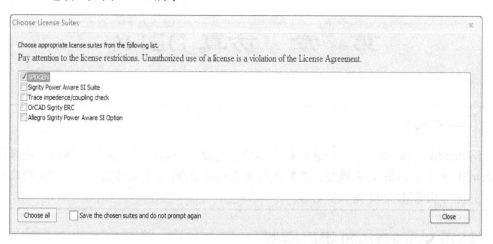

图 9-1-2 "Choose License Suites"对话框

（3）单击"Choose License Suites"对话框中的"Close"按钮，即可进入 SPEED2000 Generator 的主窗口，如图 9-1-3 所示。

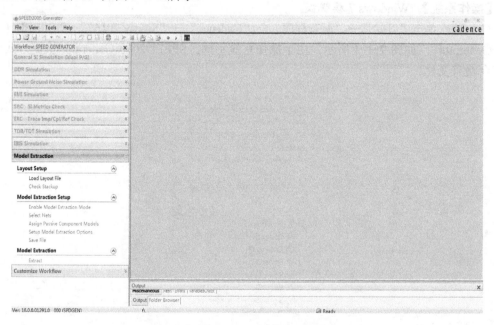

图 9-1-3 SPEED2000 Generator 的主窗口

（4）单击左侧"Model Extraction"选项卡中的"Load Layout File"，打开 E:\Signal Integrity Signoff\spreadtrum_ref.spd 文件，然后单击"Model Extraction"选项卡中的"Enable Model Extraction Mode"，如图 9-1-4 所示。

图 9-1-4 单击 "Enable Model Extraction Mode"

（5）单击 "Model Extraction" 选项卡中的 "Check Stackup"，弹出 "Layer Manager→Stack Up" 对话框，如图 9-1-5 所示。

图 9-1-5 "Layer Manager→Stack Up" 对话框

（6）不做修改，单击对话框中的 "OK" 按钮，关闭对话框。

（7）单击主窗口右侧 "Layer Selection" 选项卡中的 "Signal$INTERNAL2"，部分布线网络高亮显示，如图 9-1-6 所示。

图 9-1-6　部分布线网络高亮显示

（8）切换到"Net Manager"选项卡，勾选 VDD1V8 网络、PowerNets 网络、GND 网络和与"EM*"相关的网络，如图 9-1-7 所示，高亮显示的布线网络如图 9-1-8 所示。

图 9-1-7　"Net Manager"选项卡

图 9-1-8　高亮显示的布线网络

（9）单击左侧 "Model Extraction" 选项卡中的 "Setup Model Extraction Options"，弹出 "Setup Model Extraction Options" 对话框，选择 "Level-1" 选项，如图 9-1-9 所示。

（10）单击 "Setup Model Extraction Options" 对话框中的 "OK" 按钮，退出该对话框。

（11）单击 "Model Extraction" 选项卡中的 "Save File"，保存提取出的网络，然后单击 "Model Extraction" 选项卡中的 "Extract"，弹出 "SPEED GENERATOR" 信息，如图 9-1-10 所示。

图 9-1-9　"Setup Model Extraction Options" 对话框　　图 9-1-10　"SPEED GENERATOR" 信息

（12）单击 "SPEED GENERATOR" 信息中的 "确定" 按钮。

（13）查看所保存的信息文件 "spreadtrum_ref_07152017_135240.sp"，如图 9-1-11 所示。

```
1   * Ideal power/ground connection model(Level-1) extracted from
2   * "E:\#11 - Signal Integrity Signoff\#11 - Signal Integrity Signoff\DDR4_Lab_database\spreadtrum_ref.SPD"
3   * This sub-circuit netlist is generated by Cadence ASI SPEED2000 v16.0.0.01291.0   000
4   .SUBCKT        spreadtrum_ref_07152017_135240
5   +              nd_Gnd
6   +              nd_PWR_VDD1V8
7   +              U0500_A6
8   +              U0500_AA10
9   +              U0500_AA12
10  +              U0500_AA13
11  +              U0500_AB10
12  +              U0500_AB11
13  +              U0500_AB12
14  +              U0500_B8
15  +              U0500_C2
16  +              U0500_F10
17  +              U0500_F11
18  +              U0500_F12
19  +              U0500_G10
20  +              U0500_G12
21  +              U0500_G13
22  +              U0500_H11
23  +              U0500_H13
24  +              U0500_H2
25  +              U0500_H9
26  +              U0500_J10
27  +              U0500_J12
28  +              U0500_J2
29  +              U0500_J3
30  +              U0500_J9
31  +              U0500_K11
32  +              U0500_K13
33  +              U0500_K3
34  +              U0500_L11
```

图 9-1-11　查看信息文件"spreadtrum_ref_07152017_135240.sp"

图 9-1-12　"Setup Model Extraction Options"对话框

（14）单击"Model Extraction"选项卡中的"Setup Model Extraction Options"，弹出"Setup Model Extraction Options"对话框，选择"Level-2"选项，如图 9-1-12 所示。

（15）以同样的方式查看所保存的信息文件"spreadtrum_ref_07152017_140747.sp"，如图 9-1-13 所示。

```
1   * Ideal power/ground connection model(Level-2) extracted from
2   * "E:\#11 - Signal Integrity Signoff\#11 - Signal Integrity Signoff\DDR4_Lab_database\spreadtrum_ref.SPD"
3   * This sub-circuit netlist is generated by Cadence ASI SPEED2000 v16.0.0.01291.0   000
4   .SUBCKT        spreadtrum_ref_07152017_140747
5   +              nd_Gnd
6   +              nd_PWR_VDD1V8
7   +              U0500_A6
8   +              U0500_AA10
9   +              U0500_AA12
10  +              U0500_AA13
11  +              U0500_AB10
12  +              U0500_AB11
13  +              U0500_AB12
14  +              U0500_B8
15  +              U0500_C2
16  +              U0500_F10
17  +              U0500_F11
18  +              U0500_F12
19  +              U0500_G10
20  +              U0500_G12
21  +              U0500_G13
22  +              U0500_H11
23  +              U0500_H13
24  +              U0500_H2
25  +              U0500_H9
26  +              U0500_J10
27  +              U0500_J12
28  +              U0500_J2
29  +              U0500_J3
30  +              U0500_J9
31  +              U0500_K11
32  +              U0500_K13
33  +              U0500_K3
34  +              U0500_L11
```

图 9-1-13　查看信息文件"spreadtrum_ref_07152017_140747.sp"

（16）可以使用 SystemSI 或者其他仿真工具对两个 Spice 模型进行进一步的仿真。

9.2 使用 SystemSI 提取模型

【使用工具】 SystemSI。

【使用文件】 E:\Signal Integrity Signoff\ddr.ssix。

【操作系统】 Windows 7 旗舰版。

（1）依次单击"开始"→"所有程序"→"Cadence"→"Sigrity 2016"→"SystemSI"，如图 9-2-1 所示。由于操作系统不同，SystemSI 快捷方式位置可能会略有变化。

（2）启动 SystemSI 软件，单击"Load Workspace"，打开 E:\Signal Integrity Signoff\ddr.ssix 文件，SystemSI 主窗口如图 9-2-2 所示。

图 9-2-1 单击"SystemSI"

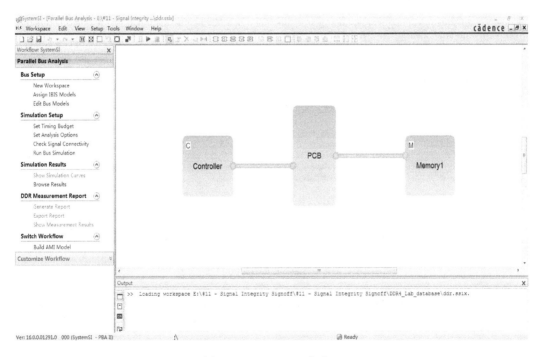

图 9-2-2 SystemSI 主窗口

（3）双击 SystemSI 主窗口中的 PCB 模块，弹出"Property"对话框，并加载 "spreadtrum_ref_07152017_135240.sp"文件，如图 9-2-3 所示。

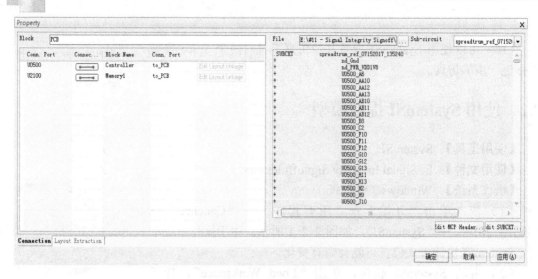

图 9-2-3 "Property" 对话框

（4）单击 "Property" 对话框下部的 "Layout Extraction" 选项卡，如图 9-2-4 所示。

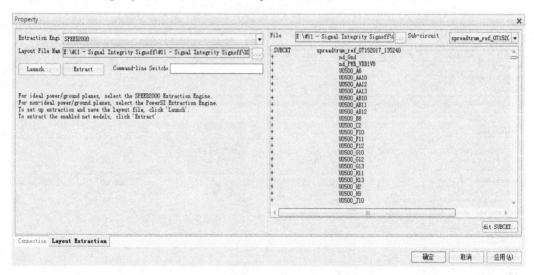

图 9-2-4 "Layout Extraction" 选项卡

（5）单击 "Layout File Name" 栏中的加载按钮，加载 E:\Signal Integrity Signoff\spreadtrum_ref.spd 文件。加载完毕后，单击 "Launch...." 按钮，调出 SPEED2000 Generator 的主窗口，如图 9-2-5 所示。

（6）参考 9.2 节步骤（9）～（12）的方法提取模型，操作完毕后，关闭 SPEED 2000 软件。

（7）返回 "Property" 对话框，单击 "Edit SUBCKT" 按钮，调出 "SUBCKT Editor" 选项卡，如图 9-2-6 所示。

图 9-2-5　SPEED2000 Generator 的主窗口

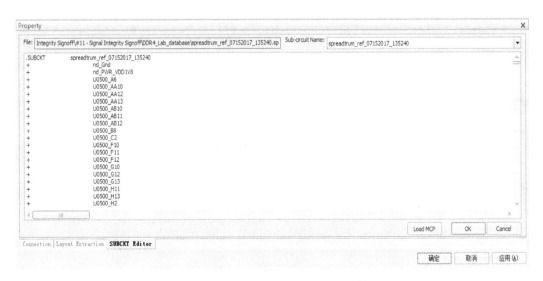

图 9-2-6　"SUBCKT Editor" 选项卡

（8）单击 "Property" 对话框中的 "确定" 按钮，退出 "Property" 对话框。

（9）单击 SystenSI 主窗口 "Simulation Setup" 栏中的 "Set Analysis Options"，弹出 "Analysis Options" 对话框，如图 9-2-7 所示。

图 9-2-7 "Analysis Options" 对话框

（10）选择默认设置，单击 "OK" 按钮，退出 "Analysis Options" 对话框。

（11）单击 "Simulation Setup" 栏中的 "Run Bus Simulation"，在后续弹出的窗口中均单击 "OK" 按钮，执行结果如图 9-2-8 所示。

图 9-2-8 执行结果

（12）再次单击 "Simulation Setup" 栏中的 "Set Analysis Options"，弹出 "Analysis Options" 对话框，单击右侧的 "Memory" 选项卡，将 IO 模型设置为 ODT 类型，如图 9-2-9 所示。

图 9-2-9　"Memory"选项卡

（13）单击"Analysis Options"对话框中的"OK"按钮，返回主窗口。

（14）再次单击"Simulation Setup"栏中的"Run Bus Simulation"，在后续弹出的窗口中均单击"OK"按钮，可以比较两次的仿真波形，执行结果如图 9-2-10 所示。

图 9-2-10　执行结果

9.3 使用 SystemSI 对 DDR4 进行仿真

【使用工具】 SystemSI。
【使用文件】 E:\Signal Integrity Signoff\ddr.ssix。
【操作系统】 Windows 7 旗舰版。

（1）同前所述，单击"SystemSI"图标，启动 SystemSI 软件，打开 SystemSI 主窗口，单击"Load Workspace"，打开 E:\Signal Integrity Signoff\ddr.ssix 文件，如图 9-3-1 所示。

图 9-3-1　打开 E:\Signal Integrity Signoff\ddr.ssix 文件

（2）双击 SystemSI 主窗口中的 PCB 模块，弹出"Property"对话框，并加载"spreadtrum_ref_07152017_135240.sp"文件，如图 9-3-2 所示。

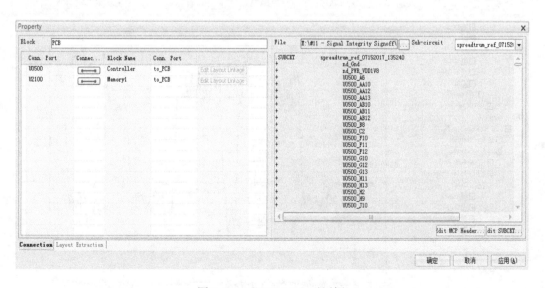

图 9-3-2　"Property"对话框

（3）单击"Property"对话框中的"确定"按钮，退出"Property"对话框，返回 SystemSI 主窗口。

（4）双击 PCB 模块与 Controller 模块之间的连线，确保 DQ0～7（Controller）与 EMD0～7（PCB）相连接，LDQS/LDQS#与 EMDQS0P/N 相连接，VDDQ 与 VDD1v8 相连接，VSS 与 GND 相连接，如图 9-3-3 所示。

图 9-3-3　网络间的连接情况（1）

（5）单击"Property"对话框中的"确定"按钮，退出"Property"对话框，返回 SystemSI 主窗口。

（6）双击 PCB 模块与 Memory1 模块之间的连线，确保 DQ0～7（Memory1）与 EMD0～7（PCB）相连接，LDQS/LDQS#与 EMDQS0P/N 相连接，VDDQ 与 VDD1v8 相连接，VSS 与 GND 相连接，如图 9-3-4 所示。

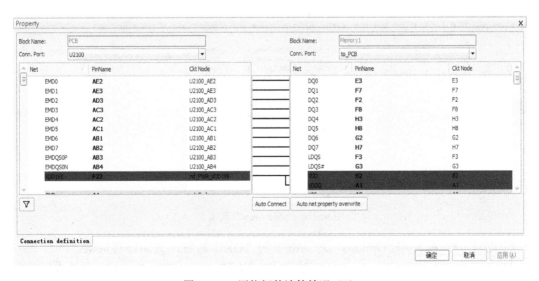

图 9-3-4　网络间的连接情况（2）

（7）单击"Property"对话框中的"确定"按钮，退出"Property"对话框，返回SystemSI主窗口。

（8）单击"Parallel Bus Analysis"选项卡中的"Set Analysis Options"，弹出"Analysis Options"对话框，注意不要勾选"Use Channel Simulator"选项，具体参数设置如图 9-3-5 所示。

图 9-3-5 "Analysis Options"对话框

（9）选中"Analysis Options"对话框中的"Memory"选项卡，具体参数设置如图 9-3-6 所示。

图 9-3-6 "Memory"选项卡

（10）单击"Analysis Options"对话框中的"OK"按钮，关闭该对话框。

（11）单击"Parallel Bus Analysis"选项卡中的"Run Bus Simulation"，开始进行仿真，仿真完毕后如图 9-3-7 所示。

图 9-3-7　仿真完毕后

（12）将"2D Curves"窗口扩大显示，如图 9-3-8 所示。

图 9-3-8　"2D Curves"窗口

（13）单击"2D Curves"窗口中的"Eye Diagram"图标，查看所有 DQ 信号的眼图，如图 9-3-9 所示。

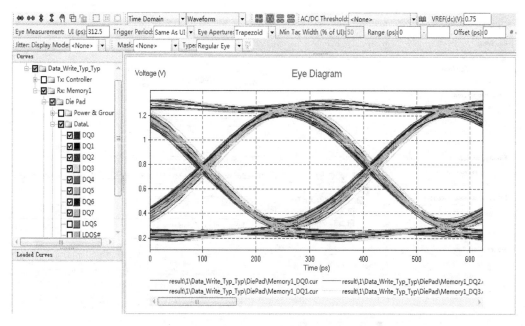

图 9-3-9　查看眼图

（14）将"Trigger Period"栏中的参数设为"TimingRef"，将"Offset"栏中的参数设为"-162.25"，同时勾选"LDQS-LDQS#"网络，显示其信号眼图，如图 9-3-10 所示。

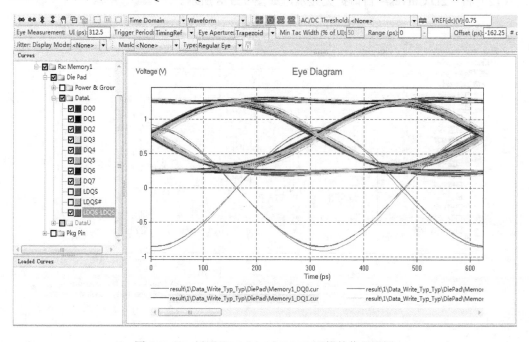

图 9-3-10　显示"LDQS-LDQS#"网络的信号眼图

（15）关闭"2D Curves"窗口。

（16）单击"Parallel Bus Analysis"选项卡中的"Generate Report"，弹出"Generate Report"对话框，具体参数设置如图 9-3-11 所示。

图 9-3-11　"Generate Report"对话框

（17）单击"Generate Report"对话框中的"Specs..."按钮，弹出"Specs"对话框，如图 9-3-12 所示。

图 9-3-12　"Specs"对话框

（18）单击"Specs"对话框中的"OK"按钮，关闭该对话框。

（19）单击"Generate Report"对话框中的"Generate Report"按钮，显示出所生成的报告，如图 9-3-13 所示。

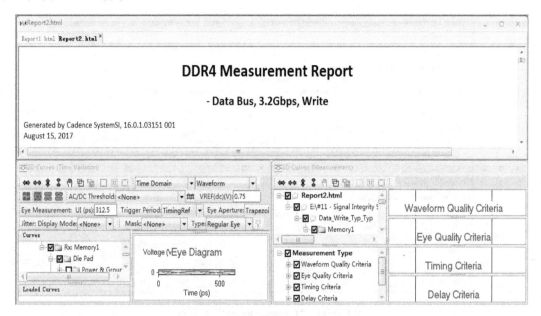

图 9-3-13　显示出所生成的报告

（20）查看报告中的 4.2 项，并单击"DQ Mask Report"，弹出"DQ Mask Report"对话框，如图 9-3-14 所示。

图 9-3-14　"DQ Mask Report"对话框

（21）以 DQ0 网络为例，单击"DQ Mask Report"对话框中的"DQ0"，弹出"2D Curves"窗口，如图 9-3-15 所示。

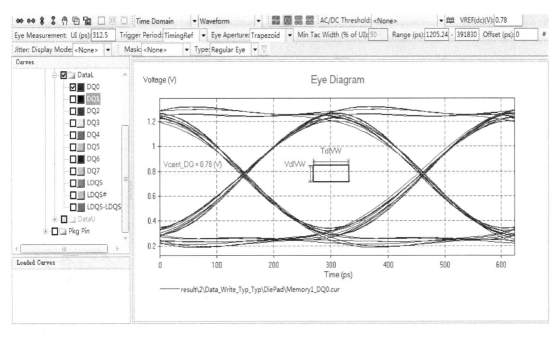

图 9-3-15 "2D Curves"窗口

（22）单击"Parallel Bus Analysis"选项卡中的"Set Analysis Options"，弹出"Analysis Options"对话框，注意勾选"Use Channel Simulator"，其他参数不做改变，如图 9-3-16 所示。

图 9-3-16 "Analysis Options"对话框

（23）单击"Parallel Bus Analysis"选项卡中的"Run Bus Simulation"，开始进行仿真，仿真完毕后如图 9-3-17 所示。

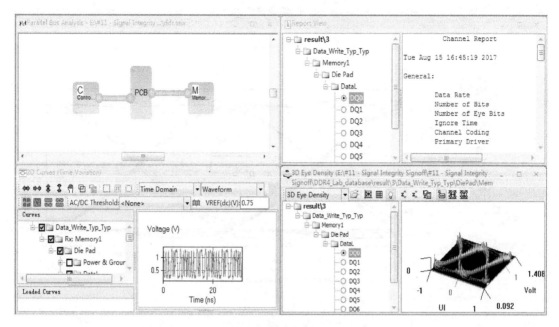

图 9-3-17　仿真完毕后

（24）进入"2D Curves"窗口，将参数设置栏设为"Impulse Response"，如图 9-3-18 所示。

图 9-3-18　"2D Curves"窗口

（25）以同样的方式分别查看"Ramp Response"、"Eye Contour"、"Bathtub"等参数设置后的波形，分别如图 9-3-19～图 9-3-21 所示。

图 9-3-19　"Ramp Response"参数设置后的波形

图 9-3-20　"Eye Contour"参数设置后的波形

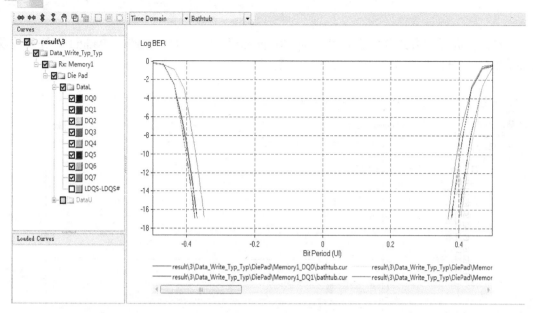

图 9-3-21 "Bathtub" 参数设置后的波形

（26）关闭 "2D Curves" 窗口，查看 3D 眼图，如图 9-3-22 所示。

图 9-3-22 3D 眼图

9.4 额外练习

（1）单击 "SystemSI" 图标，启动 SystemSI 软件，单击 "Load Workspace"，打开 E:\Signal Integrity Signoff\ddr.ssix 文件。

（2）单击主菜单栏中的"Add VRM Block"按钮，出现虚线框后，单击 PCB 模块的上方，即可添加 VRM1 模块，如图 9-4-1 所示。

图 9-4-1 添加 VRM1 模块

（3）双击 VRM1 模块，弹出"Property"对话框，如图 9-4-2 所示。

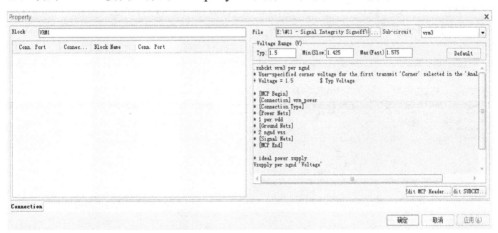

图 9-4-2 "Property"对话框

（4）改变"Property"对话框中"Voltage Range"栏的参数设置，如图 9-4-3 所示。

图 9-4-3 改变"Voltage Range"栏的参数设置

（5）单击"Property"对话框中的"确定"按钮，关闭该对话框。

（6）右击 VRM1 模块，弹出如图 9-4-4 所示快捷菜单。执行菜单命令"Add Connection Between"→"PCB"，即可出现连接线，如图 9-4-5 所示。

图 9-4-4　弹出的快捷菜单　　　　　图 9-4-5　连接线

（7）双击 VRM1 模块与 PCB 模块之间的连接线，弹出"Property"对话框，确保引脚连接正确，如图 9-4-6 所示。

图 9-4-6　"Property"对话框

（8）单击"Property"对话框中的"确定"按钮，关闭该对话框。

（9）保存工程文件，并命名为"ddr_with_vrm.ssix"。

（10）仿照 10.4 节所介绍的步骤，对"ddr_with_vrm.ssix"进行仿真。

思考与练习

（1）如何从 SystemSI 中生成 PCB 封装模型？

（2）如何使用 SPEED2000 提取子电路？

（3）如何生成 3D 眼图？

第10章　集成直流电源解决方案

 学习目标

　　本章一方面主要介绍利用 Allegro Sigrity PI 软件来进行交互式运行直流分析，分析完成后加载仿真结果报告，利用它来查看元件布局和相关的 DRC 错误，也介绍在分析时的一些设置的复用方法，最后说明基于批处理模式来运行 PowerDC；另外一方面介绍去耦电容的约束设计和信息回注。

10.1　直流电源的设计和分析

　　对于典型的企业客户来说，直流电源的设计和分析流程如图 10-1-1 所示。

图 10-1-1　直流电源的设计和分析流程

　　设计：方案设计由 PI 工程师（Power Integrity Designers）来完成，设计可以一直持续到下一环节（分析）的开始；

　　分析：分析由 PI 工程师来实现，可以采用 PDC-lite 或者 full-PDC 两种方法来进行分析；

　　固定布局：布局工程师（Layout Designers）利用原始的 DRC 错误和设计环节的数据（这些数据都应用于最新的设计方案）来完成布局。布局完成后将再次返回分析环节，对布局结果再次进行分析，反复循环这两个环节，直到满足设计要求为止；

　　最终方案：完成固定布局后由 PI 工程师来确定最终的方案。

　　在这个设计流程中会牵涉不同领域的专家，他们中的每一位将完成某一具体领域的分析和设计。例如，设计工程师（Design Engineers）主要关注原理图的设计，布局工程师主要完成布局设计，PI 工程师主要完成 PI 的分析。当然，在一些规模较小的公司，所有的这些环节可能只由一位工程师单独来完成。

　　为了实现上述流程，必须具备以下一些功能：

☺ Interactive to run DC analysis：交互式运行直流分析；

☺ Load PowerDC report into Allegro PI Base canvas：加载 PowerDC 报告到 Allegro PI Base canvas；

☺ Load PowerDC results to mark DRCs to PI Base canvas：加载 PowerDC 结果到 PI Base canvas 以此来显示 DRCs；

☺ Analysis settings reuse：分析设置复用；

☺ Batch mode to run PowerDC-Lite：运用批处理模式来运行 PowerDC-Lite。

10.2 交互式运行直流分析

【使用工具】 Allegro Sigrity PI 和 Sigrity PowerDC。

【使用文件】 Module1\Lab1\PI_dc.brd。

（1）打开"Cadence 17.2"，选择"Allegro PCB Editor"命令，在弹出的对话框中选择"Allegro Sigrity PI"选项，如图 10-2-1 所示，单击"OK"按钮关闭对话框。

图 10-2-1 选择"Allegro Sigrity PI"选项

（2）在弹出的 Allegro Sigrity PI 界面中，执行菜单命令"File"→"Open..."，打开工程文件"Module1\Lab1\PI_dc.brd"，设置"Active Class and Subclass"中的"Active Class"为"Etch"，"Subclass"为"Bottom"，如图 10-2-2 所示。

图 10-2-2 打开 Module1\Lab1\PI_dc.brd

（3）执行菜单命令"Setup"→"Application Mode"→"Power Analysis"转换到 PI 模式，如图 10-2-3 所示。执行菜单命令"Analyze"→"Padstack Plating Parameters..."，弹出"Padstack Plating Parameters"对话框，如图 10-2-4 所示。

图 10-2-3　转换到 PI 模式

图 10-2-4　"Padstack Plating Parameters"对话框

（4）将鼠标移动到上述界面中的"Material"处，然后右击，从弹出的快捷菜单中选择"Change All"，弹出"Padstack Plating Material"对话框，选择"TIN"，如图 10-2-5 所示。单击"OK"按钮关闭对话框，完成将焊盘的材料从铜（COPPER）改变为锡（TIN）的设置操作。

（5）改变材料后的"Padstack Plating Parameters"对话框如图 10-2-6 所示，单击"OK"按钮关闭对话框。

图 10-2-5　"Padstack Plating Material"
对话框

图 10-2-6　改变材料后的"Padstack Plating Parameters"
对话框

（6）执行菜单命令"File"→"Save"，保存上面对焊盘材料修改后的文件。执行菜单命令"Analyze"→"DC Analysis Interactive Mode..."，进入直流分析的交互模式，弹出如图 10-2-7 所示的"XNet Selection"对话框，单击"OK"按钮关闭对话框。

图 10-2-7 "XNet Selection" 对话框

（7）这时的界面将会自动跳转到 Sigrity 的 PowerDC 界面，如图 10-2-8 所示，在该界面中完成相关的分析操作。

图 10-2-8 PowerDC 界面

（8）单击"Check Stackup"命令，在弹出的对话框中选择"Pad Stack"，然后选择"VIA"，在右下角可以看到过孔焊盘的厚度，这些厚度信息从 Allegro Sigrity PI 传送到 Sigrity 的 PowerDC 中，单击"OK"按钮关闭对话框，如图 10-2-9 所示。

（9）在 PowerDC 界面的右下角单击"Net Manager"，确保"PowerNets"下的"VCC"被选中，同时"GroundNets"下的"GND"也被选中，如图 10-2-10 所示。

图 10-2-9 "Pad Stack"界面　　　　　　图 10-2-10 "Net Manager"界面

（10）单击"Set up VRMs"命令，在弹出的对话框中单击"下一步"按钮，接着在弹出的对话框中继续单击"下一步"按钮，选中"CONN140-1"，如图 10-2-11 所示。

（11）单击"下一步"按钮，选中"Nominal Voltage（V）"，在后面的对话框中输入"3.3"，如图 10-2-12 所示。单击"下一步"按钮，在弹出的对话框中单击"完成"按钮，实现对 VRM 的相关设置。

图 10-2-11 选中"CONN140-1"　　　　图 10-2-12 "Nominal Voltage"设置

（12）单击"Set up Sinks"命令进入 Sink 设置向导界面，在弹出的对话框中单击"下一步"按钮，接着在弹出的对话框中继续单击"下一步"按钮，选中如图 10-2-13 所示的选项，单击"下一步"按钮。

（13）在弹出的对话框中选中"Model"，"Nominal Voltage（V）"的值设置为"3.3"，"Upper Tolerance(+%)"和"Lower Tolerance(-%)"都设置为"5.0"，如图 10-2-14 所示。单击"下一步"按钮，在弹出的对话框中单击"完成"按钮，实现对"Set up Sinks"的相关设置。

图 10-2-13　"Set up Sinks"设置　　　　　　　图 10-2-14　相关参数设置

（14）单击"Set up E-Constraints"命令，在 PowerDC 界面的下侧选择"Via Current/Current Density"选项，来检查系统有关过孔及平面基于 IPC 标准的一些相关限制设置，如图 10-2-15 所示。

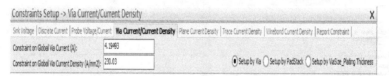

图 10-2-15　选择"Via Current/Current Density"选项

（15）单击"Workspace"，然后单击"Save as..."，将设置完的工程文件命名为"PI_dc_lab1"，保存地址设置为"Module1/Lab1"，如图 10-2-16 所示，设置完成后单击"保存"按钮。

图 10-2-16　保存设置

（16）执行菜单命令"Tools"→"Options"→"Edit Options..."，弹出"Options"对话框。在该对话框中单击"Simulation（Basic）"栏下的"Automation Result Savings"，确定"Automatically Save Signoff Report(.htm)"选项没有被选中，如图 10-2-17 所示，单击"OK"按钮关闭对话框。

图 10-2-17　"Automation Result Savings"选项设置

（17）单击"Start Simulation"，进行板级电压仿真，将 PowerDC 和 Allegro Sigrity PI 界面同时显示，仿真结果如图 10-2-18 所示。

图 10-2-18　仿真结果

（18）在 PowerDC 界面中单击"View E-Results Table"→"Sink Voltage"→"SINK-U15-VCC-GND"，将看到针对 SINK-U15-VCC-GND 的仿真结果，如图 10-2-19 所示。可以按照类似的操作步骤来查看其他一些过孔或者平面层的仿真结果。

（19）单击"Save Simulation Result"，在弹出的"Save Option"对话框中将如图 10-2-20 所示的 5 个选项选中，单击"Browse..."按钮，将保存路径设置为"Module1/Lab1"，单击"OK"按钮关闭"Save Option"对话框。

图 10-2-19 SINK-U15-VCC-GND 的仿真结果　　　　图 10-2-20 "Save Option"对话框

（20）单击"Generate Report"，进行如图 10-2-21 所示的有关报告的相关设置，单击"OK"按钮生成报告。

图 10-2-21 有关报告的相关设置

（21）单击"Save Report"，将生成的报告命名为"Lab1-Report.htm"，保存路径设置为
"Module1/Lab1"，进行如图 10-2-22 所示的设置，单击"保存"按钮来保存生成的仿真结果
报告。

图 10-2-22　保存生成的仿真结果报告

10.3　加载仿真结果报告和 DRC 标记

【使用工具】　Allegro Sigrity PI。

【使用文件】　Module1\Lab2\PI_dc.brd。

（1）打开"Cadence 17.2"，选择"Allegro PCB Editor"命令，在弹出的对话框中选择
"Allegro Sigrity PI"选项，如图 10-3-1 所示，单击"OK"按钮关闭对话框。

图 10-3-1　选择"Allegro Sigrity PI"选项

（2）在弹出的 Allegro Sigrity PI 界面中，执行菜单命令"File"→"Open..."，打开工程文件"Module1\Lab2\PI_dc.brd"，设置"Active Class and Subclass"中的"Active Class"为"Etch"，"Subclass"为"Bottom"，如图 10-3-2 所示。

图 10-3-2　打开 Module1\Lab2\PI_dc.brd

（3）如图 10-3-3 所示，执行菜单命令"Analyze"→"DC Report"→"Full Report..."。

（4）选择打开上面生成的 Module1/Lab1 中的 Lab1-Report.htm 报告，单击"打开"按钮关闭对话框，如图 10-3-4 所示。

图 10-3-3　选择"DC Report"命令

图 10-3-4　打开 Lab1-Report.htm 报告

（5）将打开的报告和 Allegro Sigrity PI 界面放置在同一界面中，进行交互显示，通过在 Allegro Sigrity PI 界面中单击过孔或平面等将会在报告界面中显示与之有关的信息，如图 10-3-5 所示。

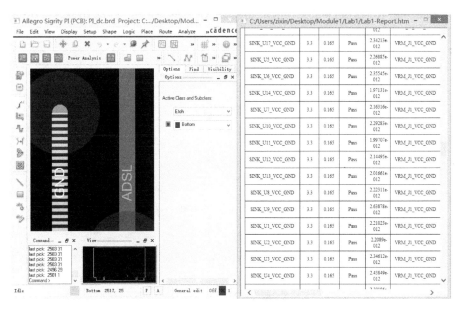

图 10-3-5　交互显示

（6）关闭生成的报告，执行菜单命令"Analyze"→"DC Report"→"Violation Report..."，弹出如图 10-3-6 所示的"Reports"对话框。

图 10-3-6　"Reports"对话框

（7）在"Reports"对话框中单击"PowerDC result file"栏下的"Browse..."按钮，选择

上面 Module1/Lab1 中生成的 PI_dc_SimulationResult，如图 10-3-7 所示，单击"打开"按钮。

（8）单击"Yes"按钮关闭弹出的对话框，将会出现如图 10-3-8 所示的"Reports"对话框，在"Avalable Reports(Double click to select)"栏下将会自动出现"PowerDC Sink Voltage"选项。

图 10-3-7 选择"PI-dc-SimulationResult"   图 10-3-8 "Reports"对话框

（9）双击"PowerDC Sink Voltage"，该选项将跳转到界面下方"Selected Reports(Double click to remove)"栏中。单击"Reports"对话框右下方的"Report"按钮，将会弹出如图 10-3-9 所示的"PowerDC Sink Voltage"对话框，可以通过这个对话框与 Allegro Sigrity PI 界面进行交互来查看元件在 Allegro Sigrity PI 中的分布情况。

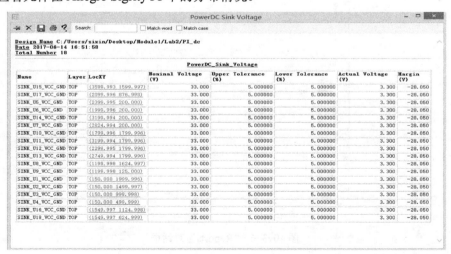

图 10-3-9 "PowerDC Sink Voltage"对话框

（10）依次关闭"PowerDC Sink Voltage"对话框和"Reports"对话框，完成加载仿真结果报告的相关操作。执行菜单命令"Analyze"→"DC Violation Markers..."，将会弹出"DC Violation Marker"对话框。在"PowerDC result file"栏中单击"Browse..."按钮，设置打开的文件路径为 Module1/Lab1/PI_dc_SimulationResult.xml，单击"打开"按钮，然后单击"Yes"按钮关闭弹出的对话框，这时的"DC Violation Marker"对话框如图 10-3-10 所示。

图 10-3-10　"DC Violation Marker"对话框

（11）默认"Sink Voltage(18 violations)"被选中，在对话框中列出了 18 处不同的错误，单击左下角的"Mark"按钮，这时在 Allegro Sigrity PI 界面中将会显示 18 处的红色标记来显示槽电压的错误，如图 10-3-11 所示。另外，"DC Violation Marker"对话框中的"Marked?"栏将会由之前全部的"No"变换为"Yes"，完成了 DRC 错误的显示。

图 10-3-11　槽电压错误显示

10.4 设置的复用

【使用工具】 Allegro Sigrity PI 和 Sigrity PowerDC。

【使用文件】 Module1\Lab3\PI_dc.brd 和 PI_dc_gnd_trace_changed。

（1）打开"Cadence 17.2"，选择"Allegro PCB Editor"命令，在弹出的对话框中选择"Allegro Sigrity PI"选项，如图 10-4-1 所示，单击"OK"按钮关闭对话框。

图 10-4-1 选择"Allegro Sigrity PI"选项

（2）在弹出的 Allegro Sigrity PI 界面中，执行菜单命令"File"→"Open..."，打开工程文件"Module1\Lab3\PI_dc.brd"，设置"Active Class and Subclass"中的"Active Class"为"Etch"，"Subclass"为"Bottom"，如图 10-4-2 所示。

图 10-4-2 打开 Module1\Lab3\PI_dc.brd

（3）在 Allegro Sigrity PI 的主界面任意处右击，从弹出的快捷菜单中选择"Application Mode"→"Power Analysis"。继续在主界面任意处右击，从弹出的快捷菜单中选择"Quick Utilities"→"Padstack Plating Parameters..."，弹出如图 10-4-3 所示的"Padstack Plating Parameters"对话框。

图 10-4-3　"Padstack Plating Parameters"对话框

（4）为了保存有关焊盘过孔厚度的设置，单击右下方的"Parameters Settings"→"Export Settings"，在弹出的"Save to"对话框中将文件的保存路径设置为 Module1/Lab3，文件命名为"Padstack_Plating_Parameters"，单击"保存"按钮，将数据保存下来以备以后使用，如图 10-4-4 所示。单击"OK"按钮关闭"Padstack Plating Parameters"对话框，也可以在该对话框中的"Parameters Settings"处右击，从弹出的快捷菜单中选择"Import Settings"，将保存的设置文件导出来方便以后的查找和使用。

图 10-4-4　保存设置数据

（5）在 Allegro Sigrity PI 界面中，执行菜单命令"File"→"Open..."，打开工程文件"Module1\Lab3\PI_dc_gnd_trace_changed"，设置"Active Class and Subclass"中的"Active Class"为"Etch"，"Subclass"为"Top"，如图 10-4-5 所示。

图 10-4-5　打开 Module1\Lab3\PI_dc_gnd_trace_changed

（6）执行菜单命令"Analyze"→"DC Analysis Interactive Mode..."，在弹出的"XNet Selection"对话框中单击"Workspace file"栏后的浏览按钮，在打开的对话框中选择上述 Module1/Lab1 中的"PI_dc_lab1"，如图 10-4-6 所示。单击"打开"按钮，将会出现如图 10-4-7 所示的"PowerDC work space file key into summary"对话框来显示在工作空间中的所有相关设置，可以通过该界面的信息认识复用空间中的内容，关闭该界面。

图 10-4-6　选择 PI_dc_lab1

（7）单击"OK"按钮关闭"XNet Selection"对话框，跳转到 PowerDC 界面，如图 10-4-8所示。

图 10-4-7　所有相关设置

图 10-4-8　PowerDC 界面

（8）单击"Workspace"→"Save As..."，弹出"Save Workspace File"对话框，将保存的文件命名为"PI_dc_lab3"，保存的路径设置为"Module1/Lab3"，如图 10-4-9 所示，设置完成后单击"保存"按钮进行文件的保存。

图 10-4-9　保存设置

（9）单击"Start Simulation"进行仿真，单击"View 2D E-Distributions"可以看到不同层的仿真结果电压分布，如图 10-4-10 所示。

图 10-4-10　不同层的仿真结果电压分布

图 10-4-10 不同层的仿真结果电压分布（续）

（10）单击"Generate Report"，默认"Options"对话框中的设置不变，单击"OK"按钮生成报告，单击"Save Report"，将生成的报告命名为"PI_dc_lab3.htm"，保存路径设置为"Module1/Lab3"，如图 10-4-11 所示，设置完成后单击"保存"按钮来保存生成仿真结果的报告。

（11）关闭生成的报告和 PowerDC 界面，返回 Allegro Sigrity PI 界面。执行菜单命令"Analyze"→"DC Analysis Interactive Mode..."，打开"XNet Selection"对话框，确保"Workspace file"的路径为"Module1/Lab1/PI_dc_lab1.pdcx"，在"Available XNets"栏下分

别选中"GND"和"VCC"，然后单击对话框中向右的箭头，这两个选项将出现在"Selected XNets"栏下，如图 10-4-12 所示。单击"Nets Enabled in Workspace Only"按钮，系统将从工作空间中过滤掉所有与 GND 和 VCC 层有关的信息，以此来实现对其他层的信息进行分析，单击"OK"按钮返回 PowerDC 界面，如图 10-4-13 所示。

图 10-4-11　保存设置　　　　　　　　图 10-4-12　"XNet Selection"对话框

图 10-4-13　PowerDC 界面

（12）单击"Start Simulation"进行仿真，单击"View 2D E-Distributions"可以看到不同层的仿真结果电压分布，如图 10-4-14 所示。可以将这些显示结果与图 10-4-10 所示的仿真结果进行比对。

图 10-4-14　不同层的仿真结果电压分布

10.5　基于 Batch 模式运行 PowerDC

【使用工具】　Allegro Sigrity PI。

【使用文件】　Module1\Lab4\PI_dc_gnd_trace_changed。

（1）打开"Cadence 17.2"，选择"Allegro PCB Editor"命令，在弹出的对话框中选择"Allegro Sigrity PI"选项，如图 10-5-1 所示，单击"OK"按钮关闭对话框。

图 10-5-1　选择"Allegro Sigrity PI"选项

（2）在弹出的 Allegro Sigrity PI 界面中，执行菜单命令"File"→"Open..."，打开工程文件"Module1\Lab4\PI_dc_gnd_trace_changed"，设置"Active Class and Subclass"中的"Active Class"为"Etch"，"Subclass"为"Top"，如图 10-5-2 所示。

图 10-5-2　打开 Module1\Lab4\PI_dc_gnd_trace_changed

（3）在 Allegro Sigrity PI 主界面的任意处右击，单击"Application Mode"→"General Edit"使得文件进入"General Edit"模式，单击"Visibility"选项卡，选中"Enable layer select mode"复选项，选中"Bottom"，使得只有 Bottom 层可见，其他层均不可见，如图 10-5-3 所示。

（4）在主界面中移动鼠标，定位到 Bottom 层的右下角，如图 10-5-4 所示。

（5）选中最右侧 VCC 连接的过孔，右击选择"Slide"对该过孔的位置进行移动，移动到和相邻行最右侧过孔正对的下方位置处，单击对该过孔的位置进行重新定位，移动前后的位置对比图如图 10-5-5 所示。

（6）同样，对该区域其他与 VCC 连接的过孔进行操作实现过孔位置的移动，移动后的过孔位置图如图 10-5-6 所示。

（7）接着，从右到左依次选中过孔与 VCC 之间的连线，右击，选择"Change Width..."，设置线宽值为 24，单击"OK"按钮关闭对话框，修改完线宽后的图形如图 10-5-7 所示。

图 10-5-3　选中 Bottom 层

图 10-5-4　定位到 Bottom 层的右下角

图 10-5-5　过孔位置移动前后对比图

图 10-5-6　移动后的过孔位置图

图 10-5-7　修改完线宽后的图形

（8）执行菜单命令"File"→"Save As...", 将上述修改的文件保存到"Module1/Lab4"中，文件命名为"PI_dc_vcc_gnd_trace_changed.brd"。

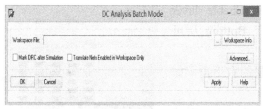

图 10-5-8 "DC Analysis Batch Mode" 对话框

（9）在 Allegro Sigrity PI 界面中，执行菜单命令 "Analyze" → "DC Analysis Batch Mode..." ，弹出如图 10-5-8 所示的"DC Analysis Batch Mode"对话框。

（10）将 "Workspace File" 设置为 "Module1/Lab3/PI_dc_gnd_trace_changed.pdcx" 单击 "Advanced..." 按钮，在新的 "DC Analysis Batch Mode" 对话框中选中 "Vertical Range Scale" 栏下的 "Enable" 选项，设置 "Vertical Range Scale" 下的 "Scale" 值为 80%，选中 "Area Based" 栏下的 "Enable" 选项，如图 10-5-9 所示。

图 10-5-9 参数设置

（11）通过移动鼠标定位到 Bottom 层的右下角，选中一个矩形区域，如图 10-5-10 所示，这时在 "DC Analysis Batch Mode" 对话框 "Area Based" 栏下将会随之显示矩形区域的左上角和右下角的位置坐标的数据信息，如图 10-5-11 所示。

图 10-5-10　选中矩形区域

图 10-5-11　矩形区域的数据信息

（12）单击"OK"按钮关闭更新的"DC Analysis Batch Mode"对话框，单击"OK"按钮关闭更新前的"DC Analysis Batch Mode"对话框，在弹出的 Allegro 对话框中单击"Yes"按钮，在弹出的"Save As"对话框中单击"保存"按钮，重新写入已经存在的 PI_dc_vcc_gnd_trace_changed.brd 文件。仿真结束后将会出现如图 10-5-12 所示的"PowerDC

Simulation Report"仿真结果报告界面。

图 10-5-12 "PowerDC Simulation Report"仿真结果报告界面

10.6　去耦电容的约束设计和信息回注

这一部分主要介绍在电源完整性仿真时去耦电容约束的相关设计，主要思想是在基于层叠模型的集成电路设计时添加一系列的去耦电容来满足目标阻抗值的要求。有关集成电路去耦电容的约束可以视为约束管理器中的一个模板，这些去耦电容及它们和集成电路的关系，还有相关的布局信息被称为 PICSet，这些信息可以被分配到其他的元件实例中。这些约束可以方便灵活地指导布局工程师在布局时合理地放置去耦电容。

主要内容包括：

☺ PICSet generation with Power Feasibility Editor（PFE）：在 Power Feasibility Editor 中生成 PICSet。

☺ Assign PICSet to component instances in Constraint Manager：在约束管理器中分配 PICSet 到元件实例。

☺ Decap placement in design canvas：布局时放置去耦电容。

另外，介绍将 Optimize PI（OPI）中去耦电容分布的最优化结果导入到 Allegro PI Base 中。可以先在 Optimize PI 中最优化去耦电容的分布，然后输出这些最优化的分布信息到 Allegro PI Base 中更新其中去耦电容的分布。

10.7　在 PFE 中生成 PICSet

【使用工具】 Allegro Sigrity PI。

【使用文件】 Module2\Lab1_2_3\PI_ac_lab1_0.brd。

（1）打开"Cadence 17.2"，选择"Allegro PCB Editor"命令，在弹出的对话框中选择

"Allegro Sigrity PI"选项，如图 10-7-1 所示，单击"OK"按钮关闭对话框。

图 10-7-1 选择"Allegro Sigrity PI"选项

（2）在弹出的 Allegro Sigrity PI 界面中，执行菜单命令"File"→"Open..."，打开工程文件"Module2\Lab1_2_3\PI_ac_lab1_0.brd"，如图 10-7-2 所示。

图 10-7-2 打开 Module2\Lab1_2_3\PI_ac_lab1_0.brd

（3）执行菜单命令"Analyze"→"Power Feasibility Editor..."，在弹出的"Power Feasibility Editor"对话框中单击"DeCap Selection Flow"下的"P/G Nets Setup"，单击 VRM 下方的空白区域，从选项中选择 J1，使用默认的 VRM 模型参数。单击"IC Component Setup"，在 IC 下的选项中选择 U1 作为临界下沉的集成电路元件，"Setback Distance"和"Target Impedance"栏的相关参数设置如图 10-7-3 所示，单击右下角的"Apply"按钮，生成的目标阻抗值随频率变化的曲线图像显示在对话框的右上角。

图 10-7-3　相关参数设置和图像显示

（4）在对话框下方的"Decoupling Capacitors Identification for the IC Component"栏中将会显示工程中的所有电容信息，可以通过操作增加电容及为电容分配相关的模型。单击左下角的"Browse..."按钮，在弹出的"Power Feasibility Editor-Capacitor Browser"对话框中单击"Schematic Components..."，在弹出的"Component Browser-File Path"对话框中单击"Browse..."按钮，选择 Module2/Lab1_2_3 中的 demo，如图 10-7-4 所示，单击"打开"按钮。

（5）在弹出的"Part Information Manager"对话框中选择"Libraries"下的"c"文件，选择下面表格中第一行所列出的电容，如图 10-7-5 所示。

图 10-7-4　打开 demo

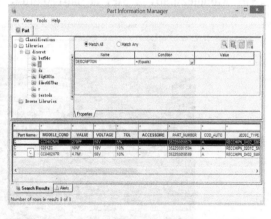

图 10-7-5　"Part Information Manager"对话框

（6）在弹出的界面中选择"Select"，在"Power Feasibility Editor-Capacitor Browser"对话框和"Decoupling Capacitors Identification for the IC Component"中都会显示上面选择的电容，单击"OK"按钮关闭"Power Feasibility Editor-Capacitor Browser"对话框。

（7）返回"Power Feasibility Editor"对话框，单击左下角的"Browse..."按钮，在弹出的"Power Feasibility Editor-Capacitor Browser"对话框中单击"Physical Devices..."，可以在图 10-7-6 所示的"Library Browser"对话框中选择电容。

（8）单击"OK"按钮关闭"Library Browser"对话框，单击"OK"按钮关闭"Power Feasibility Editor-Capacitor Browser"对话框，在"Decoupling Capacitors Identification for the IC Component"栏中会显示上面选择的电容。上面两种不同的方式都可以完成电容的添加操作。

（9）接着为电容分配模型，在"Power Feasibility Editor"对话框中以编号为352250059575的电容为例，介绍两种不同的分配模型的方法。

选中该编号的电容，单击右下角的"Assign Models..."，在"Power Feasibility Editor-Model Assignment"对话框中设置"Vendor Decap Model Library"的路径为 Sigrity 安装文件下的 share/library/decap library/Murata-Netlist/Murata-Ceramic-Capacitors-Netlist，单击"打开"按钮，如图 10-7-7 所示。

图 10-7-6　"Library Browser"对话框 　　　图 10-7-7　"Vendor Decap Model Library"的路径设置

（10）在"Power Feasibility Editor-Model Assignment"对话框中单击"Search"按钮来找到相匹配的模型，选择"Model Assignment Results"列表中的第一个选型，单击"OK"按钮关闭对话框，进而完成对编号电容的模型分配，如图 10-7-8 所示。

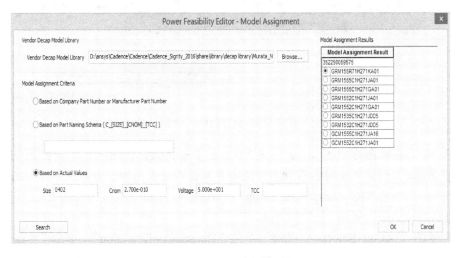

图 10-7-8　选择模型

（11）在"Decoupling Capacitors Identification for the IC Component"的"Model Type"栏中将显示电容匹配的模型名称为 SPICE，如图 10-7-9 所示。可以利用同样的操作来为其他电容添加模型，也可以在电容的"Model Type"栏下通过选择来添加 RLC 模型类型，或者通过直接输入来为电容添加 ESL、ESR 和 C 模型类型。

Decoupling Capacitors Identification for the IC Component

ID		Part No.	Package	Unit of Size	Model Type	Capacitance (F)	C (F)	ESL (H)	ESR (Ohm)	SRF (Hz)	Component Cost	Mounting Cost	BOM Penalty
1		2PORT_CAP-100NF_SM	SMD_1005	Metric		1.000e-007					1		
10		CAP_NPO_0805_82P	0805RF_WV_12D	English		8.200e-011					1		
2		2PORT_CAP-4_7UF_SMD	1608	Metric		4.700e-006					1		
3		CAP_NPO_0603_12N	0603RF_WV_12D	English		1.200e-008					1		
4		CAP_NPO_0603_150N	0603RF_WV_12D	English		1.500e-007					1		
5		CAP_NPO_0603_150U	0603RF_WV_12D	English		1.500e-004					1		
6		CAP_NPO_0603_33U	0603RF_WV_12D	English		3.300e-005					1		
7		CAP_NPO_0603_3_3P	0603RF_WV_12D	English		3.300e-012					1		
8		CAP_NPO_0603_68U	0603RF_WV_12D	English		6.800e-005					1		
9		CAP_NPO_0603_82U	0603RF_WV_12D	English		8.200e-005					1		
11		352250059575	RECCHIPN_0402_SMR	English	SPICE	2.700e-010	2.700e-010	2.856e-010	6.391e-001	5.731e+008	1		

图 10-7-9　显示模型

（12）在 Allegro Sigrity PI 界面中执行菜单命令"File"→"Open..."，打开工程文件"Module1\Lab1_2_3\PI_ac_lab1_1.brd"，如图 10-7-10 所示。

图 10-7-10　打开 Module1\Lab1_2_3\PI_ac_lab1_1.brd

（13）执行菜单命令"Analyze"→"Power Feasibility Editor..."，在弹出的"Power Feasibility Editor"对话框中将会看到所有的电容都被匹配了相应的电容模型。单击"DeCap Selection Flow"下的"IC Component Setup"，确保编号为 1、10、11、12、14、16、2、5、7、9 的电容都被选中，如图 10-7-11 所示。

（14）单击"DeCap Selection Flow"下的"Decap Configuration"，单击"Analyze"，阻抗值随频率的变化曲线结果图像如图 10-7-12 所示。如果得到的变化曲线与目标要求的曲线一致，则每一种类型电容的"Part No."都将会被确定下来。

Decoupling Capacitors Identification for the IC Component

ID	Part No.	Package	Unit of Size	Model Type	Capacitance (F)	C (F)	ESL (H)	ESR (Ohm)	SRF (Hz)	Component Cost	Mounting Cost	BOM Penalty
1 [X]	2PORT_CAP-100NF,SM	SMD_1005	English	RLC	1.000e-007	1.000e-007	3.250e-010	2.000e-002	2.792e+007	1		
10 [X]	CAP_NPO_0603_33U	0603RF_WV_12D	English	RLC	3.300e-005	3.300e-005	3.250e-010	3.000e-002	1.537e+006	1		
11 [X]	CAP_NPO_0603_3_3P	0603RF_WV_12D	English	RLC	3.300e-012	3.300e-012	3.250e-010	3.000e-002	4.860e+009	1		
12 [X]	CAP_NPO_0603_68U	0603RF_WV_12D	English	RLC	6.800e-005	6.800e-005	1.000e-009	2.000e-002	6.103e+005	1		
14 [X]	CAP_NPO_0603_82U	0603RF_WV_12D	English	RLC	8.200e-005	8.200e-005	1.000e-009	3.000e-002	5.558e+005	1		
16 [X]	CAP_NPO_0805_82P	0805RF_WV_12D	English	SPICE	8.200e-005	8.200e-011	6.503e-010	2.056e-001	6.892e+008	1		
2 [X]	2PORT_CAP-4.7uF,SMD	SMD_1608	Metric	RLC	4.700e-006	4.700e-006	3.250e-010	3.000e-002	4.072e+006	1		
5 [X]	CAP_NPO_0603_12N	0603RF_WV_12D	English	RLC	1.200e-008	1.200e-008	3.250e-010	3.000e-002	8.059e+007	1		
7 [X]	CAP_NPO_0603_150N	0603RF_WV_12D	English	SPICE	1.500e-007	1.500e-007	4.735e-010	1.752e-002	1.888e+007	1		
9 [X]	CAP_NPO_0603_150U	0603RF_WV_12D	English	RLC	1.000e-004	1.500e-004	1.000e-009	3.000e-002	4.109e+005	1		
13 [ ]	CAP_NPO_0603_70U	0603RF_WV_12D	English	RLC	7.000e-005	7.000e-005	3.250e-010	3.000e-002	1.055e+006	1		
15 [ ]	CAP_NPO_0805_6_8U	0805RF_WV_12D	English	RLC	6.800e-006	6.800e-006	3.250e-010	3.000e-002	3.386e+006	1		
17 [ ]	CAP_NPO_1206_150P	1206RF_WV_12D	English	RLC	1.500e-010	1.500e-010	3.250e-010	1.000e-003	7.208e+008	1		
3 [ ]	CAP_NPO_0603_100N	0603RF_WV_12D	English	RLC	1.000e-007	1.000e-007	3.250e-010	3.000e-003	2.792e+007	1		
4 [ ]	CAP_NPO_0603_100P	0603RF_WV_12D	English	SPICE	1.000e-010	1.000e-010	6.124e-010	1.668e-001	6.431e+008	1		
6 [ ]	CAP_NPO_0603_12U	0603RF_WV_12D	English	RLC	1.200e-005	1.200e-005	3.250e-010	3.000e-002	2.549e+006	1		
8 [ ]	CAP_NPO_0603_150P	0603RF_WV_12D	English	SPICE	1.500e-010	1.500e-010	5.904e-010	1.455e-001	5.348e+008	1		

图 10-7-11　选择部分电容

图 10-7-12　阻抗值随频率的变化曲线结果图像

（15）单击 "DeCap Selection Flow" 下的 "Decap Template Generation"，单击 "Generate" 生成模板 U1 的 PICSet，"Decap Template Summary" 如图 10-7-13 所示。单击 "OK" 按钮关闭 "Power Feasibility Editor" 对话框。

```
//////////////////////////////////////////////////////////////////////////////
                             Decap Template Summary
//////////////////////////////////////////////////////////////////////////////

IC Component             |                  Power Net        | Setback Distance On Same Layer | Setback Distance On Opp
                         | VDD              |                |          1.0 |


DeCap PartNo.            | Package  | Number of DeCaps On Same Layer | Number of DeCaps On Opposite Layer | Number of DeCaps Un

)_1005-SMD_1A_SMD_1005_100NF_+/-5% | SMD_1005 |          6 |          3 |

                        | 0603RF_WV_12D |          0 |          0 |

                        | 0603RF_WV_12D |          0 |          0 |

                        | 0603RF_WV_12D |          2 |          0 |

                        | 0603RF_WV_12D |          0 |          0 |

                        | 0805RF_WV_12D |          2 |          0 |

)_1608-SMD_1A_SMD_1608_4.7uF_+/-1% | SMD_1608 |          1 |          0 |

                        | 0603RF_WV_12D |          4 |          0 |
```

图 10-7-13　"Decap Template Summary"

10.8 在约束管理器中分配 PICSet

【使用工具】 Allegro Sigrity PI。

【使用文件】 Module2\Lab1_2_3\PI_ac_lab1_1.brd。

（1）在 Allegro Sigrity PI 界面中，执行菜单命令"File"→"Open..."，打开工程文件"Module2\Lab1_2_3\PI_ac_lab1_1.brd"。单击"Setup"→"Constraints"→"Constraint Manager..."，在弹出的"Allegro Constraint Manager"对话框中单击"Constraint Set"下"Power Integrity"前的加号，单击展开后的"DeCap Template"，单击表格中 U1 前的加号，展开 PICSet U1 模板的信息，如图 10-8-1 所示。可以看到，PICSet U1 模板的相关约束信息，包括每一种类型电容的"Part No."都被增加到了 Constraint Manager 中。

图 10-8-1 U1 模板的信息

（2）单击"Electrical"下"Component"前的加号，单击展开后的"Power Integrity"前的加号，单击展开后的"DeCap Template"，单击表格中第二行的加号进行展开，如图 10-8-2 所示，可以看到 PICSet U1 约束自动关联到了 U1 部分。

图 10-8-2 PICSet U1 关联显示

（3）同样可以将 PICSet U1 约束关联到其他部分，如 U2。单击 U2 右侧相邻的空格，选择下拉框中列出的 U1 就可以完成 PICSet U1 约束的关联，关闭对话框。

10.9　放置去耦电容

【使用工具】　Allegro Sigrity PI。

【使用文件】　Module2\Lab1_2_3\PI_ac_lab1_1.brd。

（1）在 Allegro Sigrity PI 界面中，执行菜单命令"File"→"Open..."，打开工程文件"Module2\Lab1_2_3\PI_ac_lab1_1.brd"。执行菜单命令"Analyze"→"Decap Place..."，可以在"Options"选项"PartNo"的下拉选项中选择将要放置的电容类型，如图 10-9-1 所示。

（2）选择完电容的类型后，界面上的鼠标显示将变成电容，移动鼠标到适当的位置处，单左放置电容。放置一个电容后，鼠标显示将再次变成电容，可以重复同样的操作在其他合适位置处放置电容。

下面将 Optimize PI（OPI）中去耦电容分布的最优化结果导入到 Allegro PI Base 中。可以先在 Optimize PI 中最优化去耦电容的分布，然后输出这些最优化的分布信息到 Allegro PI Base 中更新其中去耦电容的分布。

图 10-9-1　电容类型选择

10.10　在 OPI 中电容的最优化分布和最优化分布数据输出

【使用工具】　Allegro Sigrity PI。

【使用文件】　Module3\Lab1_2\opi_back_annotation.brd。

（1）打开"Cadence 17.2"，选择"Allegro PCB Editor"命令，在弹出的对话框中选择"Allegro Sigrity PI"选项，如图 10-10-1 所示，单击"OK"按钮关闭对话框。

图 10-10-1　选择"Allegro Sigrity PI"选项

（2）在弹出的 Allegro Sigrity PI 界面中，执行菜单命令"File"→"Open..."，打开工程文件"Module3\Lab1_2\opi_back_annotation.brd"，如图 10-10-2 所示。

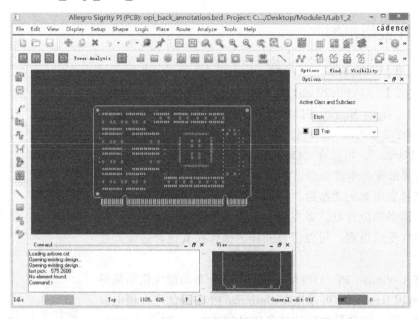

图 10-10-2　打开 Module3\Lab1_2\opi_back_annotation.brd

（3）打开"Sigrity 2016"，选择"Optimize PI"命令，在弹出的 Optimize PI 界面中执行菜单命令"Workspace"→"Open..."，打开文件选择 Module3\Lab1_2\opi_back_annotation_EMI.opix，单击"打开"按钮，如图 10-10-3 所示。

图 10-10-3　打开 Module3\Lab1_2\opi_back_annotation_EMI.opix

（4）在 Optimize PI 界面中单击"Load/Edit Capacitor Library"，可以看到"Device Name"和"Package Symbol"属性被增加给了每一种类型的电容，如图 10-10-4 所示。

ID	Size	Cap Mode	Cn (nf	Comp Cost	BOM penalt Cost	Upper Tol. (%)	TCC	VOLT (V)	Preferen	Mfg.Part No.	Lookup Keyword	Device Name	Package Symbol
1	1206E	SPI...	10	1		10%	X7R	200	5	CL31B10...		CAP-01UF	SMDCAP
2	1206E	SPI...	1...	1		80%	Y5V	25	5	CL31F10...		CAP-1UF	SMDCAP
3	0805E	SPI...	22	1		10%	X7R	50	5	CL21B22...		CAP-22UF	CAP400
4	0603E	R:3...	0...	1		5%			5			cap_npo_0603_...	0603rf_wv_12d
5	0603E	R:1...	10	1		5%			5			cap_npo_0603_...	0603rf_wv_12d
				1		10%							

图 10-10-4　"Device Name"和"Package Symbol"属性

（5）对于这一工作空间仿真已经完成，可以通过单击 Optimize PI 界面中的"View EMI Optimizition Results"，来查看去耦电容的最优化结果，如图 10-10-5 所示。

图 10-10-5　去耦电容的最优化结果

（6）单击"Export Scheme Data"，在弹出的"Scheme Data Export"对话框中将"EMI"选择为"Scheme 1"，同时选中"Generate netlist for Allegro back annotation"，单击"OK"按钮关闭对话框，如图 10-10-6 所示。单击"否"按钮关闭弹出的"OptimizePI"对话框，如图 10-10-7 所示。

图 10-10-6　"Scheme Data Export"对话框

图 10-10-7　"OptimizePI"对话框

（7）按照同样的步骤将"EMI"选择为"Scheme 2"～"Scheme 6"进行上述操作，打开文件 Module3\Lab1_2\opi_back_annotation_EMI，可以看到如图 10-10-8 所示的生成的报告文件。

图 10-10-8　生成的报告文件

10.11　在 PI Base 中去耦电容的放置和更新

【使用工具】　Allegro Sigrity PI。

【使用文件】　Module3\Lab1_2\opi_back_annotation_EMI。

（1）在 Allegro Sigrity PI 界面中执行菜单命令"Analyze"→"Back Annotate Decaps from Optimize PI..."，在弹出的"Back Annotate Decaps from OptimizePI"对话框"OptimizePI Report File Selection"中设置路径为 Module3/Lab1_2/opi_back_annotation_EMI 的文件，如图 10-11-1 所示，单击"打开"按钮。

图 10-11-1　"OptimizePI Report File Selection"

（2）在"Back Annotate Decaps from OptimizePI"对话框中单击"Back Annotate"，弹出如图 10-11-2 所示的"Place Decaps from OptimizePI"对话框。

图 10-11-2　"Place DeCaps from OptimizePI"对话框

（3）选中 C18，在 Allegro 中将会看到 C18 的位置，单击对话框右下角的"Place"按钮，完成电容的放置，这时电容 C18 的放置状态由"Unplaced"变为"Placed"，如图 10-11-3 所示。于以按照同样的操作方法来放置其他电容。

	Refdes	
□	C18	Placed
□	C36	Unplaced
□	C_Grid_2_1_Bottom	Unplaced
□	C_Grid_2_1_Top	Unplaced
□	C_Grid_2_2	Unplaced
□	C_Grid_3_1	Unplaced

图 10-11-3　放置电容 C18

思考与练习

（1）如何利用仿真结果报告，查看元件的布局和相关的 DRC 错误？

（2）如何复用分析时的相关设置？

（3）如何基于批处理模式运行 PowerDC？

（4）如何在基于层叠模型的集成电路设计时添加一系列的去耦电容来满足目标阻抗值的要求？

（5）简述仿真时去耦电容约束相关设计的方法。

（6）如何将 OptimizePI（OPI）中去耦电容分布的最优化结果回注到 Allegro PI Base 中？

第11章 分析模型管理器和协同仿真

学习目标

这一章介绍 PDC-Lite 中的分析模型管理器（Analysis Model Manager，AMM），主要包括 AMM Overview、Standalone AMM Updata 和 Model Assignment 三部分的内容。

AMM 被视为对于所有的 Sigrity 工具和 Allegro SI/PI 工具进行通用分析的模型管理器平台，目前 AMM 已经在 OPI/PSI 中部分实现，这里主要关注在 PI Base 中 AMM 和 PDC-Lite 的结合，在 AMM 中包括 IC 和 VRM 等一些类型的模型。

AMM 可以作为一个独立的可执行文件进行运行，可以使用独立的 AMM 来获得部分模型的数据。AMM 具有多个外部库和一个工程库，不具有模型分配功能，可以直接打开一个 AMM 库文件或者从一个文件夹中打开一个库。

另外，介绍一些在 PI Base 中的其他类型的增强方法，如导入/导出焊盘数据和将 PDC 全局报告导入到 PI Base 中等，以及对于一个封装如何利用 PowerDC 来提取热电阻网络和如何利用提取的模型在 PowerDC 中进行 PCB 系统级的协同仿真。

11.1 在 PDC-Lite 中对于 DC Settings AMM 的使用

【使用工具】 Allegro Sigrity PI 和 PDC-Lite。

【使用文件】 Module4\Lab1\amm_demo.brd。

（1）打开"Cadence 17.2"，选择"Allegro PCB Editor"命令，在弹出的对话框中选择"Allegro Sigrity PI"选项，如图 11-1-1 所示，单击"OK"按钮关闭对话框。

图 11-1-1 选择"Allegro Sigrity PI"按钮

（2）在弹出的 Allegro Sigrity PI 界面中执行菜单命令"File"→"Open..."，打开工程文件"Module4\Lab1\amm_demo.brd"，设置"Active Class and Subclass"中的"Active Class"为"Etch"，"Subclass"为"Bottom"，如图 11-1-2 所示。

图 11-1-2　打开 Module4\Lab1\amm_demo.brd

（3）执行菜单命令"Display"→"Element"，保证"Find"下只有"Comps"被选中，单击主界面中的 U1，将会弹出"Show Element"对话框显示 U1 的信息，如图 11-1-3 所示。可以看到 ASI-MODEL 属性和 U1 关联起来，关闭该对话框。

图 11-1-3　显示 U1 的信息

（4）执行菜单命令"Analyze"→"DC Analysis Interactive Mode..."，弹出如图 11-1-4 所示的"XNet Selection"对话框，单击"OK"按钮关闭对话框，进入 PDC-Lite 界面。

（5）在 PDC-Lite 界面中单击"Launch Analysis Model Manager"，单击"Load Library File"，在打开的"Open AMM Import Files"对话框中打开 Module4\Lab1\pinbasedamm.amm，如图 11-1-5 所示，单击"打开"按钮。

图 11-1-4 "XNet Selection"对话框   图 11-1-5 打开 Module4\Lab1\pinbasedamm.amm

（6）依次单击 IC 下的"pinbasedamm"、"CDNS_IC_00001"、"DC Model"来查看 IC 元件的 Sink 参数，保证"By Pin Name"被选中，如图 11-1-6 所示。

图 11-1-6 查看 IC 元件的 Sink 参数

（7）单击"Library"→"Exit"关闭 AMM 表格返回 PDC-Lite 界面。单击"Component Model Setup"下的"Assign Model"，出现如图 11-1-7 所示的"Analysis Model Manager-Model Assignment"对话框，工程文件中所有的元件都会显示在这个表格中，系统基于模型的名字将会自动匹配元件和 AMM 库。

图 11-1-7　"Analysis Model Manager-Model Assignment"对话框

（8）单击后，将能看到所有的元件基于模型（或者元件实例）在表格中显示，如图 11-1-8 所示。

图 11-1-8　基于模型显示

（9）单击"Component"基于元件的名称来归类所有的元件，单击"Status"基于模型的状态来归类所有的元件，保证所有处于"Validated"状态的元件位于表格的上方置顶显示，如图 11-1-9 所示。

（10）在"Layer Selection"选项卡中将层切换到 bottom 层，同时保证没有被选中，如图 11-1-10 所示。

（11）选择 AMM Model Assignment 表格中的 R20，单击"OK"按钮关闭"Analysis Model Manager-Model Assignment"对话框，系统将会自动生成 VRMs、Sinks 和 Discretes，查看"Output"显示，如图 11-1-11 所示。

图 11-1-9　"Validated"状态置顶显示

图 11-1-10　"Layer Selection"设置

图 11-1-11　"Output"显示

（12）单击"Start Simulation"进行仿真，仿真结果如图 11-1-12 所示。

图 11-1-12　仿真结果

接着介绍一些在 PI Base 中的其他类型的增强方法，如导入/导出焊盘数据和将 PDC 全局报告导入 PI Base 中等。

11.2　增量布局更新

【使用工具】　Allegro Sigrity PI 和 PDC-Lite。

【使用文件】　Module5\Lab1\PI_dc.brd。

（1）打开"Cadence 17.2"，选择"Allegro PCB Editor"命令，在弹出的对话框中选择"Allegro Sigrity PI"选项，如图 11-2-1 所示，单击"OK"按钮关闭对话框。

图 11-2-1　选择"Allegro Sigrity PI"选项

（2）在弹出的 Allegro Sigrity PI 界面中执行菜单命令"File"→"Open..."，打开工程文件"Module5\Lab1\PI_dc.brd"，如图 11-2-2 所示。

图 11-2-2　打开 Module5\Lab1\PI_dc.brd

（3）执行菜单命令"Analyze"→"DC Analysis Interactive Mode..."，设置 Workspace file 的路径为 Module1/Lab1/PI_dc.pdcx，单击"OK"按钮关闭"XNet Selection"对话框，跳转

到 PDC-Lite 界面，单击"Start Simulation"进行仿真，仿真结果如图 11-2-3 所示。

图 11-2-3　仿真结果

（4）回到 Allegro Sigrity PI 界面中保证"Find"下只有"Clines"被选中，右击左下角的连线，从弹出的快捷菜单中选择"Change Width..."，将线宽的值设置为 24，如图 11-2-4 所示。

图 11-2-4　修改线宽

（5）回到 PDC-Lite 界面，选中"Net Manager"→选择"VCC"→右击选择"Updata Selected Nets"→单击"Switch to Normal Layer View"，将会在 PDC-Lite 界面中看到对应的线宽的改变（图中箭头所指），如图 11-2-5 所示。

（6）回到 Allegro Sigrity PI 界面，保证"Visibility"下只有"Gnd"层可见，如图 11-2-6 所示。

图 11-2-5 在 PDC-Lite 界面中显示线宽改变 　　　　图 11-2-6 "Visibility"设置

（7）单击"Shape"→"Manual Void"→"Rectangle"，在界面中选中一个矩形区域，如图 11-2-7 所示。

图 11-2-7 选中矩形区域

（8）回到 PDC-Lite 界面中，选中"Net Manager"→选择"GND"→右击从弹出的快捷菜单中选择"Updata Selected Nets"，布局将会自动更新，如图 11-2-8 所示。

最后介绍对于一个封装如何利用 PowerDC 来提取热电阻网络和如何利用提取的模型在 PowerDC 中进行 PCB 系统级的协同仿真。

图 11-2-8　布局自动更新

11.3　封装信息的协同提取

【使用工具】　PDC-Lite。

【使用文件】　PDC_labs\Module2\Lab1\demo_co_extraction.pdcx。

（1）打开"Sigrity 2016"，单击"PowerDC"来打开 PowerDC。在打开的界面中单击
"Workspace"→"Open..."，选择打开 PDC_labs\Module2\Lab1\demo_co_extraction.pdcx，打
开之前确保"Package Multi-Resistor Compact E/T Mode"栏下的"Enable E/T Co-Extraction
Mode"被选中，如图 11-3-1 所示。

图 11-3-1　打开 PDC_Labs\Module2\Lab1\demo_co_extraction.pdcx

（2）检查电气设置，确保"Set up VRMs"、"Set up Sinks"和"Set up Discretes"的设置分别如图 11-3-2～图 11-3-4 所示。

图 11-3-2　"Set up VRMs"设置

图 11-3-3　"Set up Sinks"设置

图 11-3-4　"Set up Discretes"设置

（3）单击"Select Thermal Components"，保证 PKGA1、PKGU1 和所有的 VRMs 都被选中，如图 11-3-5 所示。

图 11-3-5　"Select Thermal Components"设置

（4）单击"Set up PCB Components"，保证所有的 VRMs 的设置如图 11-3-6 所示。

Component Manager								
RefDes	Model Name	Tags	X(mm)	Y(mm)	Rotation	Property	Dissipation	MaxDieTemper...
VR_MOSFET1	MOSFET		271...	22.1...	0.000000	Material	105C	
VR_MOSFET2	MOSFET		279...	22.1...	0.000000	Material	105C	
VR_MOSFET3	MOSFET		288...	22.1...	0.000000	Material	105C	
VR_MOSFET4	MOSFET		297...	22.1...	0.000000	Material	105C	
VR_MOSFET5	MOSFET		305...	22.1...	0.000000	Material	105C	
VR_MOSFET6	MOSFET		314...	22.1...	0.000000	Material	105C	

图 11-3-6 "Set up PCB Components" 设置

（5）单击"Set up PKG-Die"，保证如图 11-3-7 所示的设置。

Component Manager								
RefDes	Model Name	Tags	X(mm)	Y(mm)	Rotation	Die	Dissipation	MaxDieTemper...
PKGU1	PKGHASW...		291...	98.3...	0.000000	Silicon	Powermap.txt	

图 11-3-7 "Set up PKG-Die" 设置

（6）单击"Set up PKG-BGA"，保证如图 11-3-8 所示的设置。

Component Manager				
RefDes	Model Name	Tags	Rotation	MoldCompound
PKGA1	PKGP52_5...		0.000000	Air

图 11-3-8 "Set up PKG-BGA" 设置

（7）因为布局包括封装信息和参考板的信息，而我们只需要提取封装模型，为了实现这一目的，添加一个虚拟的称为"BGA"的元件在顶层。单击"Define External Heat Sink"，将看到 PKGA1 新增了"PKGA1_HeatSink"，如图 11-3-9 所示。

图 11-3-9 新增了"PKGA1_HeatSink"

（8）单击"Set up Electrical Resistance Network Terminals"，可以为每一元件添加端子的类型，如图 11-3-10 所示。

图 11-3-10 添加端子的类型

为了解决模型精度和性能之间的矛盾，有"Pin Based"、"Net Based"和"Grid Based" 3 种类型可供选择。

☺ Pin Based：每一个引脚将设置一个端子，具有较高的模型精度，但是模型提取需要 大量的时间并且需要更多的存储空间来存储具有大量引脚信息的封装。

☺ Net Based：系统中的同一网络将设置一个端子，具有较好的模型精度和性能。

☺ Grid Based：每一层网络都将被视为一个端子，能快速地提取模型但是模型精度 较差。

单击"Set up Thermal Resistance Network Terminals"，然后选择"Set up Thermal Resistance Network Terminal by Circuits"，可以为每一元件添加端子类型，有"Pin Based"和 "Grid Based"两种类型可供选择。为了减小模型的规模选择"Grid Based"类型，如图 11-3-11 所示。

图 11-3-11　选择"Grid Based"类型

（9）选择"Set up Thermal Resistance Network Terminal by Layers"，可以明确地为封装的 基底层添加端子，如图 11-3-12 所示。

图 11-3-12　为封装的基底层添加端子

到此为止，所有的相关设置都已完成，接着可以进行仿真。需要在内存超过 32GB 的计 算机上进行，可能会需要几个小时来完成仿真。一旦仿真结束，将会得到一个多电阻的网络 模型。这个模型并不是以表格形式来表示的，只能在 PowerDC 中被打开和使用，并且模型 中包括热电阻网络模型和电流与功率损耗效应。

11.4　对于提取出的模型的协同仿真

【使用工具】　Sigrity Power DC。

【使用文件】　PDC_labs\Module2\Lab2\test_co_sim.pdcx。

（1）打开"Sigrity 2016"，单击"PowerDC"来打开 PowerDC。在打开的界面中依次单 击"Single-Board/Package E/T Co-Simulation"→"Load Existing Single-Board Workspace"， 选择打开 PDC_labs\Module2\Lab2\test_co_sim.pdcx，如图 11-4-1 所示，这时的 PowerDC 界 面如图 11-4-2 所示。

图 11-4-1　打开 PDC_labs\Module2\Lab2\test_co_sim.pdcx

图 11-4-2　PowerDC 界面

（2）单击"Select Thermal Components"保证所有的 VRMs 和 BGA 元件都被选中，如图 11-4-3 所示。

图 11-4-3　"Select Thermal Components"设置

（3）单击"Set up PCB Components"→"Property"，弹出如图 11-4-4 所示的"Property"对话框。

（4）在"Property"对话框中的"Choose Property Type"栏中通过下拉菜单选择"Sigrity Electrical-Thermal Resistance Model"，在"File Path"栏中单击"Browse..."按钮，设置打开路径为" Module2/Lab2/demo_co_extract_PackageElectricalThemalModel.petm"，单击"打开"按钮，然后单击"OK"按钮关闭"Property"对话框，如图 11-4-5 所示。

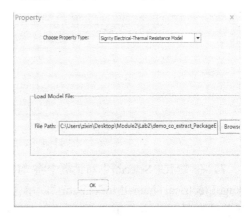

图 11-4-4　"Property"对话框　　　　　　　图 11-4-5　"Property"对话框设置

（5）单击"Setup"→"Component Manger"，在"Component Manger"对话框中选择"BGA"，单击下方的"Edit"按钮，如图 11-4-6 所示，将会弹出如图 11-4-7 所示的"Edit Model"对话框。

图 11-4-6　"Component Manger"对话框

图 11-4-7　"Edit Model"对话框

（6）在"Edit Model"对话框中通过下拉菜单将"Model File"栏下的"Type"设置为"MCP-Sigrity Model Connection Protocol"，然后单击"Select MCP"按钮，将会出现如图 11-4-8 所示的"MCP Selector"对话框。

图 11-4-8 "MCP Selector"对话框

（7）在"MCP Selector"对话框中将"File"的路径设置为"Module2/Lab2/demo_co_extract_PackageElectricalThemalModel.petm"，单击打开。然后双击"BGA"栏，使得该栏的前方出现绿色的对号，单击"OK"按钮关闭对话框，如图 11-4-9 所示，在弹出的"Pin matching dialog"对话框中单击右下方的"Name Match"，如图 11-4-10 所示。

图 11-4-9 "MCP Selector"对话框设置

图 11-4-10 "Pin matching dialog"对话框

（8）单击"Name Match"之后，"Edit Model"对话框如图 11-4-11 所示，单击"OK"按钮关闭"Edit Model"对话框，再单击"OK"按钮关闭弹出的对话框。

图 11-4-11　"Edit Model"对话框

（9）返回"Component Manger"对话框，单击 ![icon]，可以看到 BGA 元件模型是有效的。选择"SpiceNetList"，单击"Edit"按钮，将会出现如图 11-4-12 所示的"Edit Model"对话框。

图 11-4-12　"Edit Model"对话框

（10）单击"Definition"列表框的下拉按钮下滑到最后可以看到原始的漏电流导出模型，在这个模型中有一个全局变量"Value_0"，通过改变这个变量的值来适应不同的漏电流导出模型。单击"Global Parameter"按钮来改变这个值，将"Value_0"的值从 97.7A 改变为 110A，如图 11-4-13 所示。

（11）单击"OK"按钮关闭"Macro Editing"对话框，然后再单击"OK"按钮关闭"Edit Model"对话框。单击"Set up PCB Components"→"BGA"栏中"Dissipation"下空栏右侧的目，弹出如图 11-4-14 所示的"Dissipation"对话框。

图 11-4-13　设置"Value_0"的值

图 11-4-14　"Dissipation"对话框

（12）在"Dissipation"对话框中设置"Value"的值为 1.5，确保"Compute Circuit Power Automatically"被选中，单击"OK"按钮关闭对话框，此时"BGA"栏中"Dissipation"的值变为了 1.5。

现在可以进行仿真，为了实现仿真，需要计算机的内存至少为 24GB 并且会花费大约 10min 来实现。要想快速实现仿真，可以在 PowerDC 界面中执行菜单命令"Tools"→"Options"→"Edit Options..."，在打开的"Options"对话框中单击"Simulation（Basic）"下的"Automation Result Savings"，保证"Automatically Save SignOff Report（.htm）"没有被选中，如图 11-4-15 所示，单击"OK"按钮关闭对话框。

图 11-4-15　"Options"对话框

思考与练习

（1）简述 PDC-Lite 中的分析模型管理器的组成及各部分的作用。

（2）PI Base 中的其他类型的增强方法有哪些?

（3）如何在 PowerDC 中进行 PCB 系统级的协同仿真?

第12章 2.5D 内插器封装的热分析

 学习目标

　　一个封装中不止有一个模型这是很普遍的现象，这些模型可以以并列形式或者叠层形式分布在封装中，它们可以直接进行叠层也可以放置在内插器的上方。为了实现工程的热仿真分析，我们需要知道封装中每一个模型的规模和存放位置。对于一个 2.5D 内插器来说，它自身本来就可以看作一个"模型"。为了在 PowerDC 中对封装结构进行热分析，提供了层叠模型设置向导。设置向导可以用来创建带有层叠模型的配置文件或者手动来创建层叠模型。如果可以得到模型信息或者所有模型的存放位置，则可以利用配置文件来创建层叠模型。对于早期的芯片级或者封装级的协同仿真，可以手动创建层叠模型来进行仿真分析。层叠模型可以为单层或多层，对于层数没有具体的限制。

12.1 利用配置文件创建层叠模型

【使用工具】 Sigrity Power DC。

【使用文件】 PDC_labs\Module3\Lab1\demo_test.pdcx。

（1）打开"Sigrity 2016"，单击"PowerDC"来打开 PowerDC。单击"Workspace"→"Open..."，将打开文件的路径设置为 PDC_labs/Module3/Lab1/demo_test.pdcx，打开后的界面如图 12-1-1 所示。

图 12-1-1　打开 PDC_labs\Module3\Lab1\demo_test.pdcx

（2）单击"Single-Board/Package E/T Co-Simulation"，保证下面的"Enable Thermal-Only Mode"被选中，确保进入热分析仿真的模式中。单击"Select Thermal Components"，确保"Thermal Component"和"Interposer"的设置如图 12-1-2 所示。

图 12-1-2　"Thermal Component"和"Interposer"的设置

（3）单击"Set up PKG-Die"→单击"Die"栏下"Silicon"右侧的目，如图 12-1-3 所示，打开"Die/Slug/Spacer"对话框，单击"OK"按钮关闭该对话框。

图 12-1-3　"Die/Slug/Spacer"对话框

（4）单击"Dissipation"栏下"Inter_thermal.map"右侧的目，在弹出的"Dissipation"

对话框中的"File Path"栏单击"Browse..."按钮设置打开路径为"Module3\Lab1\inter_thermal.map"，单击"OK"按钮关闭对话框，如图 12-1-4 所示。

（5）单击"Optional:Set up Stacked-Dies"，在弹出的对话框中保证"Create by using the stacked-die configuration file"被选中，单击"File Path"栏右侧的"Browse..."按钮设置打开路径为"Module3\Lab1\stackedDie"，如图 12-1-5 所示。单击"下一步"按钮，将会出现如图 12-1-6 所示的界面。

图 12-1-4　"Dissipation"对话框　　　　　　图 12-1-5　"File Path"打开路径设置

（6）设置每一个模型的厚度（Thickness），同时可以设置模型的颜色，如图 12-1-7 所示。

图 12-1-6　打开 stackedDie 之后的 Wizard 界面　　　图 12-1-7　设置模型的厚度和颜色

（7）单击"下一步"按钮，在弹出的界面中选中"Only Show Selected Die"选项，将"Top Die"设置为"Interposer"，将"Dissipation Type"设置为"3D Die Power Map"，将"File Path"的打开路径设置为"Module3\Lab1\tc2_thermal.map"，保持"Pwr Scale Factor"为 1 不变，单击"Apply"按钮，如图 12-1-8 所示。

图 12-1-8　Top Die 为 Interposer 时打开 tc2_thermal.map

（8）按照同样的方法分别进行以下的操作设置：

☺ 将 "Top Die" 设置为 "hitachi_tv"，将 "Dissipation Type" 设置为 "3D Die Power Map"，将 "File Path" 的打开路径设置为 "Module3\Lab1\tc2_thermal.map"，保持 "Pwr Scale Factor" 为 1 不变，单击 "Apply" 按钮，如图 12-1-9 所示。

☺ 将 "Top Die" 设置为 "ddr3_module1"，将 "Dissipation Type" 设置为 "3D Die Power Map"，将 "File Path" 的打开路径设置为 "Module3\Lab1\ddr3_thermal1.map"，保持 "Pwr Scale Factor" 为 1 不变，单击 "Apply" 按钮，如图 12-1-10 所示。

图 12-1-9　"Top Die" 为 "hitachi_tv"
时打开 tc2_thermal.map

图 12-1-10　"Top Die" 为 "ddr3_module1"
时打开 ddr3_thermal1.map

☺ 将 "Top Die" 设置为 "ddr3_module2"，将 "Dissipation Type" 设置为 "3D Die Power Map"，将 "File Path" 的打开路径设置为 "Module3\Lab1\ddr3_thermal2.map"，保持 "Pwr Scale Factor" 为 1 不变，单击 "Apply" 按钮，如图 12-1-11 所示。

（9）单击"下一步"按钮，将得到如图 12-1-12 所示的界面。

图 12-1-11 "Top Die"为"ddr3_module2"
时打开 ddr3_thermal2.map

图 12-1-12 设置之后的 Wizard 界面

（10）在该界面中选中"Only Show Selected Die"选项，选中"Bumps"，将"Height"设置为"0.5"，"Material"设置为"Copper"，"Under-fill Material"设置为"Molding Compound"，"Bump Array"的参数设置如图 12-1-13 所示，单击"Apply"按钮。

（11）按照同样的方法分别进行以下的操作设置：

☺ 选中"Only Show Selected Die"选项，将"Top Die"设置为"hitachi_tv"，选中"Bumps"，将"Height"设置为"0.25"，"Material"设置为"Copper"，"Under-fill Material"设置为"Molding Compound"，"Bump Array"的参数设置如图 12-1-14 所示，单击"Apply"按钮。

图 12-1-13 "Top Die"设置为"Interposer"
时的参数设置

图 12-1-14 "Top Die"设置为"hitachi_tv"
时的参数设置

☺ 选中"Only Show Selected Die"选项，将"Top Die"设置为"ddr3_module1"，选中"Bumps"，将"Height"设置为"0.4"，"Material"设置为"Copper"，"Under-fill Material"设置为"Molding Compound"，"Bump Array"的参数设置如图 12-1-15 所示，单击"Apply"按钮。

☺ 选中"Only Show Selected Die"选项，将"Top Die"设置为"ddr3_module2"，选中"Bumps"，将"Height"设置为"0.4"，"Material"设置为"Copper"，"Under-fill Material"设置为"Molding Compound"，"Bump Array"的参数设置如图 12-1-16 所示，单击"Apply"按钮。

图 12-1-15　"Top Die"设置为"ddr3_module1"　　　　　图 12-1-16　"Top Die"设置为"ddr3_module2"
　　　　　　时的参数设置　　　　　　　　　　　　　　　　　　　　　时的参数设置

（12）单击"完成"按钮，这时回到 PowerDC 界面中可以看到下方的"Optional:Set up Stacked-Dies"参数显示如图 12-1-17 所示。

PKG Die Name	Tier	Die Name	Loc LL-x (mm)	Loc LL-y (mm)	Size D-x (mm)	Size D-y (mm)	Rot	Flip	Scaling Factor	Thickness (mm)
Interposer	1	Interposer	0	0	18.4	16.416	0	No	1	1
	2	hitachi_tv	6.596	0.1	5.208	2.016	180	Yes	1	2
	2	ddr3_module2	9.3	2.316	9	14	180	Yes	1	3
	2	ddr3_module1	0.1	2.316	9	14	180	Yes	1	3

图 12-1-17　"Optional:Set up Stacked-Dies"参数显示

（13）如果要改变模型的参数，可以选中该模型参数，然后右击"Edit in Wizard"进行参数的重新设置。单击"Set up PKG-BGA"，检查所有的设置，如图 12-1-18 所示，单击"OK"按钮关闭对话框。

（14）单击"Define External Heat Sink"，单击"Edit Heat Sink"，检查所有的设置，如图 12-1-19 所示，单击"OK"按钮关闭对话框。

图 12-1-18 "Molding Compound" 对话框

图 12-1-19 "Heat Sink" 对话框

（15）单击"Optional:Add Thermal Test Board"，检查所有的设置，如图 12-1-20 所示，单击"Cancel"按钮关闭对话框。

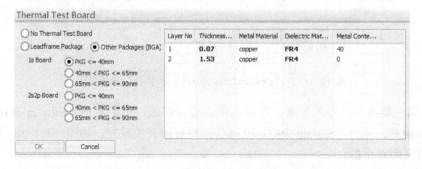

图 12-1-20 "Thermal Test Board" 对话框

（16）单击"Preview Thermal 3D Model"，可以看到模型的 3D 显示，如图 12-1-21 所示。

图 12-1-21　模型的 3D 显示

（17）单击"Start Simulation"进行仿真，仿真结果如图 12-1-22 所示。

图 12-1-22　仿真结果

12.2　手动创建层叠模型

【使用工具】　Sigrity Power DC。

【使用文件】　PDC_labs\Module3\Lab2\test_manual.pdcx。

（1）打开"Sigrity 2016"，单击"PowerDC"来打开 PowerDC。执行菜单命令"Workspace"
→"Open..."，将打开文件的路径设置为 PDC_labs\Module3\Lab2\test_manual.pdcx，打开后的界

面如图 12-2-1 所示。

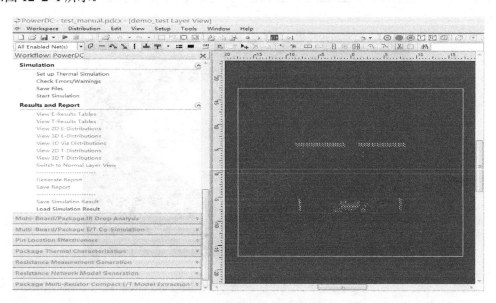

图 12-2-1　打开 PDC_labs\Module3\Lab2\test_manual.pdcx

（2）单击"Single-Board/Package E/T Co-Simulation"，保证下面的"Enable Thermal-Only Mode"被选中，确保进入热分析仿真的模式中。单击"Select Thermal Components"，确保"Thermal Component"和"Interposer"的设置如图 12-2-2 所示。

图 12-2-2　"Thermal Component"和"Interposer"的设置

（3）单击"Set up PKG-Die"→单击"Die"栏下 Silicon 右侧的，打开"Die/Slug/Spacer"对话框，如图 12-2-3 所示，单击"OK"按钮关闭该对话框。

图 12-2-3　"Die/Slug/Spacer" 对话框

（4）单击 "Dissipation" 栏下 "tc2_thermal.map" 右侧的 ▤，在弹出的 "Dissipation" 对话框中的 "File Path" 栏单击 "Browse..." 按钮设置打开路径为 "Module3\Lab2\inter_thermal.map"，单击 "OK" 按钮关闭 "Dissipation" 对话框，如图 12-2-4 所示。

（5）单击 "Optional:Set up Stacked-Dies"，在弹出的对话框中保证 "Create manually" 被选中，如图 12-2-5 所示。单击 "下一步" 按钮，将会出现如图 12-2-6 所示的界面。

图 12-2-4　"Dissipation" 对话框

图 12-2-5　选中 "Create manually"

（6）将 "Interposer" 栏的 "Thickness" 项设置为 "1"，然后移动鼠标到 "Interposer" 区域，在该区域选择一个矩形区域，释放鼠标左键，将会出现 "Add" 命令，单击 "Add" 来添加模型。按照同样的方法添加另外一个模型，将上面添加的两个模型的 "Thickness" 项均设置为 "2"，如图 12-2-7 所示。

图 12-2-6 选中"Create manually"之后的 Wizard 界面

（7）添加好模型后单击"下一步"按钮，将"Top Die"设置为"D0"，选中"Only Show Selected Die"选项，其他参数设置如图 12-2-8 所示，单击"Apply"按钮。

图 12-2-7 添加模型

图 12-2-8 D0 模型参数设置

（8）将"Top Die"设置为"Interposer"，选中"Only Show Selected Die"选项，在"File Path"栏单击"Browse..."按钮设置打开路径为"Module3\Lab2\inter_thermal.map"，其他参数设置如图 12-2-9 所示，单击"Apply"按钮。

（9）将"Top Die"设置为"D1"，选中"Only Show Selected Die"选项，其他参数设置如图 12-2-10 所示，单击"Apply"按钮。

图 12-2-9　Interposer 模型参数设置

图 12-2-10　D1 模型参数设置

（10）单击"下一步"按钮，将得到如图 12-2-11 所示的界面。

（11）在设置之后的 Wizard 界面中选中"Only Show Selected Die"选项，选中 "Bumps"，将"Height"设置为"0.5"，"Material"设置为"Copper"，"Under-fill Material" 设置为"Molding Compound"，"Bump Array"的参数设置如图 12-2-12 所示，单击 "Apply"按钮。

图 12-2-11　设置完之后的 Wizard 界面

图 12-2-12　"Top Die"设置为 "Interposer"的参数设置

（12）按照同样的方法分别进行以下的操作设置：

☺ 选中"Only Show Selected Die"选项，将"Top Die"设置为"D0"，选中 "Bumps"，将"Height"设置为"0.4"，"Material"设置为"Copper"，"Under-fill

Material"设置为"Silicon"，"Bump Array"的参数设置如图 12-2-13 所示，单击"Apply"按钮。

☺ 选中"Only Show Selected Die"选项，将"Top Die"设置为"D1"，选中"Bumps"，将"Height"设置为"0.4"，"Material"设置为"Copper"，"Under-fill Material"设置为"Silicon"，"Bump Array"的参数设置如图 12-2-14 所示，单击"Apply"按钮。

图 12-2-13 "Top Die"设置为"D0"
时的参数设置

图 12-2-14 "Top Die"设置为"D1"
时的参数设置

（13）单击"完成"按钮关闭 Wizard 界面，单击"Start Simulation"进行仿真，仿真结果如图 12-2-15 所示。

图 12-2-15 仿真结果

思考与练习

（1）如何利用设置向导创建带有层叠模型的配置文件？

（2）如何手动创建层叠模型？

（3）如何利用层叠模型来进行热分析？

第13章　其他增强及 AMM 和 PDC 结合

 学习目标

这一章介绍一些在电热分析中的其他增强功能，包括许多约束的设置、热分析模型的 3D 预览、热沉模型的 3D 显示和报告的更新等。另外，介绍对于单块板子或者封装基于 AMM 设置的增强，主要内容包括 AMM Overview、Standalone AMM Updata 和 Model Assignment 三部分。

13.1　电热分析设置的增强

【使用工具】　Sigrity PowerDC。

【使用文件】　PDC_labs\Module4\Lab1\demo_4_1.pdcx。

（1）打开"Sigrity 2016"，单击"PowerDC"来打开 PowerDC，在"Single-Board/Package E/T Co-Simulation"栏下单击"Load Existing Single-Board Workspace"，将打开文件的路径设置为"PDC_labs\Module4\Lab1\demo_4_1.pdcx"，打开后的界面如图 13-1-1 所示。

图 13-1-1　打开 PDC_labs\Module4\Lab1\demo_4_1.pdcx

（2）保证"Enable E/T Co-Simulation Mode"被选中，单击"Define External Heat Sink"，选中右侧的"BGA1_HeatSink"，如图 13-1-2 所示。单击"Edit Heat Sink"按钮，弹出"Heat Sink"对话框，如图 13-1-3 所示。

图 13-1-2　选中"BGA1_HeatSink"

图 13-1-3　"Heat Sink"对话框

（3）将"Heat sink type"的类型从"Fin"切换到"Finger"，然后单击下方的"Updata Preview"按钮，这时将可以看到热沉的 3D 显示，如图 13-1-4 所示。

（4）将"Heat sink type"的类型从"Finger"切换到"Plate"，然后单击下方的"Updata Preview"按钮，这时将可以看到板子的显示，如图 13-1-5 所示。

图 13-1-4　热沉的 3D 显示

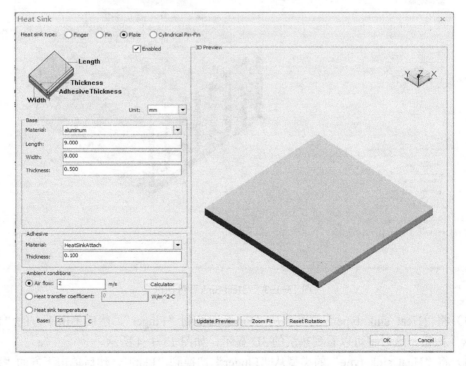

图 13-1-5　板子的显示

（5）将"Heat sink type"的类型从"Plate"切换到"Cylindrical Pin-Fin"，然后单击下方的"Updata Preview"按钮，这时将可以看到"Cylindrical Pin-Fin"的显示，如图 13-1-6 所示。

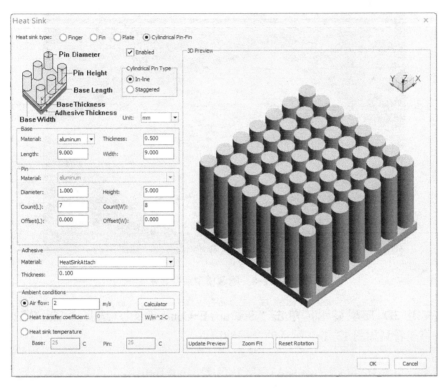

图 13-1-6 "Cylindrical Pin-Fin"的显示

（6）将"Heat sink type"的类型从"Cylindrical Pin-Fin"切换到"Fin"，然后单击下方的"Updata Preview"按钮，再单击"OK"按钮关闭"Heat Sink"对话框。单击"Preview Thermal 3D Model"，这时热分析模型的 3D 模型显示如图 13-1-7 所示。

图 13-1-7 热分析模型的 3D 模型显示

（7）任意选择 3D 模型的某一处，右击，从弹出的快捷菜单中选择"Hide"，隐藏模型后的显示如图 13-1-8 所示。

图 13-1-8　隐藏模型后的显示

（8）关闭 3D 模型显示，单击"Set up E-Constrains"，选择"Via Current/Current Density"，将能看到如图 13-1-9 所示的全局约束。

Constraints Setup -> Via Current/Current Density

Sink Voltage	Discrete Current	Probe Voltage/Current	**Via Current/Current Density**
Constraint on Global Via Current (A):		0.233057	
Constraint on Global Via Current Density (A/mm2):		141.794	*

Via Name	Net		Maximum Current (A)

图 13-1-9　全局约束

（9）分别选择"Plane Current Density"、"Trace Current Density"和"Wirebond Current Density"，将分别看到如图 13-1-10～图 13-1-12 所示的约束。

Constraints Setup -> Plane Current Density

Sink Voltage	Discrete Current	Probe Voltage/Current	Via Current/Current Density	**Plane Current Density**
Constraint on Global Plane Current Density (A/mm2):		158.578	*	

	Layer Name		Metal Area (mm)	Maximum Curre
☑				

图 13-1-10　"Plane Current Density"显示

图 13-1-11　"Trace Current Density"显示

图 13-1-12　"Wirebond Current Density"显示

（10）单击"Report Constraint"，单击 ⤺ ，在打开的工程文件界面通过单击鼠标左键选择一个矩形区域，将文件显示的内容选中，此时的"Report Constraint"会显示选中区域的尺寸，如图 13-1-13 所示。

图 13-1-13　区域尺寸显示

（11）将"Vertical Range Control"栏的"Voltage(V)"项电压的最小值设置为"0.8"，电压的最大值设置为"0.9"，在"Area Based"栏将选择区域的尺寸设置为左为-3、上为2、右为1和下为-2，单击"OK"按钮关闭对话框，如图 13-1-14 所示。

图 13-1-14　"Report Constraint"参数设置

（12）单击"Tools"→"Options"→"Edit Options..."→单击"Simulation"下的"Automation Result Savings"，"Automation Result Savings"栏的设置如图 13-1-15 所示。

图 13-1-15 "Automation Result Savings" 栏的设置

（13）单击 "Simulation" 下的 "Report"，在弹出的对话框中保证以下选项被选中，如图 13-1-16 所示，单击 "OK" 按钮关闭对话框。

图 13-1-16 Report 对话框设置

（14）单击 "Start Simulation" 进行仿真，仿真结果如图 13-1-17 所示。

图 13-1-17 仿真结果

下面介绍对于单块板子或者封装基于 AMM 设置的增强，主要内容包括 AMMOverview、Standalone AMM Updata 和 Model Assignment 三部分。

AMM 被视为对于所有的 Sigrity 工具和 Allegro SI/PI 工具进行通用分析的模型管理器平台，目前 AMM 已经在 OPI/PSI 部分实现，这里主要关注 AMM 和 PowerDC 的结合，在 AMM 中包括 IC 和 VRM 等一些类型的模型。

AMM 可以作为一个独立的可执行文件进行运行，可以使用独立的 AMM 来获得部分模型的数据。AMM 具有多个外部库和一个工程库，不具有模型分配功能，可以直接打开一个 AMM 库文件或者从一个文件夹中打开一个库。

13.2　基于 AMM 的 PDC Settings

【使用工具】　Sigrity PowerDC。

【使用文件】　PDC_labs\Module1\Lab1\amm_demo.spd。

（1）打开"Sigrity 2016"，单击"PowerDC"来打开 PowerDC，选择"Single-Board/Package IR Drop Analysis"，单击"Create New Single-Board Workspace"→单击"Load a New/Different Layout"来加载一个已经存在的布局，将会弹出"Attach Layout File"对话框，如图 13-2-1 所示，选择"Load an existing layout"，然后单击"OK"按钮关闭对话框。

（2）在弹出的加载对话框中，将打开的地址选为"PDC_labs\Module1\Lab1\amm_demo.spd"，同时保证"Enable IR Drop Analysis Mode"被选中，打开后的界面如图 13-2-2 所示。

图 13-2-1　"Attach Layout File"对话框　　　　图 13-2-2　打开 PDC_labs\Module1\Lab1\amm_demo.spd

（3）将这个工程保存在 PDC_labs\Module1\Lab1 下命名为 pin-amm-demo.pdcx。单击"Net Manager"将可以看到所有的网络都被选中，如图 13-2-3 所示。

（4）单击"Launch Analysis Mode Manager"，在弹出的对话框中单击"Load Library File"，将打开文件的路径设置为"PDC_labs\Module1\Lab1\pinbasedamm.amm"，单击"打开"按钮，如图 13-2-4 所示。

图 13-2-3 "Net Manager" 显示

图 13-2-4 打开 pinbasedamm.amm

（5）单击"IC"下面的"pinbasedamm"→单击"CDNS_IC_00001"→选择"DC Model"，在保证"By Pin Name"被选中的条件下查看 IC 元件的参数，如图 13-2-5 所示。单击"VRM"→单击"CDNS_VRM_1V5_0001"来查看 VRM 参数，如图 13-2-6 所示。

图 13-2-5 查看 IC 元件的参数

图 13-2-6 查看 VRM 参数

（6）单击"Library"→"Exit"返回 PowerDC 分布的界面，单击"Component Model Setup"下的"Assign Model"，弹出"Model Assignment"对话框。在这个对话框的表格中将会列出工程中的所有元件，并且系统会基于模型的名字将元件与 AMM 库匹配起来，如图 13-2-7 所示。

图 13-2-7 "Model Assignment" 对话框

（7）单击 📇，将会看到所有的元件基于模型的列表，如图 13-2-8 所示。

图 13-2-8 基于模型的元件列表

（8）单击"Component"→"Status"，保证处于"Validated"状态的元件都处于表格的上方，如图 13-2-9 所示。在"Layer Selection"选项卡将层切换到"bottom"层，同时保证 📇 没有被选中，如图 13-2-10 所示。

图 13-2-9 基于状态的元件列表

图 13-2-10 "Layer Selection"
选项卡设置

（9）选择"AMM Model Assignment"表格中的 R20，单击"OK"按钮关闭"Model Assignment"对话框，将会自动生成 VRMs、Sinks 和 Discretes，"Output"显示如图 13-2-11 所示。

（10）单击"Start Simulation"进行仿真，仿真结果如图 13-2-12 所示。

Output

The generated setups are listed as below:
VRM_U3_VDD_GND
VRM_U5_VCC_2P5_GND
VRM_U6_VCC_3P3_GND
VRM_J1_VCC_1P2_GND
SINK_U2_VCC_1P2_GND
SINK_U4_VCC_1P2_GND
SINK_U1_VCC_3P3_GND
SINK_U1_VCC_1P2_GND
SINK_U1_VCC_2P5_GND
DISC_R37_VDD_1_5V_DDR3

图 13-2-11 "Output" 显示 　　　　　　　　　　图 13-2-12 仿真结果

 思考与练习

（1）PDC 中的其他增强功能有哪些？

（2）简述基于 AMM 设置的增强的内容及各个部分的作用。

参 考 文 献

[1] 周润景，王洪艳. Cadence 高速电路板设计与仿真（第 5 版）——信号与电源完整性分析[M]. 北京：电子工业出版社，2015.

[2] 陈兰炳，钟章民，肖定如，王辉. Cadence 高速电路设计 Allegro Sigrity SI/PI/EMI 设计指南[M]. 北京：电子工业出版社，2014.

[3] 周润景，王洪艳. Cadence 高速电路板设计与仿真（第 5 版）——原理图与 PCB 设计[M]. 北京：电子工业出版社，2015.

[4] 阎照文. 信号完整性仿真分析方法[M]. 北京：中国水利水电出版社，2011.

反侵权盗版声明

电子工业出版社依法对本作品享有专有出版权。任何未经权利人书面许可，复制、销售或通过信息网络传播本作品的行为；歪曲、篡改、剽窃本作品的行为，均违反《中华人民共和国著作权法》，其行为人应承担相应的民事责任和行政责任，构成犯罪的，将被依法追究刑事责任。

为了维护市场秩序，保护权利人的合法权益，本社将依法查处和打击侵权盗版的单位和个人。欢迎社会各界人士积极举报侵权盗版行为，本社将奖励举报有功人员，并保证举报人的信息不被泄露。

举报电话：（010）88254396；（010）88258888

传　　真：（010）88254397

E-mail：dbqq@phei.com.cn

通信地址：北京市海淀区万寿路 173 信箱

　　　　　电子工业出版社总编办公室

邮　　编：100036